多媒体互动学习光盘使用说明

将光盘放入光驱，稍等片刻后光盘将自动运行。如果不能自动运行，可在系统桌面上双击“我的电脑”图标，在打开的窗口中右击光驱盘符，然后在弹出的快捷菜单中选择“自动播放”命令，即可进入多媒体互动学习光盘主界面，如图1所示。

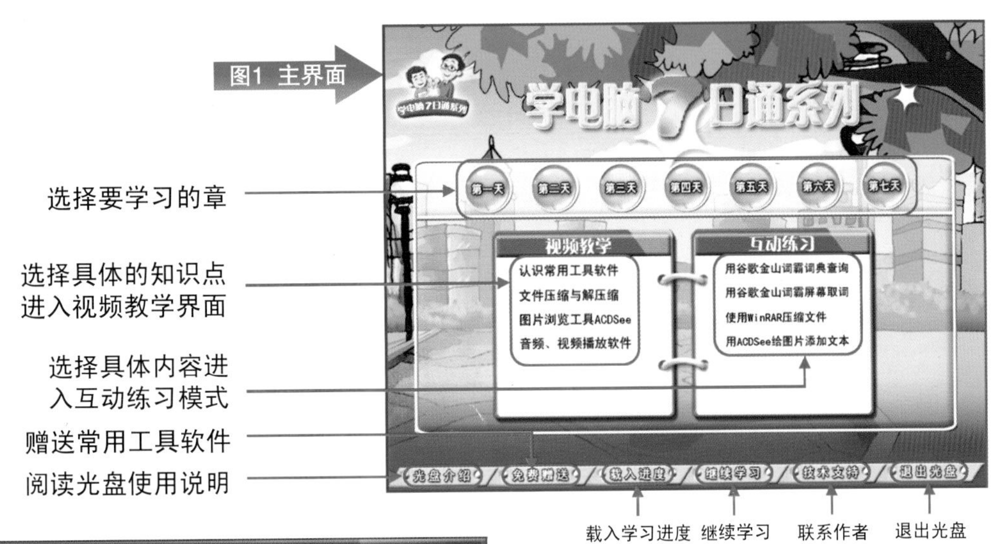

图1 主界面

图2 视频教学界面

在视频教学界面……择……制……空……

……选择要学习的内容；可以通过【边学边练】按钮进入边学边练学习模式。

声音控制区　功能控制区　同步显示解说词

图3 互动练习界面

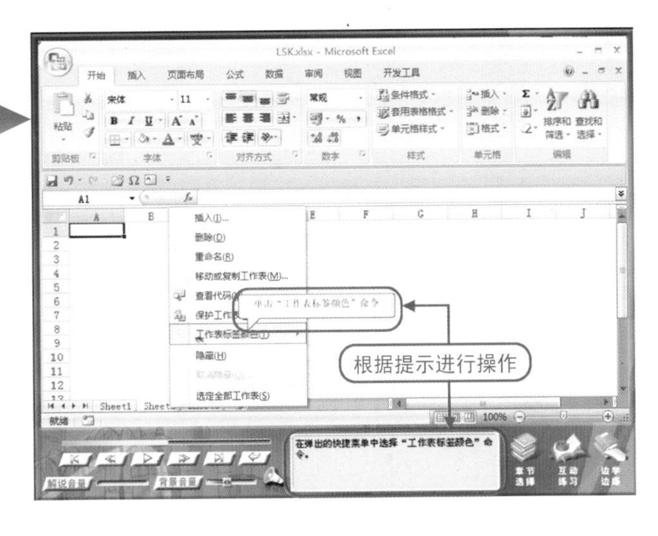

在主界面中单击【互动练习】按钮后进入互动练习模式，用户只需根据屏幕上或右下方文字显示区域的文本提示，使用鼠标或键盘直接在演示界面即可进行相应的操作，然后进入下一步操作。可以单击【后退】按钮重复操作，或直接单击【前进】按钮进入下一步操作。

多媒体互动学习光盘使用说明

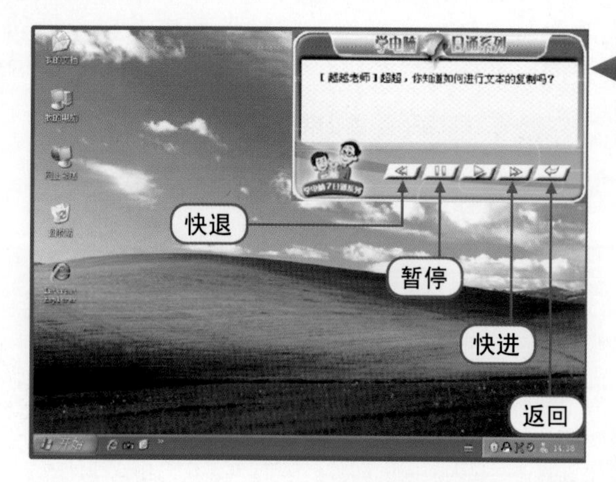

图4 边学边练界面

在主界面中单击【边学边练】按钮进入边学边练模式，界面将自动缩小到只有一个文本框和播放控制按钮的界面。此时，读者可启动对应的软件跟着提示进行练习操作。单击【返回】按钮可切换到视频教学界面。

图5 快速选择学习内容

单击【章节选择】按钮，在弹出的菜单中可以快速选择想要学习的内容并进入视频教学模式。单击【互动练习】按钮，在弹出的菜单中可选择操作内容并进入互动练习模式。

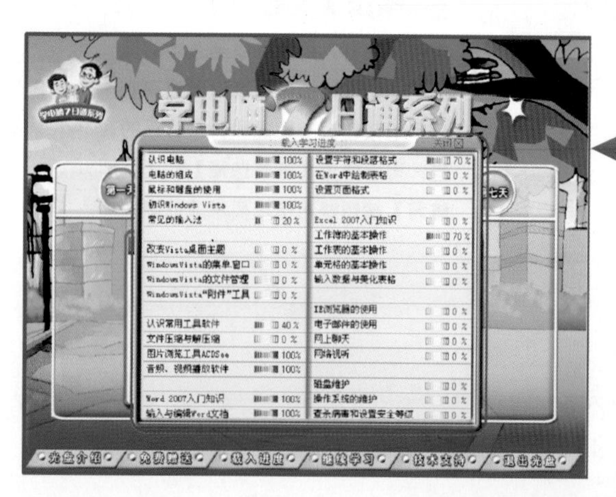

图6 载入进度界面

在主界面中单击【载入进度】按钮，在弹出的对话框中显示了用户之前已经学习本张光盘中内容的进度。单击其中未学完的章节内容，即可在原进度的基础上继续学习。

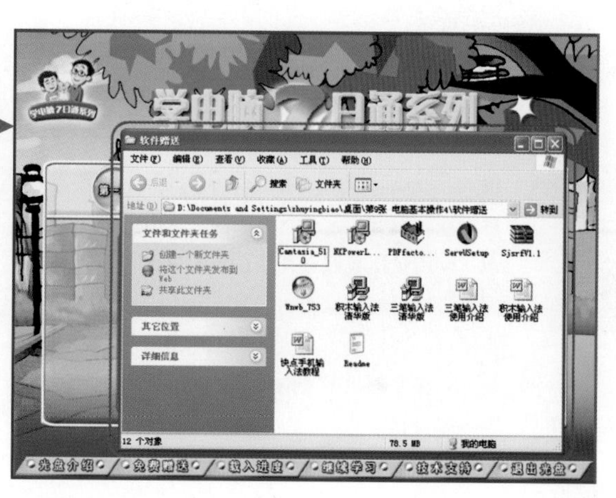

图7 附赠软件界面

在主界面中单击【免费赠送】按钮，在弹出的窗口中将显示附赠的工具软件以及部分说明文件。用户可以根据自己的需要选择相应的工具软件进行安装即可使用。

学电脑7日通

轻松选购/组装与维护电脑

文丰科技 编著

快学：7天时间快速掌握电脑知识

易学：定位于最初级读者，易学易用

宜学：全程图例讲解，双色印刷

清华大学出版社
北 京

内 容 简 介

本书是"学电脑 7 日通"系列之一，以通俗易懂的语言、翔实生动的操作案例，全面讲解了电脑组装与维护各方面的知识。主要内容包括电脑硬件的选购，电脑整机的组装，BIOS 的设置，硬盘的分区及格式化，操作系统和常用软件的安装，电脑硬件的测试，电脑的安全防护以及电脑故障的处理等方面的知识。

本书采用双色印刷，内容浅显易懂，注重基础知识与实际应用相结合，操作性强，读者可以边学边练，从而达到最佳学习效果。全书图文并茂，为主要操作界面配以详尽的标注，使读者学习起来更加轻松。

本书可作为电脑初学者学习和使用电脑的参考书，也可作为电脑培训班的培训教材。

图书在版编目（CIP）数据

轻松选购/组装与维护电脑/文丰科技编著．—北京：清华大学出版社，2009.5
（学电脑 7 日通）

ISBN 978-7-302-19208-4

I. 轻…　II. 文…　III. ①电子计算机-选购-基本知识 ②电子计算机-组装-基本知识 ③电子计算机-维修-基本知识　IV. TP3

中国版本图书馆 CIP 数据核字（2008）第 211205 号

责任编辑：朱英彪　郭新义　张丽萍
封面设计：一度文化
版式设计：王世情
责任校对：王　云
责任印制：何　芊
出版发行：清华大学出版社　　**地　　址**：北京清华大学学研大厦 A 座
http://www.tup.com.cn　　**邮　　编**：100084
社　总　机：010-62770175　　**邮　　购**：010-62786544
投稿与读者服务：010-62776969，c-service@tup.tsinghua.edu.cn
质 量 反 馈：010-62772015，zhiliang@tup.tsinghua.edu.cn
印 刷 者：北京鑫海金澳胶印有限公司
装 订 者：北京市密云县京文制本装订厂
经　　销：全国新华书店
开　　本：190×260　**印　张**：14.75　**彩　插**：1　**字　数**：341 千字
（附光盘 1 张）
版　　次：2009 年 5 月第 1 版　　**印　次**：2009 年 5 月第 1 次印刷
印　　数：1～7000
定　　价：29.80 元

本书如存在文字不清、漏印、缺页、倒页、脱页等印装质量问题，请与清华大学出版社出版部联系调换。联系电话：(010)62770177 转 3103　　产品编号：031274-01

随着信息化技术的不断推广，电脑的应用领域变得越来越广泛，电脑在现代人的生活和工作中已不可或缺，学习和掌握电脑知识也变得尤为重要。目前，市场中的计算机基础图书品种繁多，但多数都没有为读者设置详细的学习计划，读者学习起来缺乏既定的目标，时间久了容易失去兴趣。为此，我们针对初学者的需求编写了《轻松选购/组装与维护电脑》。

本书内容

本书根据电脑选购、组装与维护的顺序，将组装电脑的全过程分为 7 日，每日的学习内容安排如下。

第 1 日：介绍电脑的一些基本知识以及主机主要部件的选购知识。

第 2 日：介绍电脑其他部件的选购知识。

第 3 日：介绍电脑硬件的搭配以及整机选购技巧，并且将电脑硬件组装成一台电脑。

第 4 日：介绍 BIOS 设置、硬盘的分区与格式化等相关知识。

第 5 日：介绍操作系统和应用软件的安装。

第 6 日：介绍如何测试电脑的性能以及电脑的日常维护知识。

第 7 日：介绍电脑的安全防护以及排除电脑常见故障等相关知识。

附录 A：针对每日的学习进行补充，有兴趣和学习时间充裕的读者可以在这一部分学习到更多的电脑知识。

通过本书的学习，您可以迅速认识电脑，了解电脑的选购、组装与维护，不再是电脑的“门外汉”；您可以亲自选购电脑的各种部件，实现通过自己的双手组装一台电脑；您可以成为朋友或同事眼中电脑硬件方面的专家……

本书特点

1．合理的写作体例

将全书内容按学习强度及难度划分为 8 个有机整体，使读者能够有计划、有目的地进行学习。另外，各章均安排了各类实用的功能模块，可有效提高读者的学习效率。

今日学习内容综述：在每日的开始处列出当天所要学习的知识点，让读者心中有数。

智慧锦囊、指点迷津：通过阅读这两个模块的内容，读者可以掌握一些常见的操作技巧或扩展知识。

重点提示：通过“重点提示”，读者可以快速掌握和了解一些常见的技巧、知识。

本日小结：对当天所学的知识内容进行概括，使读者对新知识有一个更深的认识。

新手练兵：读者可以动手操作，既可温习本章所学内容，又可以掌握新的知识。

2．突出“快易通”

本书内容力求精练、有效，叙述时图文并茂，语言简洁易懂，同时侧重实际操作技巧，竭力做到让读者能够“快速入门”、“易学易用”、“轻松上手”。

轻松上手：采用双色印刷，图案精美且标注清晰，布局美观，让读者在一个轻松的环境中进行学习，效率自然也就大大提高。

易学易用：采用“全程图解”方式，必要知识点介绍简洁而清晰，操作过程全部以图形的方式直观地表现出来，并在图形上添加操作序号与说明，更加简单准确。

内容丰富：版式上采用双栏排版模式，使图书内容更加充实，保证必要的知识点都能介绍清楚。

3．交互式多媒体视频光盘

本书配套多媒体视频光盘，读者可以先看光盘，再跟着操作，学习起来更加直观、快速。本套光盘功能完善，操作简便，突出与读者的互动性，具体特点如下。

模拟情景教学：通过“越越老师”、“超超”以及“幸运鼠”之间围绕电脑知识的互动学习而展开，让读者感受身临其境的学习环境。

保存学习进度：自动保存学习的进度，在每次学习时，读者可自由选择所要学习的内容或继续上一次的学习。

互动练习：不再需要相应软件的支持，只要跟随操作演示中的知识讲解和文字提示，即可在演示界面上执行实际操作。

边学边练：此时演示界面显示为一个文字演示窗口，用户可以根据文字说明和语音讲解的指导，在电脑操作系统或相应软件中进行同步的操作。

赠送实用软件：配套光盘中附带了8个应用软件，分别为：万能五笔输入法、屏幕音影捕捉软件Camtasia、PDF文件打印程序pdfFactory、智能手机输入法、FTP服务器软件ServUSetup、积木输入法、Word/Excel/PowerPoint文档专用压缩工具NXPowerLite、三笔输入法软件。

读者对象

本套丛书总体定位于电脑基础和常用的应用软件的最初级入门读者，以“快学、易用”为主旨，帮助读者迅速掌握基本电脑知识并提高。

本书的作者均已从事计算机基础教育及相关工作多年，拥有丰富的教学经验和实践经验。参与本书编写的人员有黄百胜、柴晓爱、李学营、许永梅、肖克佳、韩天煊、张云松、魏洪雷、李天龙、李世坤、朱海芬、张文彩、孙中华、贾延明和闫娟等。

最后，感谢您对本套丛书的支持，我们会再接再厉，为大家奉献更多优秀的电脑图书；同时也感谢为丛书提供常用工具软件的深圳三笔软件开发部、上海软众信息技术有限公司和深圳市世强电脑科技有限公司。

如果您在阅读过程中遇到困难或问题，请与我们联系，我们将尽快为您解答所提问题。

电子邮件：wfkj2008@126.com

QQ群：79035042

目录

第 1 日

电脑主要部件的选购

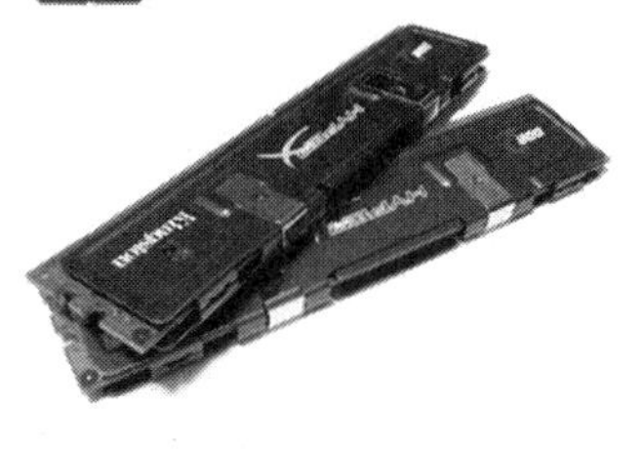

今日学习内容综述

上午：1. 电脑的组成
　　　2. 选购 CPU
　　　3. 选购主板
下午：4. 选购内存
　　　5. 选购硬盘
　　　6. 选购显卡

越越老师：超超，你知道电脑吗？

超超：当然知道了，我还知道电脑可以做很多事情呢？

越越老师：那你知道如何组装和维护电脑吗？

超超：不知道，老师，您快给我讲讲吧！

越越老师：好的，从今天开始我就教你如何组装与维护电脑，你可要认真听讲哦。

1.1 电脑的组成

本节内容学习时间为 8:00～9:20（视频：第 1 日\电脑的组成）

一台完整的电脑包括电脑硬件和电脑软件两部分，电脑硬件是指主机、显示器、音箱、鼠标、键盘等设备，电脑软件则是指电脑正常运行所需的各种程序和数据，两者缺一不可。

1.1.1 电脑硬件

我们平常看到的电脑其实就是电脑的硬件，按其结构一般可以分为主机、输入设备和输出设备 3 部分，如图 1-1 所示。

❖ 主机：主机是电脑中最重要的组成部分，包括机箱、主板、CPU、显卡、硬盘、内存、光驱、电源等。其中，机箱是容纳其他组成部分的容器。

❖ 输入设备：将数据输入到电脑中的设备。它可以把用户输入的数据或发出的指令转换成电信号，通过电脑接口电路将这些信息传送给电脑存储器。常用的输入设备有鼠标、键盘、扫描仪、麦克风等。

❖ 输出设备：用于将电脑的处理结果以人们可以识别的信息形式（如文字、图片、声音等）显示出来。常用的输出设备有显示器、打印机、音箱等。

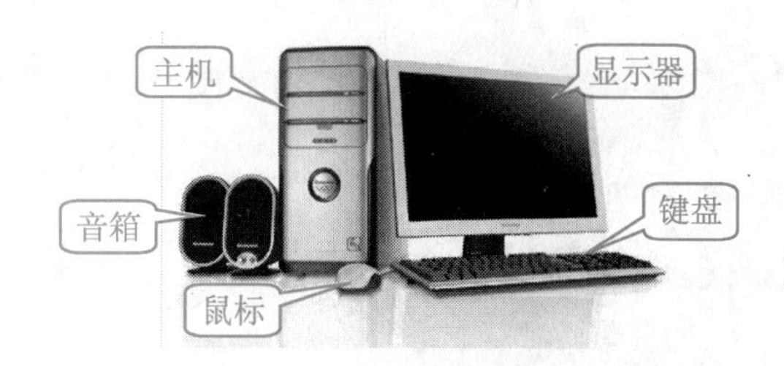

图 1-1 电脑的外观

1.1.2 电脑软件

电脑软件是指运行在电脑硬件上的各种程序，其功能是运行、管理和维护电脑系统，并充分发挥电脑的性能。电脑软件又可分为系统软件和应用软件，下面分别进行介绍。

❖ 系统软件：用来管理、控制和维护电脑的软、硬件资源，使电脑能够正常、高效地工作。对于电脑初学者而言，只需了解 Windows 操作系统即可。

❖ 应用软件：是为解决实际问题而开发的程序，使用它们可以帮助用户完成特定的任务。例如，Word 就是一款使用广泛的文字处理类应用软件，如图 1-2 所示即为 Word 2007 的工作界面。

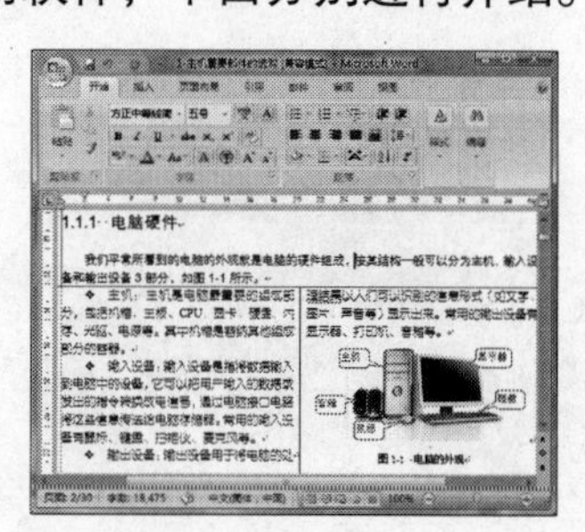

图 1-2 Word 2007 工作界面

1.1.3 认识电脑的各个部件

前面介绍了电脑硬件主要由主机、输入设备和输出设备构成。下面我们就来具体认识一下组装电脑时应选购的部件。

1. CPU

CPU 即通常所说的中央处理器，主要负责数据的运算和处理，与主板一起控制协调其他设备的工作。CPU 的外观如图 1-3 所示。

2. 主板

主板是电脑内各部件的载体，只有通过主板才能将 CPU、硬盘、内存、显示器等各部件有机地结合起来形成一套完整的系统，因此电脑的整体运行速度和稳定性在很大程度上取决于主板的性能。主板的外观如图 1-4 所示。

图 1-3 CPU

图 1-4 主板

3. 内存

内存也叫主存储器，其存取速度块，存储容量较小，是电脑中用来临时存放数据的地方，也是 CPU 处理数据的中转站。内存的外观如图 1-5 所示。

4. 硬盘

硬盘是电脑中最重要的存储设备，电脑中所有的数据和文件都存储在其中，目前硬盘容量也已经成为衡量电脑档次的一个重要指标。硬盘的外观如图 1-6 所示。

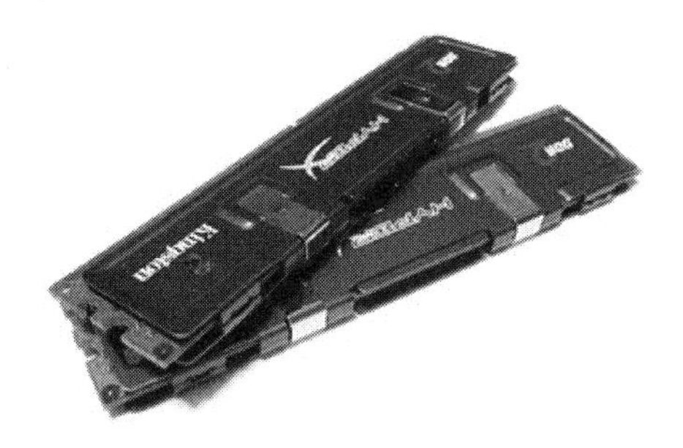

图 1-5 内存

图 1-6 硬盘

5. 显卡

显卡又称显示适配器，其功能主要是将数字信号转换成显示器能够识别的信号（模拟信号或数字信号），并将其处理和输出。显卡的外观如图 1-7 所示。

6. 显示器

显示器是电脑的主要输出设备，其功能是将显卡输出的信号以人眼可见的形式表现出来。显卡与显示器共同组成了电脑的显示系统。如图 1-8 所示即为目前主流液晶显示器的外观。

图 1-7　显卡

图 1-8　显示器

7. 光驱

光驱是光盘驱动器的简称，是一种很常见的外部存储设备，其存储介质为光盘，特点是容量大、成本低和保存时间长。光驱的外观如图 1-9 所示。

8. 网卡

网卡也称网络适配器，其功能主要是连接电脑和网络。目前主板上基本都集成有网卡，但对于网络性能要求较高的用户来说，还需要单独购置独立网卡。如图 1-10 所示即为独立网卡的外观。

图 1-9　光驱

图 1-10　网卡

9. 电源和机箱

电源就是电脑的动力源泉，除显示器可以直接由外来电源供电外，其余电脑部件都需要靠内部的电源供电，因此电源品质的好坏，将会直接影响主机内部各主要配件的寿命和性能。电源的外观如图 1-11 所示。

机箱是安装、放置各种部件的容器，它将各部件有机地整合在一起，起到保护电脑的作用。机箱的外观如图 1-12 所示。

图 1-11 电源

图 1-12 机箱

10. 键盘和鼠标

键盘和鼠标是电脑的重要输入设备，用户可以通过键盘向电脑中输入各种数据信息，通过鼠标完成大部分的选择和确认操作，它们是用户与电脑之间沟通的重要工具。如图 1-13 所示即为键盘和鼠标的外观。

图 1-13 键盘和鼠标

指点迷津

鼠标是随着图形操作界面而产生的，因为其外形与老鼠相似，所以被称为鼠标。但即使不用鼠标，只用键盘也可以完成电脑的基本操作。

11. 其他外部设备

除了上面介绍的电脑必不可少的设备外，还可以为电脑添加各种外设，如打印机、扫描仪、摄像头等，在第 2 日的学习中将会详细介绍。

重点提示

附录 A.1 节中介绍了电脑的发展历史和电脑的分类，有兴趣的读者可以进行补充学习。

1.2 选购 CPU

本节内容学习时间为 9:30～10:40（视频：第 1 日\CPU 的认识和使用）

CPU 在电脑中有着极其重要的地位和作用，如果把电脑比作人，那么 CPU 就是人的“大脑”，它控制着电脑的绝大部分工作。因此，在组装电脑时 CPU 的选购显得尤为重要，本节就从 CPU 的分类、性能指标、选购技巧等方面对其进行全面介绍。

1.2.1 CPU 的功能和分类

CPU 是 Center Processing Unit（中央处理器）的简称，其内部可分为控制单元、逻辑单元和存储单元三大部分，主要用于完成电脑的运算和控制功能。

现在个人电脑使用的 CPU 品牌主要有两种，即 AMD 和 Intel，如图 1-14 所示。

图 1-14　CPU 芯片

1.2.2 CPU 主要性能指标

随着制造技术的飞速发展，目前 CPU 的集成度越来越高，其运算速度也得到了极大的提升。CPU 的性能在很大程度上反映了电脑的整体性能，因此了解 CPU 的性能指标非常重要，它对于组装电脑具有重要的指导作用。

下面列举了 CPU 的一些重要性能指标。

1. 频率

CPU 的频率分为主频、外频、倍频、前端总线频率。下面分别进行介绍。

❖ 主频：也就是 CPU 的时钟频率，即 CPU 的工作频率，单位是 Hz，用来表示 CPU 的运算速度。在同一类型的 CPU 中，主频越高表明 CPU 的运算速度越快。

❖ 外频：是 CPU 的基准频率，也称为系统总线频率，是指 CPU 与主板之间同步运行的速度。CPU 的外频越高，CPU 与 L2 缓存和系统内存交换的速度越快，电脑系统的整体运行速度也就越快。

❖ 倍频：即 CPU 主频和外频之间的相对比例关系。在相同的外频下，倍频越高，CPU 的主频也越高。

❖ 前端总线频率：又叫做总线频率，其大小直接影响 CPU 与内存的数据交换速度。

指点迷津

主频、外频和倍频之间的关系为：主频 = 外频×倍频。CPU 的最大数据传输带宽 =（前端总线频率×数据位宽）÷8。如 Intel 奔腾 E4500（盒）CPU，其外频为 200MHz，倍频为 11，则主频为 200MHz×11 = 2.2GHz；其前端总线频率为 800MHz，CPU 的位宽为 64 位，则 CPU 的数据带宽为 800MHz×64bit ÷ 8 = 6400Mb/s。

2. 缓存

缓存是指可进行高速数据交换的存储器，它先于内存与 CPU 交换数据，速度极快，所以又被称为高速缓存。与 CPU 相关的缓存分为两种，即 L1 高速缓存和 L2 高速缓存。下面分别进行介绍。

❖ L1 高速缓存：也就是常说的一级高速缓存。内置的 L1 高速缓存的容量和结构对 CPU 的性能影响较大，L1 缓存越大，电脑的运算速度就越快。在目前流行的处理器中，Intel 奔腾 E 2140（盒）CPU 的 L1 高速缓存为 32KB×2，而 AMD Athlon64 X2 5000+ AM2（65nm/黑版盒）CPU 的 L1 高速缓存有的高达 256KB。

❖ L2 高速缓存：是指 CPU 第二层的高速缓存，它也是影响 CPU 性能的重要参数之一，一般来说越大越好。如 Intel 奔腾 E2140（盒）CPU 的 L2 高速缓存为 1MB，Intel Core 2 Duo E6550（盒）CPU 的 L2 高速缓存为 2MB×2，而 AMD Athlon64 X2 5000+ AM2（65nm/黑版盒）CPU 的 L2 高速缓存为 512KB×2。

重点提示

高速缓冲存储器均由静态RAM组成，结构较复杂，因此在CPU管芯面积不能太大的情况下，L1 高速缓存的容量不可能做得太大。

3. 超线程技术

超线程技术是相对单线程技术而言的，单线程 CPU 在同一时刻只能对一条指令进行处理，而应用了超线程技术的 CPU 则可同时进行多任务的处理，从而提高电脑性能。目前市场上的 CPU 大多采用超线程技术。

4. 工作电压

工作电压指的是 CPU 正常工作所需的电压。早期 CPU 由于工艺落后，工作电压一般为 5V（奔腾等是 3.5V/3.3V/2.8V 等）；随着 CPU 的制造工艺与主频的提高，CPU 的工作电压呈现出逐步下降的趋势，如 Intel 酷睿 2 双核 E7200（盒）CPU 已经采用了 1.176V 的工作电压。低电压能解决耗电过大和发热过高的问题。

5. 制造工艺

制造工艺虽然不会直接影响 CPU 的性能，但它可以极大地影响 CPU 的集成度和工作频率。一般来说，制造工艺越精细，CPU 可以达到的频率越高，集成的晶体管就可以更多，如第一代奔腾 CPU 的制造工艺是 0.35μm，最高达到 266MHz 的频率，而奔腾 II 时代采用 0.25μm，频率最高达到 450MHz，其后的奔腾 III 制造工艺缩小到了 0.18μm，最高频率达到 1.13GHz。如今 Intel CPU 的制造工艺已达到 45nm，而目前主流的双核和多核 CPU 大多采用此制作工艺。

6. 多核心技术

目前 CPU 采用的大都是多核心技术，主要包括双核心和 4 核心两种。另外，Intel 近日全面发布了 Xeon 7400 系列服务器处理器，其中包括 3 款 6 核心型号，这也是业界第一次出现如此规格的处理器产品。

❖ 双核心技术：即基于单个半导体的一个 CPU 上拥有两个相同功能的处理器核心，也就是将两个物理处理器核心整合到一个内核中，使 CPU 的处理速度达到同样性能的两个 CPU 共同工作的效能。

❖ 4 核心技术：是指将 4 个物理处理器核心整合到一个 CPU 内核中，使 CPU 的处理速度达到同样性能的 4 个 CPU 共同工作的效能。如 4 核心 Core 2 Q6600 处理器的运行速度就相当于 4 个单核 2.4GHz Core 2 处理器共同工作的速度。

1.2.3 CPU 选购技巧

伴随着 CPU 技术的不断改进、发展，主频高低与 CPU 实际性能不再紧密相关，通过改进 CPU 内部架构、内核设计来提高性能则成为更有效的方法，因此不能单纯通过主频高低来选购 CPU，应结合更多方面去考虑。

1. 适合应用

不同应用环境下对于 CPU 的性能需求是不同的，所以在进行选购时必须遵照“适合应用”的原则。一般的家庭和办公用户应选购主流和性价比较高的 CPU，如 AMD Athlon64 X2 3600+ AM2（盒装）、Intel Pentium D820 2.8GHz（盒装）等，这类 CPU 价格便宜，而且性能也很好；如果需要进行专业图形图像设计或玩游戏等，则需选购一块高性能的 CPU，如 AMD Athlon64 X2 3800+ AM2（盒装）、Intel Core 2 Duo E6300（散装）等。

2. 质保

同品牌、同档次的 CPU 具有散装和盒装之分，其性能和参数是一样的，但盒装 CPU 一般都配有风扇并有 3 年的质保，散装 CPU 则一般质保一年。当然，盒装 CPU 比散装 CPU 要贵一些，如果差距不大，应尽量选购盒装 CPU。

3. 认准正品

CPU 市场种类繁多，情况复杂，假货、水货较多。很多不法商家的主要伎俩就是以次充好或 Remark，因此在购买时需注意以下事项。

❖ 找信誉好的商家购买：最好到当地的代理商处购买，正式合法的代理商一般都不会销售水货和次货。

❖ 用软件测试：使用专门的检测软件也可以测试 CPU 的真正性能指标，从而鉴别 CPU 的真伪。目前比较流行的 CPU 检测软件是 CPU-Z（有关该软件的具体使用方法将在第 6 章具体介绍）。

❖ 看包装：用户在购置 Intel CPU 时，其包装盒上的封条应该是完整无缺的，而且附近没有被划开的痕迹。

❖ 看编号：目前盒装 Intel CPU 产品中，其 CPU 和散热器上都设置了编号，在购买时应仔细观察 CPU 和散热器上的编号是否清晰，并与包装盒侧面标签上的编号进行对比，正版 CPU 产品的编号应该全部一致。

1.2.4 主流 CPU 推荐

在选购 CPU 时，除了要考虑 CPU 的性能外，还应根据自己的需求进行选择。

下面根据 2008 年 10 月份的市场行情推荐几款性价比较高的主流 CPU，以供读者参考。

1. 学生用户——AMD Athlon64 X2 4600+ AM2（盒）

如图 1-15 所示的 AMD Athlon64 X2 4600+ AM2（盒）CPU 采用 Socket AM2 接口，实际主频为 2.4GHz，外频为 200MHz，倍频为 12，缓存为 512KB×2，支持 1000MHz HT 总线，支持 MMX、3DNow!+、SSE、SSE2、SSE3、x86-64 指令集。

该款 CPU 是一款入门双核 CPU，目前市场最低报价仅为 380 元，而且是原包原封享受 3 年免费质保，推荐注重品质和性价比的学生用户选购。

2. 普通家庭用户——Intel 酷睿 2 双核 E4400

如图 1-16 所示的 Intel 酷睿 2 双核 E4400 CPU 采用了 65nm 工艺制程，核心代号为 Allendale，步进为 L2，接口为 LGA775。主频达到 2.0GHz，外频为 200MHz，倍频为 10，前端总线为 800MHz，L2 缓存容量为 2MB，核心电压为 0.85 ~ 1.35V。

作为一款酷睿 2 系列的中端型号，该款 CPU 的性能非常强劲，超频能力也不错，并且目前市场参考价格仅为 680 元，非常适合普通家庭用户使用。

图 1-15 AMD Athlon64 X2 4600+ AM2（盒）CPU

图 1-16 Intel 酷睿 2 双核 E4400 CPU

3. 办公用户——Intel 奔腾双核 E2180（盒）

如图 1-17 所示的 Intel 奔腾双核 E2180（盒）CPU 基于 Conroe 核心，采用 65nm 工艺制程，接口仍然是 LGA775，功耗为 65W TDP，主频为 2.0GHz，外频为 200MHz，倍频为 10，共享 L2 缓存容量为 1MB，前端总线为 800MHz，支持 MMX、SSE、SSE2、SSE3、Sup-SSE3、EM64T 指令集。

该款 CPU 目前的市场参考价格为 450 元，同样采用 LPGA 封装，能耗以及稳定性非常出色，非常适合办公用户使用。

4. 游戏玩家用户——Intel 酷睿 2 E8200（盒）

如图 1-18 所示的 Intel 酷睿 2 E8200（盒）CPU 的实际主频为 2.66GHz，共享式 L2 缓存容量为 6MB，前端总线为 1333MHz，外频为 333MHz，倍频为 8，供电需符合 06 规范。该产品采用最新的 45nm 工艺制程，采用 Wolfdale 核心架构，支持 MMX、SSE、SSE2、SSE3、SSSE3、SSE4.1 多媒体指令集，具备 EM64T 64 位运算指令集、EIST 节能技术。

目前该产品的市场报价约为 1120 元，对于喜欢超频的游戏玩家来说，这款产品还是很值得推荐的。

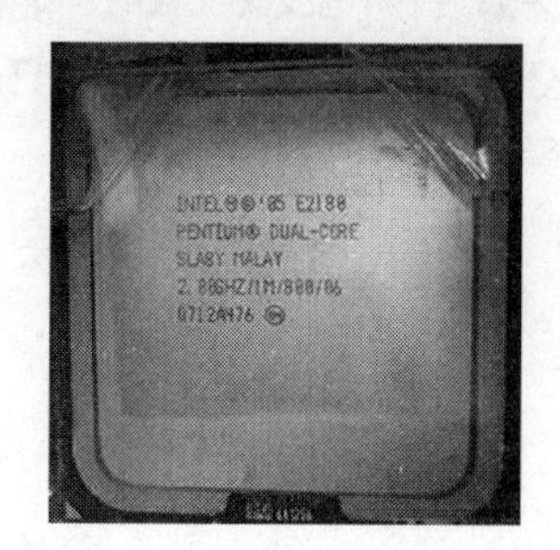

图 1-17　Intel 奔腾双核 E2180（盒）CPU

图 1-18　Intel 酷睿 2 E8200（盒）CPU

1.3 选购主板

本节内容学习时间为 10:50～12:00（视频：第 1 日\主板）

主板是电脑的主体躯干，其优劣在某种程度上决定了一台电脑的整体性能、使用年限以及功能扩展能力。本节将详细讲解选购电脑主板的相关知识。

1.3.1 主板的功能

主板是一块矩形的电路板，安装在机箱内，是电脑最基本也是最重要的部件之一，它为 CPU、内存和各种扩展卡提供了安装插槽，为打印机、扫描仪、鼠标、键盘、显示器等外部设备提供了接口。

1.3.2 主板的分类

主板的类型有很多种，分类方法也不同，如按 CPU 插槽分类、按支持平台类型分类、按控制芯片组分类、按功能分类和按印制电路板的工艺分类等。

下面按照主板的尺寸和各种电器元件的布局与排列方式来为主板分类，主要有 AT/Baby AT、ATX、Micro ATX、BTX 和 NLX 5 种型号的主板。

❖ AT/Baby AT 主板

AT 主板尺寸较大，其上能放置较多的元件和扩展插槽，但随着电子元件集成化程度的提高，相同功能的主板不再需要全 AT 的尺寸，因此在 1990 年推出了 Baby/Mini AT 主板规范，简称为 Baby AT 主板。

Baby AT 主板比 AT 主板略长，而宽度大大窄于 AT 主板。Baby AT 主板沿袭了 AT 主板的 I/O 扩展插槽、键盘插座等外设接口及元件的摆放位置，而对内存槽等内部元件结构进行了紧缩，再加上大规模集成电路使内部元件减少，使得 Baby AT 主板比 AT 主板布局更为紧凑而功能不减。

❖ ATX 主板

由于 Baby AT 主板市场的不规范和 AT 主板结构过于陈旧，Intel 公司在 1995 年 1 月公布了扩展 AT 主板结构，即 ATX（AT Extended）主板标准。这一标准得到了世界主要主板厂商的支持，目前已经成为应用最广泛的工业标准。1997 年 2 月又推出了 ATX 2.01 版。

ATX 主板是当今主流的主板类型，采用印刷电路板（PCB）制造而成。

❖ Micro ATX 主板

Micro ATX 保持了 ATX 标准主板背板上的外设接口位置，与 ATX 兼容。

Micro ATX 主板是 ATX 主板的一种缩小改进，其将扩展插槽减少为 3~4 只，DIMM 插槽为 2~3 个，并且采用了新的设计标准，减少了电源消耗。

❖ BTX 主板

BTX 是 Intel 提出的新型主板架构 Balanced Technology Extended 的简称，是 ATX 结构的替代者。

BTX 主板对电脑的系统结构进行了重新设计，使电脑平台能够更加安静地运行，同时它还能够自如处理高性能系统应用，并采用了独特的可扩展系统外形，以满足数字家庭和数字办公等市场的更低价位的需求。

❖ NLX 主板

NLX 是 Intel 公司最新公布的一种主板设计规范，可以确保主板在不同厂家的机器的兼容性，主要规定了主板的基本形状，包括尺寸大小、如何安装等。此外，它也为硬件厂商留有很大余地，使其能在规范内自由地设计主板，以充分发挥其最佳性能。在未来的几年里，NLX 规范将替代现在流行的 ATX 规范成为主板今后发展的潮流。

指点迷津

目前市面上的主板按所能使用的 CPU 的不同可分为支持 Intel CPU 的主板和支持 AMD CPU 的主板，相应类型的主板只能使用相应的 CPU 产品。按照主板的芯片组类型分类也比较常见，如 915EP 主板、945P 主板、955X 主板和现在支持 4 核心技术的 975X 主板等。

1.3.3 主板的结构组成

主板是一块矩形的电路板，在上面分布着众多的电容、电阻、电感等元件，BIOS 芯片和主板芯片等芯片组，键盘、鼠标、音频线等接口，CPU 插槽、内存插槽、PCI 等插槽以及各种控制开关接口。下面将分别进行讲解。

1. 主板的接口

主板上的接口一般是指 IDE 接口、SATA 接口和外部接口。

❖ IDE 接口：也叫 ATA 接口或并行接口，每个 IDE 接口可连接支持该接口的硬盘或光驱，如图 1-19 所示。目前主流主板上一般都只有一个 IDE 接口。

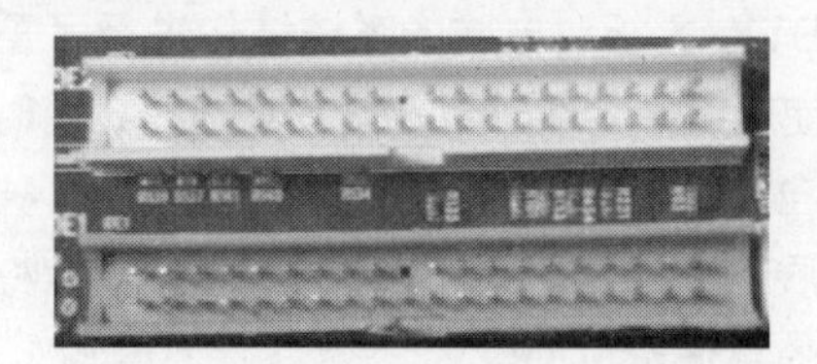

图 1-19　IDE 接口

❖ SATA 接口：也叫串行接口，是目前主流的数据传输接口，并正逐步替代 IDE 接口，成为硬盘和光驱接口的新标准，如图 1-20 所示。

图 1-20　SATA 接口

❖ 外部接口：主板上还有多种外部接口，如图 1-21 所示。主要包括用于连接键盘和鼠标的 PS/2 接口、串行（COM）接口、并行（LPT）接口和 USB 接口，以及集成网卡的接口和集成声卡的输入/输出接口等。

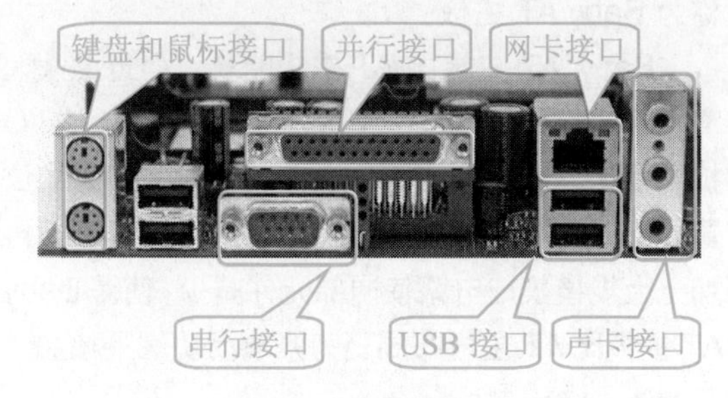

图 1-21　外部接口

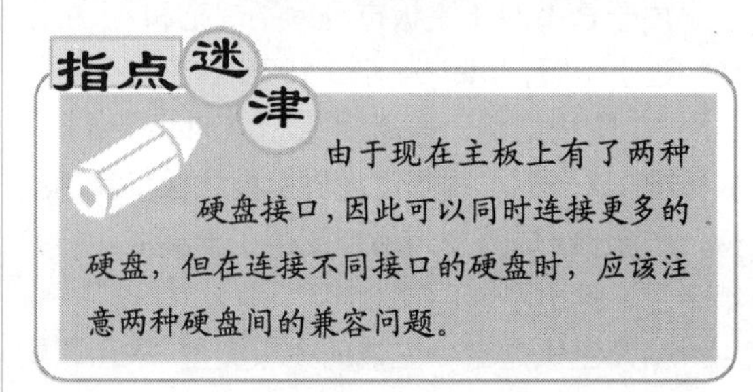

由于现在主板上有了两种硬盘接口，因此可以同时连接更多的硬盘，但在连接不同接口的硬盘时，应该注意两种硬盘间的兼容问题。

2. 主板的插座

主板的插座一般是指 CPU 插座和电源插座，它们用于连接 CPU、散热器、电源等设备。

❖ CPU 插座：用于连接 CPU 的专用插座。根据主板支持的 CPU 不同，CPU 的插座也不同。如图 1-22 所示分别为 Intel CPU 插座和 AMD CPU 插座。

图 1-22　CPU 插座

❖ 电源插座：用于连接电源插头的地方，它能为主板及主板上的设备提供电能。目前主板上的电源插座分为主电源插座、辅助供电插座和 CPU 风扇供电插座，如图 1-23 所示。

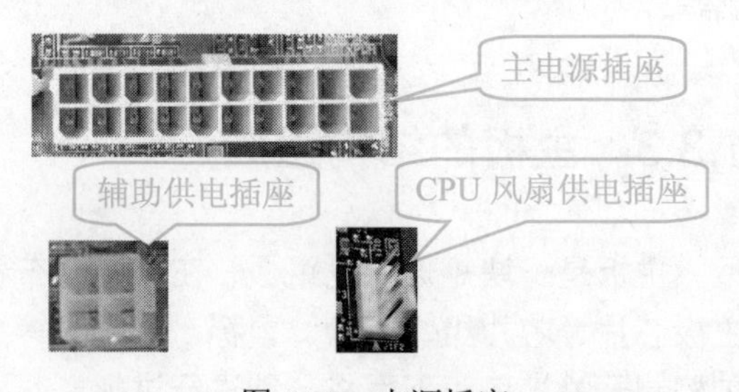

图 1-23　电源插座

3. 主板的插槽

主板上的插槽一般是指 PCI 插槽、PCI-E 插槽和内存插槽，它们分别用于连接网卡、显卡和内存等设备。

❖ PCI（Peripheral Component Interconnect）插槽：是主板上数目最多的插槽，通常为乳白色，主要用于连接声卡、网卡、内置 Modem 等扩展部件，如图 1-24 所示。

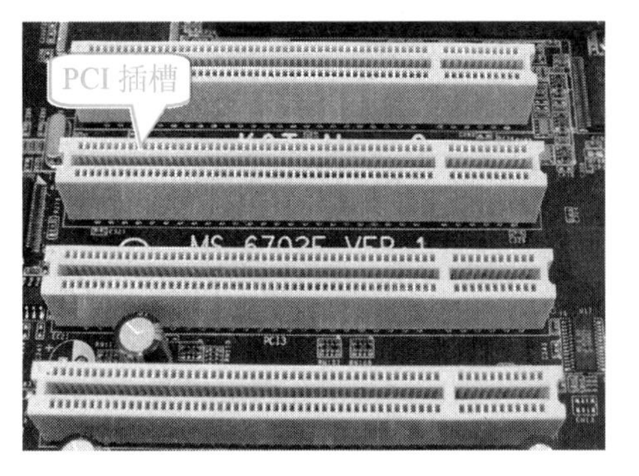

图 1-24　PCI 插槽

❖ PCI-E（PCI Express）插槽：一种用于连接需要大带宽的设备的插槽，目前主要用来连接显卡，如图 1-25 所示。

图 1-25　PCI-E 插槽

❖ 内存插槽：主板上用来安装内存的插槽。目前主流的内存插槽主要有两种，即 DDR DIMM 和 DDR2 DIMM，如图 1-26 所示。

图 1-26　内存插槽

指点迷津

在一些比较老的主板上，可能还包括 AGP（Accelerate Graphicsal Port）插槽，这是一种专门用来连接显卡的插槽。但由于其传输速度没有 PCI-E 插槽快，目前已逐步被 PCI-E 插槽所取代。

4. 主板的芯片组

芯片组（Chipset）是主板的核心组成部分，其性能的优劣决定了主板性能的好坏与级别的高低。

芯片组通常由北桥（North Bridge）芯片和南桥（South Bridge）芯片组成。

❖ 北桥芯片：CPU 与外部设备之间联系的纽带，负责控制主板，如图 1-27 所示。CPU、内存、显卡都是由北桥芯片来控制的。由于北桥芯片处理的数据较多，为散发其工作时所产生的热量，一般在北桥芯片上都会有一块散热器。

❖ 南桥芯片：负责控制设备的中断、各种总线和系统数据传输的芯片，其作用是让所有的数据都能有效地传递，如图 1-28 所示。

图 1-27　北桥芯片

图 1-28　南桥芯片

5. BIOS和CMOS

BIOS（Basic Input/Output System，基本输入/输出系统）是固定在主板ROM中的一段程序，记录了电脑的一些基本信息。BIOS中的信息不会因为断电而丢失。早期的BIOS被烧录在EPROM中，必须通过特殊的设备才能对里面的内容进行修改，现在主板上的BIOS都是采用EEPROM储存BIOS程序，其好处就是可以使用软件对BIOS进行升级，如图1-29所示。

CMOS主要用来保存当前系统的硬件配置和操作人员对某些参数的设定。CMOS RAM芯片由系统通过一块专用CMOS电池供电，因此无论是在关机状态中还是遇到系统掉电情况，CMOS信息都不会丢失，如图1-30所示。

图1-29 BIOS

图1-30 CMOS

重点提示

BIOS与CMOS的关系：BIOS中的系统设置程序是完成CMOS参数设置的手段；CMOS既是BIOS设定系统参数的存放场所，又是BIOS设定系统参数的结果。

1.3.4 主板的主要性能指标

主板是电脑系统中最为重要的设备之一，它肩负着连接电脑硬件设备、协调设备工作及传输数据的重任。下面介绍几种衡量主板优劣的方法。

❖ 芯片组类型：主板的核心是主板芯片组，主板芯片组决定了主板的规格、性能和大致功能，所以选择主板最重要的就是选择控制芯片组。

❖ 对CPU的支持：必须了解主板所支持的CPU的类型，现在市场中主要的CPU生产厂家有Intel和AMD。

❖ 对内存的支持：现在主流的内存类型有DDR RAM内存和DDR2 RAM内存，一般的主板只支持一种内存类型，有的主板则同时支持两种类型的内存。

❖ 扩展槽数量：在主流主板上都有一个PCI-E插槽、若干PCI插槽和内存插槽，这也是衡量主板扩展能力的一个重要指标。

1.3.5 主板的选购技巧

选购主板时除了注意主板的性能指标外，还应注意以下几点。

❖ 应用需求：选购主板首先应该根据用户的用途进行选购。如果你是一个游戏发烧友或图形图像设计人员，需要选择价格高一些的高端主板；如果只是为了上网、看电影等，则可选购价格在 300~600 元之间性价比高的主板。

❖ 做工：判断主板做工的好坏可以观察各种电阻、电容的焊接是否精致、光滑，元件的排列是否整齐、有规律等；其次是看 CPU 底座、内存条插槽以及各种扩展插槽是否松动，能否使各配件固定牢靠。

❖ 品牌：在选购主板时，应尽可能地购买知名品牌的产品，因为这些产品的生产厂商一般在做工和用料方面都有严格的标准，产品质量也有所保障，此外在产品的售后服务方面也相对较好。

❖ 价格：是用户在购买电脑时比较关心的问题，有的产品用料比较差，成本和价格也就比较低，大厂商的产品往往性能好，但价格相对会贵一些，用户应该根据自己的需要进行选择，而不应盲目地只看中产品的价格或性能。

❖ 扩充：购买主板时要考虑电脑和主板的升级扩展能力。电脑的硬件设备更新换代很快，所以对硬件升级是很常见的。一般来说主板插槽越多，扩展能力就越好，但价格也会贵一些。

❖ 售后服务：为了获得比较好的售后服务，购买主板时应选择实力雄厚的大厂商的产品，如微星、技嘉、华硕等主板大厂都开通了简体中文网站，在其主页上都有相应的主板 BIOS 及驱动程序升级等内容，通过这些服务用户可以自行解决新型 CPU 的识别及一些硬件兼容的问题。

1.3.6 主流主板推荐

1. 学生用户——映泰 TG31-A7

如图 1-31 所示为映泰 TG31-A7 主板，该主板基于 Intel G31+ICH7 芯片组设计，支持 1600MHz 前端总线，支持 LGA775 接口的全系列 Intel 处理器；主板整合了显示性能不俗的 GMA3100 图形核心，另外还提供了一条全速 PCI-E X16 总线显卡插槽供用户日后升级独立显卡使用；内存方面，提供了两条 DIMM 内存插槽，支持双通道 DDR2 1066/800 内存规格；磁盘接口方面，提供了 4 个 SATA2 高速接口以及一个 IDE 接口；扩展性方面，提供了两条 PCI-E X1 插槽以及 3 条 PCI 插槽，扩展性能非常不错。

目前该主板的市场参考价格为 400 元，非常适合对扩展性要求较高、追求性价比的学生用户使用。

2. 普通家庭用户——双敏 UR790XA-CF

如图 1-32 所示为双敏 UR790XA-CF 主板，该主板基于 AMD 790X/SB600 芯片组设计，支持 HT 3.0 传输总线，支持 AM2、AM2+接口系列 CPU；内存方面，提供了 4 条 DIMM 内存插槽，支持双通道 DDR2 800/667 内存规格，最大可扩展至 8GB 内存容量；磁盘接口部分，提供了 4 个 SATA2 高速接口和一个 IDE 接口；扩展性方面，提供了两条 PCI-E X16 显卡插槽，支持双卡交火，同时还提供了两条 PCI-E X1 插槽以及两条传统 PCI 插槽，足以满足用户的扩展需要；接口方面，板载了千兆网卡接口和 7.1 声道音频输出接口，足以满足家庭用户的使用需求。

目前该主板的市场参考价格为 599 元，有着其他同类独立显卡主板产品难以比拟的价格优势，同时提供了对双卡交火的支持，非常适合升级独立显卡平台的家庭用户考虑。

图 1-31　映泰 TG31-A7 主板

图 1-32　双敏 UR790XA-CF 主板

3. 办公用户——华硕 P5G-MX

如图 1-33 所示为华硕 P5G-MX 主板，该主板采用 Interl 945gc 芯片，支持 Intel 酷睿 2 双核处理器（仅支持 Conroe & Conroe-L）、1066MHz 前端总线（FSB），支持双通道 DDR2 667 内存，提供一个 PCI-E X16 插槽、两个 SATA 接口，集成高性能 GMA950 显卡，支持双通道 DDR2 内存以及高保真音频，用户可以体验更高的性能与更佳的显示效果。

目前该主板的市场参考价格为 399 元，是经济实惠的 Intel 酷睿 2 平台，非常适合对电脑稳定性要求较高的办公用户使用。

4. 游戏玩家用户——微星 P35 Neo2-FR

如图 1-34 所示为微星 P35 Neo2-FR 主板，该主板采用了高端主板常用的黑色 PCB 板，基于 Intel P35+ICH9R 芯片组设计，最高可支持 1333MHz 前端总线，且支持 LGA775 架构的 Intel 全系列处理器；内存方面，主板提供了 4 条 DIMM 内存插槽，可以支持双通道 DDR2 667/800 内存规格，最大内存容量可达 8GB；磁盘接口方面，主板提供了 5 组 SATA2 磁盘接口，支持多种 RAID 模式；扩展性方面，主板提供了两条 PCI-E X16 显卡插槽，支持 ATI 交火技术，并且采用了独立的供电回路设计，另外主板还提供了两条 PCI-E X1 插槽以及两条传统 PCI 插槽，充分满足用户的扩展需求；I/O 接口方面，主板提供了 6 组 USB2.0 接口以及两组 e-SATA 接口，板载千兆网卡接口以及 7.1 声道音频输出接口，其他各常用接口也都一应俱全，完全可以满足用户的使用需求。

目前该主板的市场参考价格为 899 元，而且新版 BIOS 提供了拔出跳线直接跳 400MHz 外频的功能，非常适合有超频需求的游戏玩家。

图 1-33　华硕 P5G-MX 主板

图 1-34　微星 P35 Neo2-FR 主板

1.4 选购内存

本节内容学习时间为 14:00～15:10（视频：第 1 日\内存）

内存是 CPU 与其他设备沟通的桥梁，是电脑重要的部件之一，是电脑运行中临时存放数据的场所。本节将介绍内存的接口类型、技术指标以及选购内存应注意的问题。

1.4.1 内存的概念及功能

内存（Memory）又被称为主存或内存储器，其功能是暂时存放 CPU 的运算数据以及与硬盘等外部存储器交换的数据，对电脑系统的性能及稳定性有着重要的作用，如图 1-35 所示。

图 1-35 内存

在电脑的工作过程中，CPU 会把需要运算的数据调到内存中进行运算，当运算完成后再将结果传递到各个部件执行。

1.4.2 内存的分类

目前市场上主流的内存为 DDR2 内存，不过也有一些 DDR 内存，主要用在某些低端主板上或用于老主板用户升级。

❖ DDR 内存：也称为 DDR SDRAM（Double Date Rate SDRAM，双倍速率 SDRAM），如图 1-36 所示。目前市面上的 DDR 400 内存就是 DDR 内存，其在某些低端主板上被继续使用。DDR 400 的数据传输速度很快，可达 3.2GB/s。DDR 内存采用 184 个接触点的内存生产标准，包括 DDR 266、DDR 333 和 DDR 400 等几种型号，前两种型号已被淘汰。

❖ DDR2 内存：是在 DDR 内存的基础上发展而来的，由于其在生产内存芯片时使用了更新的技术，使其数据传输速度比 DDR 内存更快，而发热量更小，如图 1-37 所示。DDR2 内存由于采用了 240 个接触点的内存生产标准，因此不能安装在支持 DDR 内存的插槽上。目前 DDR2 内存的主要型号包括 DDR2 533、DDR2 667、DDR2 800 等。

图 1-36　DDR 内存

图 1-37　DDR2 内存

重点提示

目前市场上 DDR3 内存技术已崭露头角，这是针对 Windows Vista 的新一代内存技术，与 DDR2 相比具有更低的工作电压、性能更好。它从 DDR2 的 4bit 预读升级为 8bit 预读，最高能够达到 1600MHz/s 的速度，最差也能达到 1333MHz/s。这种内存将会成为下一代内存的标准，如图 1-38 所示。

图 1-38　DDR3 内存

1.4.3　内存的主要性能指标

在选购内存时，不应该只从内存的表面进行辨识，而应深入了解内存的各种特性及其性能指标。

- ❖ 容量：内存可以存放数据的空间大小，是内存的重要指标，目前市场上主流的内存容量为 512MB 和 1GB 等。
- ❖ 数据位宽和带宽：数据位宽是指内存在一个时钟周期内可以传送的数据长度，单位为 bit；内存带宽则是指内存的数据传输速率，如 DDR SDRAM PC2100 内存的数据传输速率为 2100MB/s。
- ❖ 时钟频率：内存的时钟频率是与主板的外频相对应的，代表内存能稳定运行的最大频率，目前主流的内存频率为 667MHz 和 800MHz 等。
- ❖ ECC 校验：ECC 是一种内存校验技术，目前已经被广泛应用于各种主流内存上。ECC 的优点在于它不但能够检测出错误，还可纠正错误。

1.4.4　内存的选购技巧

由于内存的质量和稳定性直接影响着电脑的性能，因此在选购时需要注意选购的技巧。

下面介绍几种内存选购的技巧。

❖ 外观判断：主要是看内存电路板的布线、阻抗的分布等，要求印刷电路板的做工面要光洁，色泽均匀；元件焊接整齐划一，不允许错位；焊点均匀，光泽饱满；金手指要光亮，不能有发白或发黑现象。

❖ 符合主板上的内存插槽：内存的类型很多，不同类型的主板支持不同类型的内存，因此在选购内存时需要考虑主板可支持的类型。现在市场上主流的主板主要支持 3 种型号的 DDR2 内存，特别是在组建双通道内存时，一定要选购支持双通道技术的主板。

❖ 网上验证：有的内存如金士顿（Kingston）可以到其官方网站验证真伪，只需按照提示输入内存序列号和 ID 等信息，即可得知内存真伪。

❖ CPU 支持：除了主板的支持外，CPU 的支持对内存来说也很重要。AMD 是最先支持 DDR2 800 内存的公司，其所有 CPU 产品都支持此种型号内存；Intel 公司是从 Core 处理器开始才对 DDR2 800 内存正式支持的。

❖ 内存的容量：Windows Vista 操作系统和一些应用软件对内存容量的要求越来越高，512MB 内存已经成为电脑能够流畅运行的最低要求，如要进行大型 3D 游戏或三维软件渲染等操作，可考虑 1GB 甚至 2GB 的内存。

❖ 价格：在购买内存时，价格也是非常重要的。要多走几个商家问问，做到货比三家，但价格过于低廉时，则应注意其是否是打磨过的产品。

1.4.5 主流内存推荐

1. 金士顿内存

金士顿科技成立于 1987 年，作为全球内存领导厂商，其产品性能非产好，产品种类也非常多，市场占有率比较高。

目前用户使用较多的是金士顿 1GB DDR2 667 和金士顿 1GB DDR2 800 内存，如图 1-39 所示。

2. 金邦内存

金邦（Geil）科技是专业的内存模块制造商之一，其内存品牌以汉字注册，并以中文命名的产品“金邦金条”、“千禧条 GL2000”迅速进入国内市场。金邦内存秉持“量身定做、终身保固”的理念，相继推出了一系列产品，现已成为记忆体模组内存知名品牌。

金邦内存的超频性能非常出色，非常适合游戏玩家和硬件发烧友使用，如图 1-40 所示。

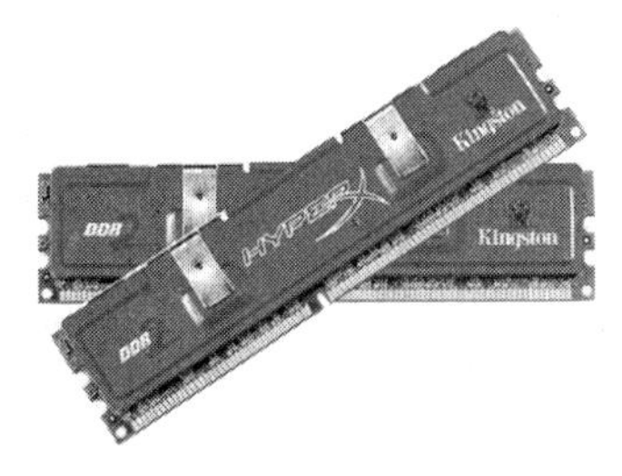

图 1-39 金士顿内存

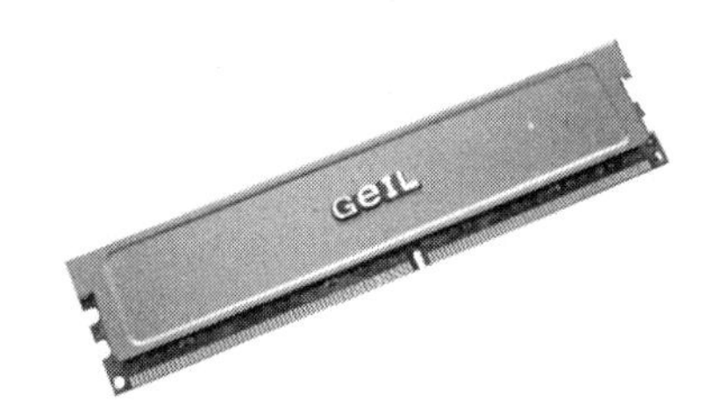

图 1-40 金邦内存

3. 海盗船内存

海盗船（Corsair）是来自美国的记忆体制造商，其产品秉持高端路线，主要集中在需要高效能表现的超频、游戏以及伺服器系统上所使用的内存，如图 1-41 所示。

海盗船的旗舰型内存产品是 DOMINATOR 高性能内存系列，其设计可以满足极度发烧人群的最严格需求。

4. 威刚内存

威刚科技成立于 2001 年 5 月，是个名副其实的后来者，但威刚内存凭借其优越的性能和完善的售后服务，在成立后的短短几年内发展迅速，市场份额逐年扩大，根据国际调研机构的统计分析，其目前在内存模组产品方面的市场占有率已位居全球第二。威刚内存的产品外观如图 1-42 所示。

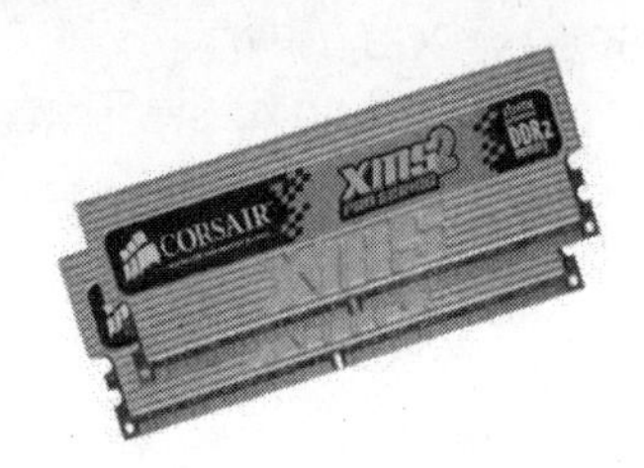

图 1-41　海盗船内存

图 1-42　威刚内存

1.5 选购硬盘

本节内容学习时间为 15:20～16:30（视频：第 1 日\硬盘）

硬盘是电脑中用来存储大容量和永久性数据的部件，是电脑中最重要的外部存储器。本节就来介绍硬盘的有关知识。

1.5.1 硬盘的功能

硬盘（Hard Disk）是电脑中容量最大的外部存储器，通常是将磁性物质附着在硬盘盘片上，并将盘片安装在主轴电机上，当硬盘驱动器开始工作时，主轴电机将带动硬盘盘片一起转动，在盘片表面的磁头将在电路的控制下进行移动，并将指定位置的数据读取出来，或将数据存储到指定的位置。

1.5.2 硬盘的分类

目前市面上的硬盘在外形上都非常相似，其区别在于数据接口和电源接口的不同。按数据接口的不同，可将硬盘分为 ATA 硬盘和 SATA 硬盘。

❖ ATA 硬盘：又称 IDE 接口，是一种并行连接方式，使用 40 根金属针作为接口接触点，通过与主板上相应的接口连接实现数据的正常传输。另外，ATA 电源采用 D 型电源接口，它是由 4 根金属针组成的，如图 1-43 所示。目前此类硬盘已经逐渐退出历史舞台。

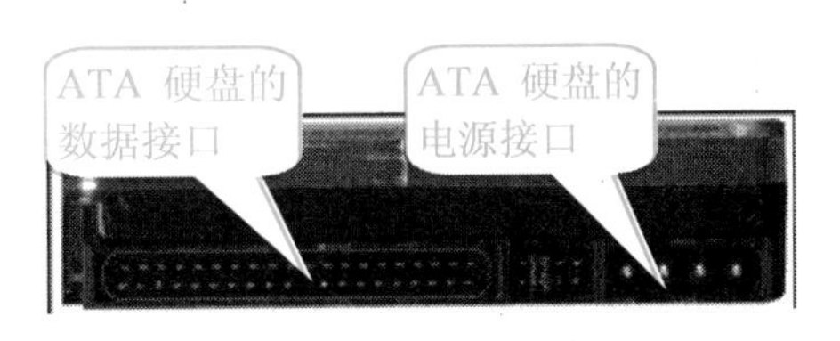

图 1-43　ATA 硬盘

❖ SATA 硬盘：是目前主流的硬盘和光驱接口，使用专用的 SATA 数据线，能得到比 ATA 接口更快的数据传输速度，最高可以达到 300MB/s，而且还能像 U 盘一样支持热插拔。另外，SATA 硬盘电源接口则采用了由 15 根金属针组成的扁平接口，如图 1-44 所示。

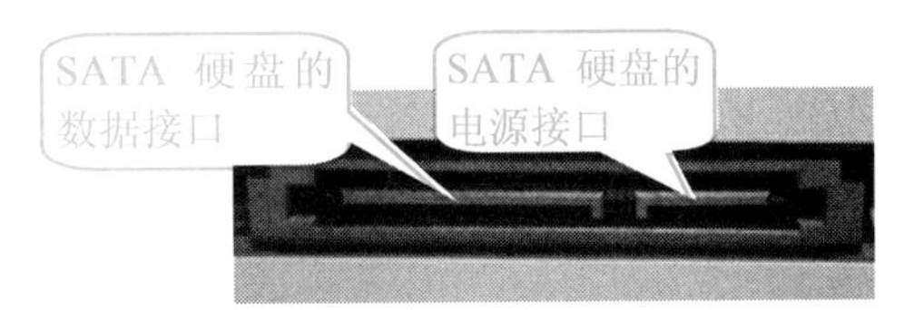

图 1-44　SATA 硬盘

重点提示

市场上还有一种 SCSI 接口硬盘，此类硬盘主要用于服务器上，不过目前也有部分个人电脑用户在使用 SCSI 接口的硬盘。使用该接口的硬盘需要用户另购一块 SCSI 控制卡，该卡插在 PCI 插槽中。

1.5.3　硬盘的主要性能指标

硬盘有各种各样的性能指标，了解并掌握这些性能指标可以帮助用户更好地选购、组装与维护电脑。

1. 容量

容量是表示硬盘能够存储多少数据的一项重要指标，通常以 GB（1GB=1024MB）为单位。目前主流的硬盘容量为 160~500GB，容量为 1TB（1TB=1024GB）的硬盘也已上市。

由于硬盘的盘片数是有限的，靠增加盘片扩充容量满足不断增长的存储容量的需求是不可行的，只有提高每张盘片的容量才能从根本上解决这个问题。提高单盘片的容量可以提升硬盘的数据传输速率，其记录密度同数据传输速率是成正比的，所以硬盘单盘片的容量才是硬盘容量最重要的性能参数。目前单盘片的容量已经达到 200GB，并还向更高容量快速发展。

2. 转速

硬盘的主轴电机是硬盘盘片转动的动力来源，它直接决定了硬盘的转速。理论上，硬盘的转速越快，硬盘平均寻道时间和数据存取时间也就越短，其数据的传输速率也就越高。

目前主流的 SATA 硬盘转速都在 7200rpm（转/分），而 SCSI 硬盘的转速更是超过了 10000rpm。

3. 缓存

缓存是焊接在硬盘控制器电路板上的一块 DRAM 内存，其速度极快。

硬盘中高速缓存的大小和速度影响着硬盘的整体性能。早期的 IDE 硬盘只有 128KB 的缓存，甚至更小。随着硬盘缓存技术的发展，电脑对硬盘缓存的容量和速度也提出了更高的要求。目前主流 SATA 硬盘的缓存有 2MB 和 8MB 两种，有的甚至达到更高的 16MB。

重点提示

缓存有回写式和通写式两种，回写式指的是在内存中保留部分数据，当硬盘空闲时再进行写入；通写式是指在读硬盘时，系统先检查请求，并且寻找需要的数据是否在高速缓存中，如果在，缓存就会输出相应的数据，不必再找寻硬盘，从而大幅度改善硬盘的性能。

4. 防震技术

目前硬盘的防震技术主要有 SPS 防震技术和 Shock Block 防震保护系统。

❖ SPS 防震技术主要是分散外来冲击能量，尽量避免硬盘磁头和盘片之间的意外撞击，使硬盘能够承受 10000N（牛顿）以上的意外冲击力。

❖ Shock Block 防震保护系统是 Maxtor 公司的专利技术，但也是采用分散外来的冲击能量的方法，尽量避免磁头和盘片相互撞击，它能承受的最大冲击力可以达到 15000N 甚至更高。

5. 数据保护技术

数据保护技术有数据卫士、Max Safe、3D 保护系统技术、DPS 和 S.M.A.R.T 技术等几种。

❖ 数据卫士：该技术是西部数据（WD）公司独有的，它能够在硬盘工作的空余时间每 8 个小时便自动执行硬盘扫描、检测、修复盘片的各扇区等步骤，其操作完全是自动运行，无须用户干预与控制，对于初级用户与不懂硬盘维护的用户十分适用。

❖ Max Safe 技术：该技术的核心是将附加的 ECC 校验位保存在硬盘上，使硬盘在读写过程中每一步都要经过严格的校验，以此来保证硬盘数据的完整性。

❖ 3D 保护系统（3D Defense System）技术：该技术是美国希捷公司独有的一种硬盘保护技术，主要包括磁盘保护（Drive Defense）、数据保护（Data Defense）和诊断保护（Diagnostic Defense）3 个方面的内容。

❖ DPS（数据保护系统）：DPS 的工作原理是在其硬盘的前 300MB 内存中存放操作系统等重要信息，DPS 可在系统出现问题后的 90 秒内自动检测恢复系统数据；如果不行，则启用随硬盘附送的 DPS 软盘，进入程序后 DPS 系统模式会自动分析造成故障的原因，尽量保证用户硬盘上的数据不受损失。

❖ S.M.A.R.T 技术：该技术就是人们常说的“自动检测分析及报告技术”，是目前绝大多数硬盘普遍采用的通用安全技术，这种技术可以对硬盘的磁头单元、盘片电机驱动系统、硬盘内部电路以及盘片表面媒介材料等进行监测，当 S.M.A.R.T 监测并分析出硬盘可能出现问题时会及时向用户报警以避免电脑数据受到损失。

6. 平均寻道时间

平均寻道时间（Average seek time）是指硬盘在盘面上移动读写头至指定磁道寻找相应目标数据所用的时间，描述了硬盘读取数据的能力，单位为ms。当单碟容量增大时，磁头的寻道动作和移动距离减少，从而使平均寻道时间减少，加快硬盘运行速度。目前市场上主流硬盘的平均寻道时间一般在9ms以下。

7. 连续无故障时间

连续无故障时间（MTBF）是指硬盘从开始运行到出现故障的最长时间。一般硬盘的MTBF至少在30000或40000小时，性能好的硬盘甚至可以达到50000小时以上。

1.5.4 硬盘的选购技巧

很多用户在购买硬盘时，往往认为只要容量够大、够用就可以了。其实，在选购硬盘时，除容量以外，硬盘的缓存、接口类型以及单碟容量的大小对硬盘的性能也有着直接的影响。

❖ 容量：通常在购买硬盘时首要考虑的便是硬盘容量，目前主流硬盘的容量为160GB、250GB，也有一些更大容量的硬盘，如1TB，用户可以根据需要进行选择。

❖ 接口：购买硬盘时还要注意接口标准，虽然目前市场上大部分硬盘都采用了SATA接口，但所采用的标准不尽相同，建议购买希捷SATA 2.5规格接口的硬盘。

❖ 缓存容量：缓存是硬盘与外部总线交换数据的场所，建议购买8MB和16MB的缓存容量的硬盘。

❖ 售后服务：由于硬盘读写操作比较频繁，所以保修问题更是突出。现在硬盘提供的保修服务一般都是3年质保（1年包换、2年保修）。购买硬盘时一定要通过正规的渠道购买，这样在出现问题时才会有保障。

1.5.5 主流硬盘推荐

1. 希捷硬盘

希捷（Seagate）是全球最大的硬盘供应商，也是最早推出SATA接口标准的硬盘厂家，其产品性能非常稳定，产品种类也非常丰富。

目前市场上主流的希捷硬盘是7200rpm、16MB或32MB大缓存的11代大容量串口硬盘，如图1-45所示即为“希捷 500GB/7200.11/32M/串口”硬盘。

2. 西部数据硬盘

西部数据（Western Digital）也是硬盘行业的数据储存先驱，但其产品种类相对希捷硬盘来说比较单一。

目前市场上主流的西部数据硬盘是7200rpm、8MB或16MB大缓存的大容量串口硬盘，如图1-46所示即为“西部数据 320GB/8M/串口”硬盘。

图 1-45　希捷硬盘

图 1-46　西部数据硬盘

3. 三星硬盘

三星（SAMSUNG）是近几年才进入硬盘领域的，其硬盘优点是可有效地防止外界污染物质进入，内部噪声低。如图 1-47 所示即为“三星 320G/7200 转/16M/串口”硬盘。

4. 日立硬盘

由于日立（Hitachi）公司收购了 IBM 硬盘部门，现在的日立硬盘其实就是过去的 IBM 硬盘的换代产品。日立硬盘的优点是性能稳定，价格低廉，但产品种类较少。如图 1-48 所示即为“日立 160G/7200 转/8M/串口”硬盘。

图 1-47　三星硬盘

图 1-48　日立硬盘

1.6 选 购 显 卡

本节内容学习时间为 16:40～18:00（视频：第 1 日\显卡）

对于主板上没有集成显卡的用户，或者主板集成的显卡不能满足用户需要时，便可以购买独立显卡。本节将对独立显卡的结构、技术指标和选购显卡的一些注意事项进行介绍。

1.6.1　显卡的功能

显卡又叫显示适配器或图形加速卡，是显示器与主机通信的控制电路和接口，主要作用是负责对 CPU 传输来的数据进行处理，转换成显示器可以识别的信号，由显示器显示在用户面前，是电脑中重要的输出设备。

1.6.2 显卡的基本结构

显卡主要由显示芯片、散热器、显存、显卡 BIOS、输出接口和总线接口组成，如图 1-49 所示。下面将逐一介绍显卡各个部分的功能。

❖ 显示芯片：是显卡的核心部分，主要用于处理和加速显示数据，为 CPU 分担运算处理的工作。

❖ 散热器：由于显示芯片发热量巨大，因此往往在其上面都会覆盖由散热片和散热风扇组成的散热器进行散热。

❖ 显存：临时存放显示数据的地方。显示芯片与显存之间频繁进行数据传输时，显存的大小将影响到显示芯片的性能发挥，其容量越大，所能显示的分辨率及色彩位数就越高。目前常见的显存容量有 128MB、256MB 等。

❖ 显卡 BIOS：用于记录显示芯片和驱动程序间的控制程序、产品标识等，其功能与主板的 BIOS 相似。

❖ 输出接口：显卡与显示器之间的连接端口。现在主要的输出接口有 VGA 和 DVI 两种。另外，目前市场上主流的显卡还有一个 TV-OUT 接口，通过该接口可直接将显卡处理的图像在电视机上显示出来。

❖ 总线接口：也叫金手指，是显卡与主板的接口，目前显卡的总线接口主要是 PCI-E 接口。

指点迷津

VGA接口是由15个孔组成的模拟显示输出接口，可以与目前大多数显示器直接相连；DVI 接口是一种使用数字信号的显示输出接口，其输出的图像信号一般要比 VGA 接口稍清晰一些，目前主要用在 LCD 显示器上。

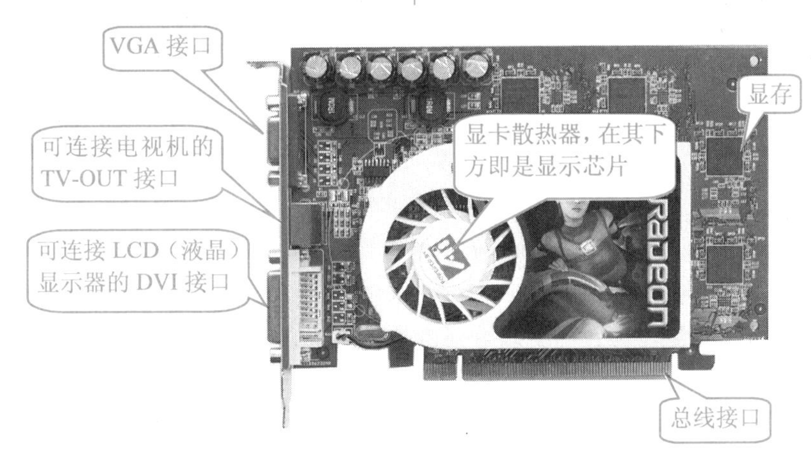

图 1-49　显卡的结构

1.6.3 显卡的分类

目前市场上的显卡按照接口类型分类，大体可分为 PCI Express 和 AGP 两类，其中 AGP

接口的显卡在市场上基本已经绝迹。

❖ AGP（Accelerate Graphicsal Port，加速图形端口）显卡：AGP 接口是一种为了提高视频带宽而设计的总线标准，当时的 3D 图形加速技术开始流行并且迅速普及。AGP 标准在使用 32 位总线时，其工作频率为 66MHz，最高数据传输速率为 533MB/s，目前最高规格的 AGP 8X 模式下数据传输速率已达到 2.1GB/s。

❖ PCI Express 显卡：PCI Express 是新一代总线接口，其特点是点对点串行连接，不必向整个总线请求带宽，可将数据传输速率提高很多。目前主流的 PCI Express X16 接口显卡能够提供 5GB/s 的带宽，即使编码上有损耗仍能提供约为 4GB/s 的实际带宽，远远超过 AGP 8X 的 2.1GB/s 的带宽。

重点提示

在 AGP 显卡之前还使用过 ISA 显卡和 PCI 显卡。其中 ISA 显卡采用 8/16 位的系统总线，最大传输速率仅为 8MB/s，它允许多个 CPU 共享系统资源，兼容性好，但因传输速率过低、CPU 占用率高、占用硬件中断资源等原因，逐步被 PCI 显卡替代。PCI 显卡的工作频率为 33MHz，最大数据传输速率可达 133MB/s。

1.6.4 显卡的主要性能指标

显卡的性能指标主要有显存容量、显存速度和显存位宽等。下面进行详细介绍。

1. 显存容量

显存容量指的是显存的大小，它是显卡的一个重要指标。一般的显存容量为 128MB 和 256MB，一些高端显卡的显存容量已经达到 1GB。

2. 显存速度

显存速度决定于显存的运行频率和时钟周期，它们影响显存每次处理数据需要的时间。显存芯片速度越快，单位时间交换的数据量也就越大，在同等条件下，显卡处理图形图像的性能也将会得到明显的提高。

3. 显存位宽

显存位宽是用于衡量显存数据更新速度的重要指标，通常情况下把显存位宽理解为数据进出通道的大小，在运行频率和显存容量相同的情况下，显存位宽越大，数据的吞吐量就越大，性能也就越好。目前主流的显存位宽有 128bit 和 256bit 两种。

1.6.5 显卡的选购技巧

在选购显卡时，除了查看以上性能指标外，还要注意一些选购技巧。

1. 按用途选购显卡

用户对显卡的选购应遵循实用的原则，不要盲目地追求高端，而应根据自身需求选择合适的显卡。下面针对几种不同需求的用户推荐几款显卡。

❖ 办公用户：这类用户对显卡处理性能要求较低，他们通常只是在电脑中处理简单的文本和图像，因此使用主板集成的显卡或选购价格在400元以下的显卡就足够了，如GeForce 7100GS或Radeon HD 2400PRO类型的显卡等。

❖ 家庭用户：普通的家庭用户通常是使用电脑上网、看电影和玩一些小游戏，建议购买价格在400~600元间的中、低档显卡，如GeForce 7300GT或Radeon X1650GT等。

❖ 游戏玩家：这类用户对显卡的要求较高，通常要求显卡具有较强的3D处理能力和游戏性能，普通的集成显卡一般无法满足需求，因此建议这类用户选购独立显卡，如GeForce 8600GT和Radeon X1950GT等。

❖ 专业图形图像设计用户：这类用户由于经常使用Photoshop、3ds max、MAYA等软件，而这些软件都需要显卡能很好地支持OpenGL ICD，目前只有少数价格高昂的专业绘图显卡才能做到，因此这类用户最好选购ATI FireGL或NVIDIA Quadro FX系列的显卡。

2. 注意显卡的做工

市面上各种品牌的显卡质量良莠不齐，名牌显卡做工精良、用料扎实，看上去大气；而劣质显卡做工粗糙，用料伪劣，在实际使用中也容易出现各种各样的故障，因此在选购显卡时一定要注意观察显卡的做工。

3. 品牌

目前市场上的显卡品牌众多，虽然使用的都是相同的显示芯片，但价格却相差很大，质量参差不齐，在选购时应选择信誉较好的显卡生产厂商，如七彩虹、盈通、影驰、双敏、耕昇和小影霸等。

1.6.6 主流显卡推荐

1. 游戏玩家——七彩虹逸彩 9600GT-GD3 冰封骑士 5F 512M

如图1-50所示为七彩虹逸彩9600GT-GD3冰封骑士5F 512M显卡，市场参考价格为1120元，非常适合游戏用户使用。

该显卡显存采用1ns GDDR3颗粒，构成了512MB/256bit的显存规格，显卡默认核心/显存频率达到了650/1800MHz，并支持SLI技术，提供了双DVI接口。

2. 专业显卡——艾尔莎 ATI FireGL V7200

艾尔莎ATI FireGL V7200是一款中高端专业显卡，市场参考价格为4500元，如图1-51所示。这款产品可以对Windows Vista系统提供完美支持，并且融入了艾尔莎独有的技术，为使用者带来非同一般的应用享受。

该显卡采用R520GL显示核心，搭配256MB GDDR3显存，总线接口为PCI Express X16，使用了256bit显存接口，并且拥有ATI的512bit环形显存总线专利技术，提供了高达41.6GB/s的显存带宽。显示芯片采用Shader Model 3.0体系设计，完整支持DirectX 9.0c和OpenGL 2.0图形接口。

图1-50 七彩虹逸彩9600GT-GD3 冰封骑士5F 512M显卡

图1-51 艾尔莎ATI FireGL V7200显卡

艾尔莎 ATI FireGL V7200显卡提供了两个Dual-link DVI-I显示输出接口，可以同时连接两个分辨率高达 2560×1200 像素的数字平板显示器，最高数字、模拟输出分辨率分别达到3840×2400像素、2048×1536像素。FireGL V7200还带有一个3D Stereo立体眼镜接口，能够支持OpenGL四重缓冲立体显示功能。

3. 普通家庭用户——影驰8600GT魔灵

如图1-52所示为影驰8600GT魔灵显卡，市场参考价格为580元，非常适合普通家庭用户使用。

该显卡显存采用1ns GDDR3颗粒，构成了256MB/128bit的显存规格；显卡默认核心/显存频率达到了650/1600MHz，并支持SLI技术；提供了DVI+VGA双接口设计，可以满足用户的不同使用需求。

4. 学生用户——蓝宝石HD3650白金版

如图1-53所示为蓝宝石HD3650白金版显卡，市场参考价格为390元，非常适合学生或入门级用户使用。

图1-52 影驰8600GT魔灵显卡

图1-53 蓝宝石HD3650白金版显卡

该显卡显存采用1.2ns GDDR3颗粒，构成了256MB/128bit的显存规格，显卡默认核心/显存频率达到了725/1600MHz，提供了双DVI接口。

1.7 本日小结

本节内容学习时间为 19:00～20:00

今天主要介绍了电脑的组成以及装机时主机重要部件的相关知识，包括 CPU、主板、内存、硬盘、显卡等部件的作用、分类、主要性能指标、选购技巧及目前市场上主流部件的推荐。

通过本日的学习，读者应充分了解 CPU、主板、内存、硬盘、显卡等部件，可以独立完成这些部件的选购。

需要提醒大家的是，电脑硬件的更新换代是非常快的，本书所讲的内容也只能在一段时间内作为参考。

1.8 新手练兵

本节内容学习时间为 20:10～21:00

1.8.1 CPU 散热器的作用与选购

随着 CPU 频率的增加，其在工作时产生的热量也在增加，如果不能及时散热就会导致 CPU 温度过高，从而导致电脑工作异常（如频繁死机等），甚至烧毁 CPU，所以给 CPU 选一款品质和散热效果好的散热器显得尤为重要。

1. CPU 散热器的分类

目前常见的散热器有风冷、热管和水冷 3 种，如图 1-54 所示。相对于后两者，风冷散热器因为成本较低、制造技术成熟、平台适用性强等特点而被广泛使用，加上一些有实力的厂商对风冷技术的二次开发（如新兴的热管技术），风冷散热器占据了散热器市场的大半江山。

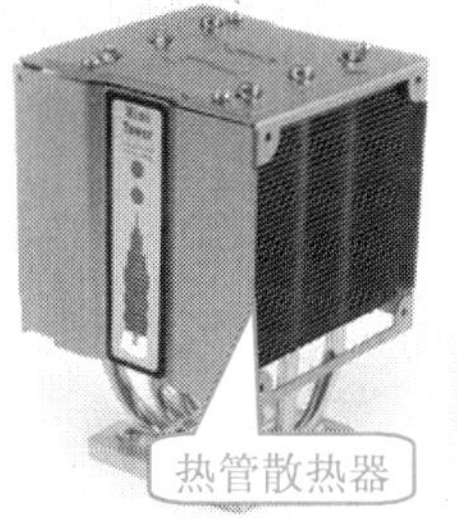

水冷散热器

图 1-54 散热器

2. 风冷散热器的选购技巧

作为中低端散热器市场的佼佼者，风冷散热器在性价比上获得了很好的平衡。一套完整的风冷散热器应该是由散热片、风扇和扣具3部分组成。下面分别进行介绍。

（1）散热片

散热片是风冷散热器最重要的组成部分之一，根据所用材质不同，可以分为纯铝散热片、纯铜散热片、铝鳍塞铜式散热片和铝鳍压铸铜式散热片。

❖ 纯铝散热片：具有吸热慢、放热快的特点。散热效果和其结构和做工成正比，散热片数越多、底部抛光越好，散热效果越好。其价格低廉，搭配低端CPU使用性价比最合理，是目前使用率最高的散热片之一。

❖ 纯铜散热片：具有吸热快、放热慢的特点，需要配合高转速大尺寸风扇才能满足散热需求，目前已经慢慢退出独立散热器的历史舞台。

❖ 铝鳍塞铜式散热片：这种散热片综合了纯铝散热片和纯铜散热片的优点，即利用铜吸热快的特性来吸收CPU热量，再利用铝的快速放热性来释放铜块上的热量。其价格也比较便宜，基本上几十元就能买到，比起动辄上百元的纯铜散热片来说，既经济实惠，效果又好。

❖ 铝鳍压铸铜式散热片：与铝鳍塞铜式散热片工作原理相同，但具有超强的散热性能。当然，由于制造复杂、做工精细，一般采用这种工艺制造的散热器价格都要在500元以上，适合超频发烧友选用。

重点提示

铝鳍压铸铜式散热片和铝鳍塞铜式散热片的区别在于后者的铜块是利用热胀冷缩的原理嵌进去的，而前者则使用了最先进的压铸技术，可以说是完全的无缝连接，从根本上保证了铜块与铝座之间的热传导性，因此具有更强的散热性能。

（2）风扇

风扇是组成一个完整的散热器不可缺少的一部分，功能再强大的散热片，如果缺少了风扇的配合，其散热效果也将大打折扣。在选购时应注意风扇类型和转速。

❖ 风扇类型：CPU风扇可以有多种分类方法，一般都按马达中轴承原理将其分为普通轴承风扇、滚珠轴承风扇和液态轴承风扇3类，其中普通轴承风扇已经很少见，现在市场主流的风扇类型是液态轴承风扇。

❖ 风扇转速：一般情况下，风扇的转速越高，它向CPU传送的进风量就越大，CPU获得的冷却效果就会越好。但如果转速过高，风扇在高速运转过程中可能会产生很大的噪声，时间长了还可能会缩短风扇寿命。因此，在选择风扇的转速时，应该根据CPU的发热量决定，最好选择转速在3500~5200rpm之间的风扇。

（3）扣具

一般来说，扣具的作用就是固定散热器，保证CPU核心和散热器良好接触。一款做工精良的扣具，可以使散热片与CPU均匀紧密地接触，从而降低接触面间的热阻抗，加强散热片底部的吸热能力。

3. 热管散热器的工作原理

从散热原理上讲，热管散热器只能算是风冷散热器的一个分支。它同样也是将散热片吸收来的 CPU 热量通过风扇加速散发，达到 CPU 散热的目的；不同的是热管散热片导管中含有导热剂，能够根据温差自动均衡热量，达到平均散热的效果。目前市场上很多散热器采用的都是这种结构。

4. 水冷散热器的工作原理

从水冷散热器的工作原理来看，可以将其分为主动式水冷和被动式水冷两大类。

❖ 主动式水冷除了具备水冷散热器全部配件外，还需要安装散热风扇来辅助散热，这样能够使散热效果得到很大的提升，有些还可以自行对水位、温度、风扇转速进行自由调节，适合发烧 DIY 超频玩家采用。

❖ 被动式水冷则不安装任何散热风扇，只靠水冷散热器本身来进行散热，最多是增加一些散热片来辅助散热。该水冷方式比主动式水冷效果差一些，但可以做到完全静音，适合主流 DIY 超频用户采用。

5. 主流散热器推荐

为了避免电脑由于持续工作而产生高温，最终烧毁硬件的情况发生，下面推荐几款价格在 70～160 元左右的中低端散热器以供选购。

❖ 酷冷 黑鹰战机（静音版）

如图 1-55 所示的酷冷 黑鹰战机（静音版）散热器采用全铝设计，其散热风扇设计独特，采用“蝶翼”状风扇叶，共分为 7 个扇叶，工作时可提供强劲的风量。散热器的噪声比为 25.500dB，在高速运转时噪声很小，完全满足用户对于静音风扇的要求。目前，该散热器的市场报价为 50 元，可供入门级 Intel 平台的用户选用。

图 1-55　酷冷 黑鹰战机（静音版）散热器

❖ 九州风神 贝塔 400plus

如图 1-56 所示的九州风神 贝塔 400plus 散热器采用铜铝结合、风冷热管散热结合设计，并且采用了 9232 悬翼式风扇，散热效果非常好。另外，该散热器四周边框采用高亮度材料，美观的同时减震效果十分出色。

该散热器适用于 AMD Socket AM2 全系列处理器和 AMD K8 全系列处理器，目前市场参考价格为 128 元。

图 1-56　九州风神 贝塔 400plus 散热器

1.8.2　认识软盘驱动器和软盘

软盘驱动器（简称软驱）是早期组装电脑的必选设备之一，是电脑中重要的移动存储设备。下面就来认识软驱和软盘。

1. 软驱的结构

早期的软驱包括5.25in低密度软驱、5.25in高密度软驱和3.5in软驱，其中3.5in软驱比较常见。在软驱前面板有活动舱门、软驱指示灯和弹出按钮，如图1-57所示。

2. 软驱的工作原理

在使用软驱时，只需将软盘插入软驱的活动舱门中，软盘的盘片在软驱的直流电机带动下将以每分钟300圈的速度恒定旋转，等待读写命令的磁头将与旋转的盘片接触，做好读写准备。

当软驱接到电脑传来的读写命令时，电机将带动软驱的磁头沿软盘的盘片径向移动，由软驱的磁头完成读写操作。

重点提示

由于电脑的发展越来越快，软驱的容量和速度已经远远不能满足日常学习和工作的需要，随着网络的普及和大容量移动存储设备的出现，软驱已逐渐被其他移动存储设备取代。

3. 认识软盘

软盘（如图1-58所示）是一种数据存储介质，使用时需放入软驱。

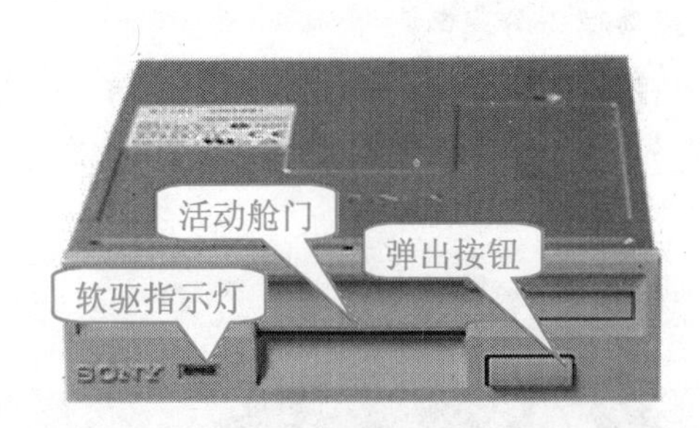

图1-57 软驱的外观

图1-58 软盘

3.5in、容量为1.44MB的软盘较为常见。软盘的盘片外有一个硬塑料壳，可以保护盘片。在软盘的下方有一个可以移动的方块，用来控制软盘的写保护。当移动方块露出方孔时，软盘处于写保护状态，这时只能读取软盘中的数据，而不能写入数据。当移动方块挡住方孔时，可以读取软盘的数据，也可以写入数据。

第2日

电脑其他部件的选购

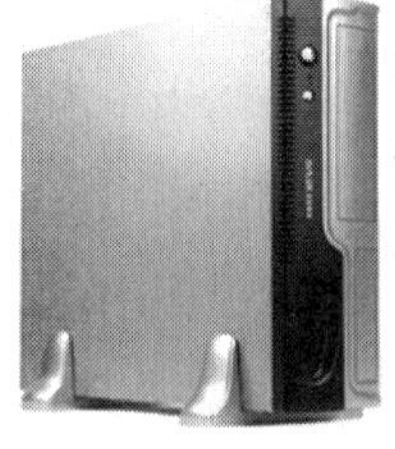

今日学习内容综述

上午：1. 选购光驱
　　　2. 选购机箱
　　　3. 选购电源
　　　4. 选购显示器
　　　5. 选购键盘
下午：6. 选购鼠标
　　　7. 选购网卡
　　　8. 选购打印机

超超：老师，组装一台电脑是不是只需要第1日讲解的几个部件就可以了？

越越老师：当然不是，我们还需要购买光驱、显示器、鼠标、键盘等部件。另外，我们还可以选购打印机、音箱等外设使电脑的功能更加强大。

超超：真的吗？那您快给我讲讲如何选购这些部件吧！

越越老师：好呀，下面我们就来学习。

2.1 选购光驱

本节内容学习时间为 8:00～8:40（视频：第 2 日\光驱的选购）

随着光储技术的发展和普及，光驱已成为多媒体电脑系统中不可缺少的组成部分。本节将对光驱的分类、性能指标和光驱的选购等知识进行详细介绍。

2.1.1 光驱的功能

光驱是采用光盘作为存储介质的数据存储设备，使用时必须向其中插入存储信息载体（即光盘）。光驱的外观大致相同，如图 2-1 所示。

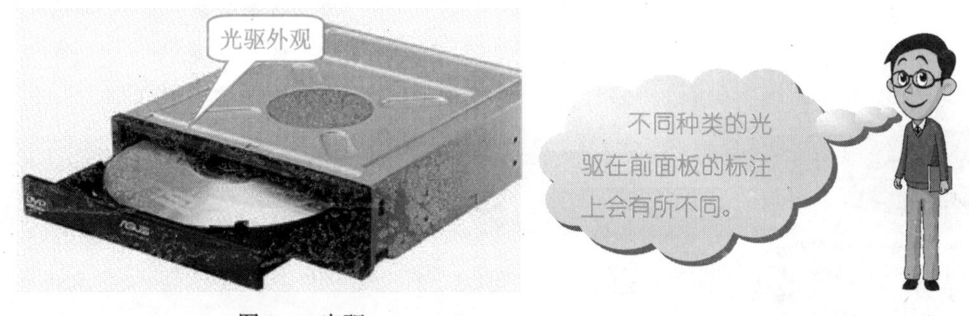

图 2-1 光驱

由于光盘容量大、成本低，许多软件都以 CD-ROM 盘片作为载体发售，如 Windows 98、Windows 2000 和 Windows XP 等。

2.1.2 光驱的分类

按照光驱的功能，一般可以将其分为 CD-ROM、DVD-ROM、CD 刻录机、COMBO 及 DVD 刻录机，其外观如图 2-1 所示。

❖ CD-ROM 光驱：其中文名称为只读光盘驱动器，可以读取 CD-ROM、CD-R 和 CD-RW 光盘数据，目前这种光驱市场上已经很少见。

❖ DVD-ROM 光驱：是目前最常用的光盘驱动器，不仅可以读取 DVD-ROM、DVD-R 和 DVD-RW 光盘，而且完全兼容 CD-ROM、CD-R 和 CD-RW 光盘。

❖ CD 刻录机：不仅可以读取 CD-ROM、CD-R 和 CD-RW 光盘数据，而且还可以将数据刻录到 CD-R 和 CD-RW 光盘上，具有比 CD 光驱更强大的功能。

❖ DVD 刻录机：综合了前面几种光驱的性能，不仅可以读取 DVD 格式和 CD 格式的光盘，还能将数据以 DVD-ROM 格式或 CD-ROM 格式刻录到光盘上。

❖ COMBO 光驱：能够完成 DVD 光驱和 CD 刻录机的所有功能。

指点迷津

现在市场上还出现了蓝光（Blu-ray）光驱和 HD-DVD 光驱等，不过它们都属于 DVD 光驱，并且是下一代 DVD 光驱的标准。

2.1.3 光驱的主要性能指标

光驱现在已经成为电脑的必备部件，下面将对光驱的主要性能指标作详细介绍。

1. 光驱的接口类型

光驱的接口与硬盘的接口基本相同，也具有 ATA 接口和 SATA 接口两种。目前大多数光驱还是采用 ATA 接口，但按照发展趋势来看，SATA 接口的光驱必定会取代 ATA 接口的光驱，因此在选购时最好选择具有 SATA 接口的光驱。

2. 缓存

缓存容量对光驱的性能影响较大，缓存越大，则光驱读取光盘的稳定性就越好。目前普通的 DVD 光驱一般采用容量为 256~512KB 的缓存，而刻录机一般采用容量为 2～8MB 的缓存。

3. 数据传输率

光驱的数据传输率也就是通常所说的光驱的倍数。早期制定的 CD-ROM 标准把 150KB/s 的传输率定为 1X 倍速，随着光盘驱动器的传输速率越来越快，如今市场上的 CD-ROM 光驱的倍速一般都为 52X。DVD 光驱的转速和普通光驱是不同的，DVD 光驱的 1X 倍速约等于普通光驱的 8 倍速，现在的主流 DVD-ROM 的转倍速为 16X。

4. 纠错能力

纠错能力是指光驱对一些表面已经损坏的光盘进行读取时的适应能力。纠错能力强的光驱，能很容易地跳过一些坏的数据区；而纠错能力差的光驱在读取这些区域时会感觉非常吃力，容易导致系统发生停止响应、死机等情况。

2.1.4 光驱的选购技巧

在购买光驱时，用户除了要根据实际需求选择 DVD 光驱或刻录机外，还应注意一些选购技巧。

1. DVD光驱选购技巧

在选购DVD光驱时需要注意以下两点。

❖ 区码限制：为了防止盗版，DVD光驱中加入了区位码识别机构，DVD光盘也包含区位码。只有DVD光驱和光盘的区位码相同时，DVD光驱才可读取DVD光盘中的数据。中国大陆的区位码为6区。

❖ 兼容多种格式：DVD光驱支持多种光盘格式，除了DVD-ROM、DVD-Video、DVD-R/RW、CD-ROM等常见格式外，对CD-R/RW、CD以及其他格式（如VCD）的光盘都充分地支持。

2. 刻录光驱选购技巧

在选购刻录光驱时需要注意以下两点。

❖ 缓存：刻录光盘时，数据必须先写入缓存，刻录软件再从缓存中调用要刻录的数据；在刻录的同时，后续的数据需要不停地写入缓存，如果没有及时写入缓存，可能导致刻录失败。因此，缓存的容量越大，刻录的成功率就越高。

❖ 支持的刻录格式：支持的刻录格式越多越好，现在的DVD刻录机除了支持普通刻录机支持的刻录格式外，还支持DVD-R、DVD+R、DVD-RW等格式的刻录光盘，这样用户可以根据需要选择不同的刻录盘。

3. 分辨光驱的真伪

分辨光驱的真伪主要有以下3个技巧。

❖ 查看光驱的包装：正品光驱的包装盒（有的上面还有激光防伪标志和防伪电话号码）中有质量良好的光驱保护泡沫、驱动程序光盘、未拆封的说明书、音频线、产品合格证和保修卡。

❖ 查看光驱的外壳：正品光盘驱动器的表面无毛刺感，金属外壳有光泽，轻摇时内部无响声，光驱背面清晰地印着详细的技术参数和产品信息。

❖ 用手掂量：光驱的机芯分为塑料和全钢两种，塑料机芯很容易老化，需要选择能保证读取速度稳定和快捷的全钢机芯光驱，所以全钢机芯光驱肯定比塑料机芯的光驱重。

4. 纠错测试

纠错能力是指光驱对一些质量不好的光盘的读取能力。纠错能力差的光驱在读取光盘的坏数据区域时会非常困难，甚至导致系统停止响应或电脑死机。所以在选购光驱时，同等条件下应尽量选择纠错能力强的产品，最好在购买时用几张质量不好的光盘测试光驱的纠错能力。

2.1.5 主流光驱推荐

1. 刻录光驱——华硕DRW-2014S1

华硕DRW-2014S1采用传统的IDE接口，并且搭载了正版的Nero8，可以给用户带来丰富的刻录应用，而且使用Windows Vista系统的用户可以感受到它“一键复制”功能的便捷，其外观如图2-2所示。

性能方面，它拥有2MB缓存容量，支持20倍速DVD+/-R写入、8倍速DVD+RW复写、6倍速DVD-RW复写、8倍速DVD+/-R DL写入和14倍速DVD-RAM写入。CD方面，支持

48 倍速 CD-R 写入和 32 倍速 CD-RW 复写。

另外，在刻录时该光驱的 Flextra LinkTM 废片终结防刻死技术和 Flextra Speed TM 智能刻录变速技术会共同作用，降低刻录失败的几率，节约盘片成本。

目前该光驱的市场参考价格为 220 元，适合有 DVD 刻录要求的用户使用。

2. DVD 光驱——三星 TS-H353B

三星 TS-H353B 是一款内置式 DVD-ROM 光驱，采用 SATA 接口，其外观如图 2-3 所示。目前该光驱的市场参考价格为 140 元，适合没有刻录要求的用户使用。

图 2-2　华硕 DRW-2014S1 刻录光驱

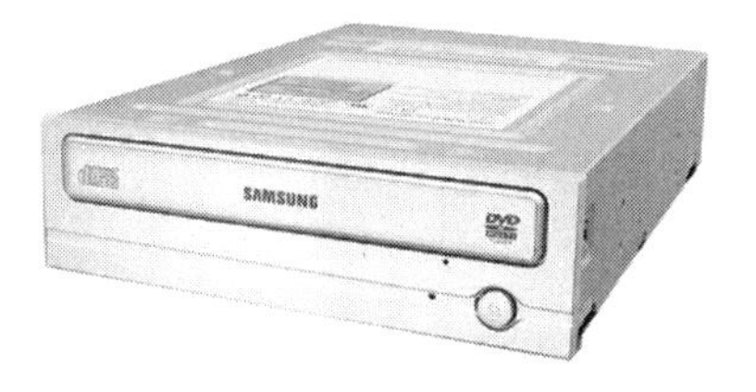

图 2-3　三星 TS-H353B DVD 光驱

2.2 选购机箱

随着电脑消费理念的深入，选购电脑时，越来越多的普通消费者在关注电脑性能指标的同时，也开始在意电脑机箱的个性化、时尚化。本节将介绍机箱的相关知识及选购技巧。

2.2.1 机箱的功能

机箱主要为电源、主板、硬盘、光驱和各种扩展卡提供放置的空间，保护各种电脑设备，并且起到防辐射和防电磁干扰的功能。它通常是一个长方形的金属箱，其内部有一些可以固定电脑硬件设备的插槽或固定点，能对硬件起到固定与保护的作用，如图 2-4 所示。

图 2-4　机箱

2.2.2 机箱的主要性能指标

机箱的主要性能指标有以下几方面。

1. 良好的散热性

安装在机箱内的部件在工作时会产生大量的热量，如果散热性不良可能会导致这些部件温度过高并引起快速老化，甚至损坏。建议购买 38° 机箱。

真正的 38° 机箱前端空气进孔一般在机箱前面板的最底部，这样可以防止机箱内电磁辐射外泄，对人体造成伤害。

2. 机箱的附加功能和扩展性

为了方便用户使用耳机、音箱、U 盘等设备，许多机箱都在正面的面板上设置了音频插孔和 USB 插孔，有的机箱生产商还在机箱上提供了数据存储卡读卡器或红外线设备等，这对于经常使用手机和数码相机的用户而言，无疑是非常有用的。

另外，很多用户可能需要安装两个或两个以上的驱动器（如双硬盘或双光驱），或安装多个扩展卡，那么就需要机箱具有良好的扩展性。

3. 良好的屏蔽性

由于很多电脑部件在工作时会产生大量的电磁辐射，对人体健康构成了一定的威胁。具有良好屏蔽性的机箱不仅将电磁辐射降到最低，还可阻挡外界辐射对电脑部件的干扰。

4. 机箱的坚固性

坚固性是机箱最基本的性能指标，坚固的机箱可保护安装在机箱内的电脑部件避免因受到挤压、碰撞而产生形变。另外，坚固的机箱外壳结实，不会由于挡板太薄而随硬盘和光驱高速旋转引起共振并产生噪声。

2.2.3 机箱的选购技巧

用户在选购机箱时，可以从机箱的质量、电磁屏蔽性、安全认证以及品牌等方面进行考虑。

1. 看质量

机箱的外部应该是由一层 1mm 以上的钢板构成的，并镀有一层经过冷锻压处理过的 SECC 镀锌钢板；边缘决不会有毛边、锐口、毛刺等现象，并且所有裸露的边角都经过了反折处理，使用户在组装电脑时不会弄伤手；内部的支架主要由铝合金条构建；机箱的前面板的塑料应该采用 ABS 工程塑料制作，这种塑料硬度比较高，长期使用不褪色、不开裂，擦拭时比较方便；机箱各个插槽的定位也相当准确，箱内还有撑杠，以防侧面板下沉；底板应厚重结实，沿机箱对角抱起时不会变形；在侧面板的接缝处应有防辐射的金属卡子。

2. 看是否符合电磁传导干扰标准

根据研究，电磁对电网的干扰会对电子设备造成不良影响，也会给人体健康带来危害。因此，屏蔽掉电脑部件的电磁辐射是机箱设计时追求的目标，选购机箱时一定要考虑到这一点。劣质机箱采用的普通薄钢板，不具有电磁屏蔽性，会对用户的健康构成相当大的威胁；而采用优质钢板制作的机箱，在其结构设计上就可以抵消掉部分电磁辐射，而且所采用的材料也能屏蔽掉绝大多数电磁辐射。

另外，在选购机箱时要看是否符合 EMI-B 标准，通过了这些认证的机箱一般会在显著位置粘贴认证标志，这也意味着这些机箱在安全性、电磁辐射方面都通过了严格的检测，值得用户信赖和购买。

3. 机箱的品牌

购买机箱时需注意选择有名气的品牌厂家，因为著名品牌厂家的产品虽然价格会高一点，但是产品质量绝对不缩水，比较有实力的机箱或电源生产厂家有世纪之星、爱国者、金河田、技展、七喜等。

2.2.4 主流机箱推荐

1. 金河田 飓风 II8197B

该机箱内部的设计非常宽敞，自带金河田 355WB 电源，市场参考价格为 300 元，是一种主流用户选购的机箱，其外观如图 2-5 所示。该机箱具有以下特点：

❖ 外观大方，颜色协调，并且配置高亮时尚蓝色指示灯。

❖ 全折边绝不伤手设计。

❖ 防辐射、防静电、防电磁干扰设计。

❖ 多风扇位设置，散热更强劲。

❖ 前置 USB、SOUND 接口，连接外设更方便。

❖ 三寸支架拉到底设计，结构更稳固。

2. 多彩 SLIM 机箱 DLC-0608

该机箱可以确保最佳的桌面空间解决方案，其市场参考价格为 360 元，非常适合桌面空间较小，并且对计算机扩展要求不高的用户，其外观如图 2-6 所示。该机箱具有以下特性：

❖ 随心所欲的摆放方式，可立可卧，可以满足对空间要求较为严格的用户。

❖ 全折边不伤手设计，专用 EMI 触点，有效防止电磁波泄漏。

❖ 采用优质耐腐钢材加工成型且箱体预留了防盗锁扣。

❖ 采用互动式散热设计（可选配 6cm 系统冷却风扇），彻底解决散热瓶颈。

❖ 提供一个光驱位、一个软驱位、两个硬盘位。

❖ 适用主板：MICRO ATX/FLEX ATX，拓展槽。

图 2-5 金河田 飓风 II8197B 机箱

图 2-6 多彩 SLIM 机箱 DLC-0608

3. 酷冷武尊神（RC-690）

该机箱采用独创的 L 型全冲孔网设计，最高支持 7 个 12cm 风扇，配合最新的散热方式（烟囱效应），可以提供更高效的散热效果，并且可安装 nVIDIA G80 SLI 显卡，非常适合要求完美散热解决方案的 3D 游戏玩家，其外观如图 2-7 所示。目前市场参考价格为 660 元。

除此之外，该机箱还具有以下特性：

❖ 机箱内部置有理线功能夹，可以提供更好的内部空间。

❖ 可抽拔式硬盘支架设计及多项免工具安装设计，让升级维护变得更简便。

❖ 加长电源安置空间，使之额外支持 230mmEPS 电源。

❖ 机箱右侧可特别安装一个 8cm 的静音风扇。

4. 思民 FC-ZE1

该机箱是一款全铝制高端机箱，总重量只有 12.5kg，并且采用对流散热方案，可以非常好地保证系统的稳定工作，其外观如图 2-8 所示。目前该机箱的市场参考价格为 4900 元。

另外，该机箱还具有以下特性：

❖ 开门式面板，随开随关非常方便。

❖ 防震防静电，全面保护硬盘。

❖ 扩展位充足，具有较大的升级空间。

❖ I/O 接口皆前置，方便用户使用。

图 2-7 酷冷武尊神（RC-690）机箱

图 2-8 思民 FC-ZE1 机箱

2.3 选购电源

本节内容学习时间为 9:40～10:20（视频：第 2 日\选购电源）

电源是电脑的动力源泉，其好坏直接决定电脑是否能正常工作。本节将介绍有关电源的知识。

2.3.1 电源的功能

电源就好比是电脑的心脏，为机箱中的各个设备提供电力，让设备正常工作。同时，电脑的电源一般都具有完善的自我保护功能，在直流负载发生短路时，可以自动切断电源，而在负载故障消失时，又能自动恢复正常供电功能。

2.3.2 电源的主要性能指标

衡量电源性能的指标主要有电源的功率、做工、承受电压的范围等。

1. 电源的功率

电源的功率包括额定功率、输出功率和峰值功率。

❖ 额定功率：指电源厂家按照 Intel 公司制定的标准标定的功率。额定功率可以表征电源工作的平均输出。

❖ 输出功率：指环境温度为常温（室温 25℃左右，电源内部温度 50℃左右），电压范围在 200～264V 时，电源长时间稳定输出的功率。

❖ 峰值功率：指电源短时间内达到的最大功率，通常仅能维持 30s 左右的时间。所以峰值功率在实际使用中没有实际意义，因为电源一般不能在峰值输出时稳定工作。

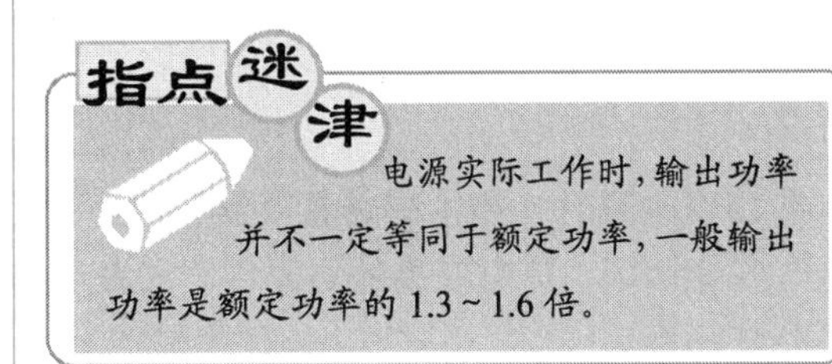

电源实际工作时，输出功率并不一定等同于额定功率，一般输出功率是额定功率的 1.3～1.6 倍。

我们平常所说的电源功率主要是指电源的输出功率，单位为 W（瓦）。目前主流的电源输出功率在 250～400W 之间，输出功率大的电源能使电脑连接更多的硬件设备。普通用户一般选购 300～350W 的电源就完全能满足电脑日常的需求。

2. 电源的做工

要判断一款电源的做工好坏，可以先从掂重量开始，一般高档电源重量肯定比次等电源重；其次优质电源所使用的电源输出线一般较粗；从电源上的散热孔观察其内部，可以看到有体积和厚度都较大的金属散热片和各种电子元件，优质的电源由于用料较多，所以这些部件排列得较为紧密。

3. 承受电压范围

电源承受电压范围越宽越好，这样电源可以在电压过低和过高时仍然能稳定地向电脑提供电能。

4. 过压、过载或过流保护

电源应具有过压、过载或过流保护功能。其中过压保护是当输出电压超过额定值时，电源会自动关闭停止输出，防止损坏甚至烧毁电脑部件；过载或过流保护是防止因输出的电流超过原设计的额定值而造成的电源损坏。

5. 屏蔽电磁辐射

电源内各部件在工作时会产生高频电磁辐射，这会对其他部件和人体产生干扰和危害，性能优良的电源的电源盒应该可以屏蔽掉这些电磁辐射。

6. 噪声和滤波

噪声是指电源输出直流电的平滑程度，噪声越小，输出的直流电越平滑；滤波的品质直接影响电源输出的直流电中交流分量的高低，一般被称为波纹系数，其值也是越低越好。

2.3.3 电源的选购技巧

在选购电源时，主要从电源的输出功率、安全认证以及电脑的品牌等方面进行考虑。

1. 电源输出功率

输出功率是用户在购买电源时重点关注的一点，如果电源的输出功率不能满足电脑整机的需要，则会出现系统工作不稳定等情况。因此，在选购电源时，最好考虑 300W 以上输出功率的电源，这样才能满足电脑的实际功率要求。

2. 安全认证

在购买电源时，要注意查看电源标签上的认证标志。电源上的认证标志表示该电源通过了这些安全认证，具有较高的可靠性。现在电源都必须通过 3C 认证，没有通过 3C 认证的电源不允许销售。

重点提示

3C 认证（China Compulsory Certificate，中国国家强制性产品认证）包括原来的 CCEE（电工）认证、CEMC（电磁兼容）认证和新增加的 CCIB（进出口检疫）认证，它们主要从用电的安全、电磁兼容及电波干扰、稳定方面作出了全面的规定标准。

3. 品牌

推荐用户选择名牌且口碑好的电源，如世纪之星、长城、航嘉和金河田等。

2.3.4 主流电源推荐

1. 航嘉冷静王钻石版

该电源的额定功率为 300W，支持 24PIN915/925 系统，可以满足普通用户的需求，其外观如图 2-9 所示。目前市场参考价格为 190 元。另外，该风扇的具体技术参数如下：

❖ 智能散热设计，风量>22CFM，有效改善主机散热，并可显著降低 CPU 温度，轻载时噪声<28dB，满载时噪声<35dB，转换效率更高，满载时 72.3%的转换效率，发热量更低、更节能、更环保。

❖ +12V 输出能力更强，最大电流达到 18A，峰值 19.5A，满足最新的 CPU、硬盘、光驱等对电源的苛刻要求，+3.3V 输出最大电流达到 27A，满足高功耗显卡的需求，支持两路 SATA 接口，通过国家 CCC 认证。

2. 世纪之星黄金武士

该电源具有 350W 的额定功率、480W 的最大功率，非常适合高端专业级个人计算机系统使用，其外观如图 2-10 所示。目前市场参考价格为 240 元。另外，该电源还具有以下特性：

❖ 强散热、超静音，换位直吹式散热，打破以往的散热概念，有效地降低机箱温度为 5°~10°。

❖ 双+12V 输出，+12V1 最大电流达到 10A，+12V2 最大电流达到 15A，满足 Prescott 和 Athlon 64 的需要。

❖ 适应电压范围 165V~265V。

❖ 电源转换效率最大可达到 85%，更节能、更环保。

❖ 智能 20PIN、24PIN 主板插口，自由切换。

❖ "芯"胜一筹，采用服务器级 PWM 整合芯片，独具五重保护功能，更安全、更稳定（过压、过载、欠压、过流、短路）。

❖ 配备有独立的 PCI Express 显卡 6PIN 供电线。

❖ 支持双核 CPU。

❖ 专业级电源供应器，双路+12V 供电。

图 2-9 航嘉冷静王钻石版电源

图 2-10 世纪之星黄金武士

3. Tt 暗黑 AH550P

Tt 暗黑 AH550P 电源是专门针对高端发烧游戏用户需求进行优化设计的电源，在显卡供电等方面非常有用，其外观如图 2-11 所示。目前该电源的市场参考价格为 580 元。

该电源主要具有以下特性：

❖ 最大功率为 550W，额定功率为 450W，可以满足中高端双独立显卡平台的需求。

❖ 双 6PIN 独立显卡接口设计，可以满足 8800GTX 这样的顶级显卡需要。

❖ 使用双 8cm 风扇，一抽一吸，形成一个更加合理的风道。

❖ 双 6pin 独立显卡接口设计，可以满足高端游戏玩家。

4. 长城 巨龙双动力 BTX-600SP

该电源基于 INTEL2.2 版本设计制造，最大功率达到 600W，额定功率达到 500W，采用的主动式 PFC 设计，能更加有效地提高电源的功率转换因数，功率因数高达 0.95。强劲的输出功率，使其应用范围更广，可适用于普通服务器、VOD 点播器以及工业计算机系统。目前该电源市场参考价格为 598 元，其外观如图 2-12 所示。

另外，该电源还具有以下特性：

❖ 双路供电模式，两个+12V 电压输出一路主要给 CPU 供电，另一路给包括硬盘、DVD 驱动器等在内的其他 I/O 设备供电（支持高达 12 个硬盘列阵系统），其中+12VIO 的输出电流达到 16A，+12VCPU 的输出电流达到 18A，这两路+12V 输出相互独立，各自具有独立的保护控制线路，这样可以减少由于硬盘光驱等设备对 CPU 工作时的影响，为系统提供双倍的稳定性。

❖ 内建智能控温散热设计。

❖ 采用了双风扇散热结构，风扇选用的是业界最好的双滚珠散热风机，并且配合抽拉式散热设计与合理的散热通道，不仅可以满足电源自身的散热需求，对高端系统的散热也颇有帮助，同时考虑到用户对噪声要求，在风扇控制的线路设计上采用温控线路，最大限度地降低风扇噪声。

图 2-11 Tt 暗黑 AH550P 电源

图 2-12 长城 巨龙双动力 BTX-600SP 电源

2.4 选购显示器

本节内容学习时间为 10:30～11:10（视频：第 2 日\选购显示器）

显示器是电脑主要的信息输出设备之一，它不仅占据了装机成本的很大一部分，而且还长时间地面对着用户的眼睛，密切关系着用户的身心健康。本节将详细介绍显示器的选购要点。

2.4.1 显示器的分类

目前市面上的显示器按成像原理的不同可分为CRT显示器、LCD显示器和等离子显示器。下面分别进行介绍。

❖ CRT显示器：此类显示器的显像管内安装有阴极射线电子枪，所发射的电子轰炸显示屏幕后就显示出了图像，如图2-13所示。这种显示器显示出的图像色彩鲜艳，画面逼真，没有延时感，但是具有较强的电磁辐射，长时间使用对眼睛有害。目前其主要用户是游戏发烧友和专业图形图像设计人员。

图2-13 CRT显示器

❖ LCD显示器：此类显示器是利用液晶的物理特性制造的显示器，如图2-14所示。具有耗电量小、辐射低、屏幕不闪烁，而且重量轻、体积小等优点。但其画面质量没有CRT显示器好，其显示的色彩会随用户观察角度的不同而发生变化。目前大多数主流电脑都是用LCD显示器，它主要适用于长期坐在电脑面前的办公用户和对健康有一定要求的家庭用户。

图2-14 LCD显示器

❖ 等离子显示器：此类显示器是采用了近几年来高速发展的等离子平面屏幕技术的新一代显示设备，不受磁力和磁场影响，如图2-15所示。具有机身轻薄、重量轻、屏幕大、色彩鲜艳、画面清晰、亮度高、失真度小、输入接口齐全、视觉感觉舒适、防电磁干扰、环保无辐射、散热性能好以及无噪声等优点，代表未来电脑显示器的发展趋势。

图2-15 等离子显示器

2.4.2 显示器的主要性能指标

下面主要介绍CRT显示器和LCD显示器的性能指标，有关等离子显示器的性能指标可以参考相关书籍。

1. CRT显示器的主要性能指标

CRT显示器的主要性能指标有以下几个方面。

❖ 尺寸：显示器的尺寸就是显示屏的对角线长度，单位为英寸（in）。目前市场上主流的是 19 英寸，大尺寸显示器是很多游戏和多媒体发烧友的选择。

❖ 分辨率：是指显像管水平方向和垂直方向所显示的像素，通常以“长度×宽度”的形式表示，如分辨率为 1024×768 就表示水平方向上能显示 1024 个像素，垂直方向上能显示 768 个像素。分辨率越高，显示器屏幕上的像素就越多，图像也就更加精细，但所得到的图像或文字就越小。

❖ 刷新频率：是指显示屏幕在单位时间内更新的次数。刷新率低时，显示屏就会闪烁，人的眼睛就容易疲劳，一般情况下，采用 70Hz 以上的刷新频率时就可基本消除闪烁。目前，CRT 显示器的刷新频率至少应该在 85Hz 以上，主流 CRT 显示器都能够达到 100Hz 以上的刷新频率。

❖ 辐射：由于 CRT 显示器在工作时会产生辐射，长期的辐射会对人体产生危害。因此在购买时应选择那些通过认证标准的健康、环保的产品。现在主流的显示器都应该通过了严格的 TCO’03/06 标准认证。

2. LCD 显示器的主要性能指标

LCD 显示器的主要性能指标有以下几方面。

❖ 尺寸：目前选购液晶显示器时应首先考虑 19 英寸或者更大尺寸的产品。

❖ 分辨率：是指最佳分辨率，是能达到最好显示效果的一个分辨率。LCD 显示器在出厂时它的分辨率就已经固定了，只有在这个分辨率下才能达到最佳显示效果。主流的 17 英寸 LCD 显示器最佳分辨率多为 1280×1024。

❖ 点距：和 CRT 显示器不同，LCD 显示器中的点距是指每个液晶分子的大小。目前 LCD 显示器的点距多为 0.297mm，高端的 LCD 显示器可达到 0.264mm。

❖ 宽屏技术：宽屏是指显示器屏幕画面纵向和横向的比例为 16:9 或 16:10。普通显示器数据信号宽高比仅为 4:3，而电影及 DVD 和高清晰度电视的宽高比为 16:9 或 16:10。宽屏能在带来更大显示面积的同时，不显著加大机身和屏幕的面积，由此减轻整机的重量，并可降低生产成本。通常情况下，选择宽屏显示器会有很好的多媒体及高清视频效果。

❖ 接口：一般液晶显示器的接口都分为 VGA 和 DVI 两种，VGA 接口是一般显示器最常用的接口，由于传输的是模拟信号，所以也称模拟接口；DVI 是数字接口标准，该接口将信号直接用数字方式传输到显示器，也称数字接口。和 VGA 接口相比，采用 DVI 接口传输能使图像信号损失更小，带来更好的画质。

❖ 响应时间：是 LCD 显示器最重要的一个性能指标，它以 ms（毫秒）为单位，是指一个像素由明转暗或者由暗转明所需的时间。响应时间过长，则用户会看到显示屏有拖尾的现象，从而影响整个画面的效果。目前 LCD 显示器的响应时间都在 8ms 以下，这已经能够完全满足普通用户的需要。

❖ 对比度：也是 LCD 显示器最重要的性能指标之一，对比度越高画面的显示质量也越好。普通 LCD 显示器的对比度为 400:1，如果是玩游戏或观看影片，就需要更高对比度的 LCD 以得到更好的画面效果。

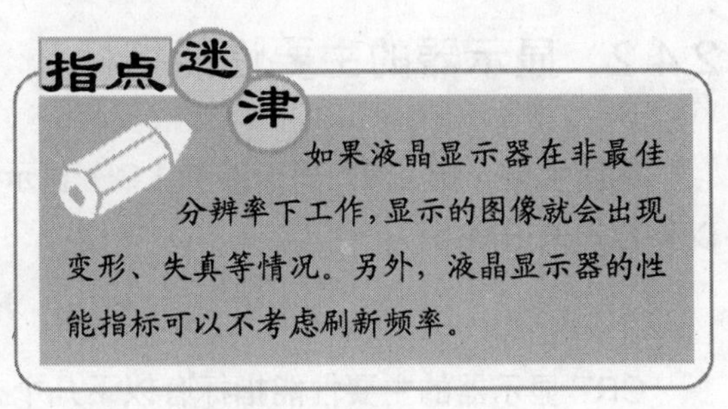

如果液晶显示器在非最佳分辨率下工作，显示的图像就会出现变形、失真等情况。另外，液晶显示器的性能指标可以不考虑刷新频率。

如果是 19 英寸以下的 LCD，建议购买 VGA 接口的产品，因为 DVI 和 VGA 的区别只有在 1600×1200 这样的高分辨率下才比较明显，而在较低的分辨率如 1280×1024 或 1440×900 下则基本看不出区别。

2.4.3 显示器的选购技巧

在选购显示器时，除了需要注意其各种性能指标外，还应注意下面的几个技巧。

1. 根据需要选购

如果是一般家庭用户，且不考虑占用空间的问题，建议购买 CRT 显示器，价格便宜，而且无论是玩游戏还是观看电影时显示效果都非常好；如果是办公用户，建议购买 LCD 显示器，环保无辐射，能够支持长时间面对电脑的工作。

2. 测试显示器坏点数

坏点数是衡量 LCD 显示器液晶面板质量好坏的一个重要标准，而目前的液晶面板生产线技术还不能做到显示屏完全无坏点。由于坏点分为亮点和暗点两种，检测坏点时，可将显示屏显示全白或全黑的图像，在全白的图像上出现了黑点，表明该坏点是暗点；在全黑的图像上有白点，则表明该坏点为亮点。一台 17 英寸 LCD 超过 3 个坏点将不能选购。

3. 观察显示器是否有磁化现象

所有的电器都会产生磁场，如果显示器没有优良的屏蔽磁场功能，就很容易被磁化，磁化后的显示屏上会产生大块色斑。显示器一般都自带了消磁功能，可消除一些轻微的磁化现象。

4. 观察亮度、对比度，辨别颜色层次

不论该显示器性能指标多高，采用的技术多先进，亲自考察画质才是最重要的。经销商在柜台展示各类显示器时，用户应该试试切换显示分辨率和刷新频率，这样，可以清楚地看到在达到某一数值时，哪台显示器熄了、哪台显示器花了、哪台显示器仍能正常显示。此时便能看出性能的优劣。

5. 显示器的认证标志

众所周知，显示器就像电视机一样，在其工作时会产生大量的辐射，这些辐射会对人体造成不良的影响，甚至导致各种各样的疾病。迫于人们对人体健康以及环保节能等的迫切需要，各种各样的显示器标准就应运而生了。MPRII 标准是瑞典劳工部提出并制定的显示器所释放出电磁辐射量的最高范围。TCO 标准是根据它建立的，TCO 又先后有 TCO92、TCO95、TCO99 3 个标准，TCO99 是判别显示器质量性能的最高标准。

6. 了解售后服务

为防止造成损失，对售后服务也要重视。良好的售后服务可以减少损失，在信誉好的商家购买才能有良好的保障。

2.4.4 主流显示器推荐

1. 优派 VG1921wm

优派 VG1921wm 是 19 英寸液晶显示器，其外观秉承了优派 VG 系列产品的风格，曲线型双边框的创新设计得到延续，如图 2-16 所示。VG1921wm 的屏幕底部内置一对 1.5W 的隐藏式音箱，对于一些普通用户而言完全能够满足。

在性能上，优派 VG1921wm 提供 5ms 的响应时间、300cd/m^2 的亮度、700:1 的对比度，160°/140° 的可视角度、1440×900 的分辨率、单 VGA 模拟接口，且通过 TCO'03 认证。

2. 三星 2253BW

三星 2253BW 是 22 英寸的液晶显示器，其外观设计精美，采用了流光溢彩的 22 英寸宽屏和全身钢琴烤漆设计，给人以大气稳健之感，精致的圆形底座及屏幕点亮后经典的三星蓝边光源为整机增添了一份灵动飘逸之美，展现了三星在显示器与电视家电一体化发展道路上的一次完美结合，如图 2-17 所示。

另外，三星 2253BW 还具有以下特点：

❖ 拥有宽普屏自由切换功能，可以让用户在宽屏影音欣赏和普屏游戏之间找到一个共存点。既保证了 16:10 宽银幕影像欣赏，也实现了对普屏游戏画面的完美演绎。

❖ 2ms 极速响应时间，不只是消除了拖影，还实现了动态画面的连贯清晰，配合 8000:1 的动态对比度，使其具有强悍的画面表现力。

❖ 2253BW 独具的自动定时关机功能，设定好时间后，准点定时关机，不仅可以用来定时遥控实现离机操作，还可以成为家长管理子女游戏时间的好帮手。

❖ 2253BW 是兼具 D-SUB 和支持 HDCP 协议的 DVI 接口，并通过了 Windows Vista Premium Certified 认证。

图 2-16 优派 VG1921wm 显示器

图 2-17 三星 2253BW 显示器

3. 优派 E72f+SB

银黑双色的 E72f+SB 是新一代的优派 17 英寸纯平显示器机型，主要针对追求高性价比的中小企业用户和对价格、外观都十分敏感的家庭和学生用户，如图 2-18 所示。

E72f+SB 显示器后方的水珠造型设计，一举打破了优派传统的典雅、稳重外观风格，更加具有运动感和流畅感，对于喜爱时尚和新颖、个性的年轻人来说也是一个很好的选择。

此外，优派 E72f+SB 还具有以下特色：

❖ PerfectFlat® 纯平技术采用独特防眩光、防静电、防反射涂层，有效提高对比度，增强色彩表现。

❖ SuperClear 影像处理回路技术可以改善信号处理损失，提升响应速度，增强影像表现力。

❖ 具有负离子、远红外线和光触媒三大健康功能。

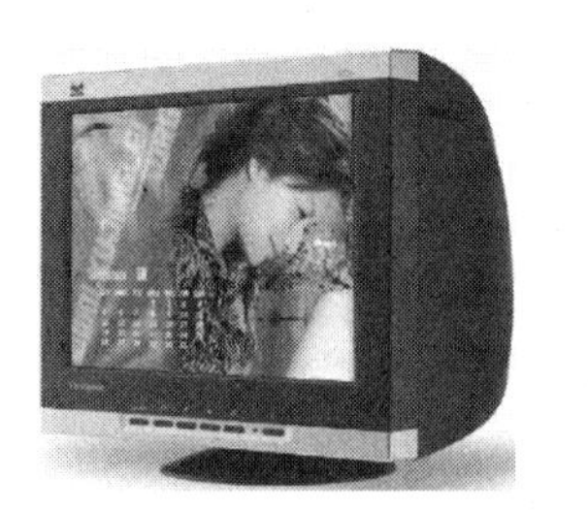

图 2-18　优派 E72f+SB 显示器

2.5 选购键盘

本节内容学习时间为 11:20～12:00（视频：第 2 日\选购键盘）

键盘是电脑最基本的输入设备，它的作用是向电脑输入数据和发布命令。本节将介绍有关键盘的知识。

2.5.1 键盘的分类

键盘的种类很多，按照不同的标准可以将键盘分成不同的类型。下面介绍几种常见的键盘类型。

1. 按键盘的接口分

按照键盘的接口不同可将键盘分为 PS/2 接口键盘、USB 接口键盘和无线键盘。

❖ PS/2 接口键盘：采用 6 针圆形接口，是 ATX 主板的标准接口，如图 2-19 所示。目前很多鼠标使用的都是此类接口。

❖ USB 接口键盘：支持热插拔和即插即用，目前市场上大多数键盘采用的都是此类接口，如图 2-20 所示。

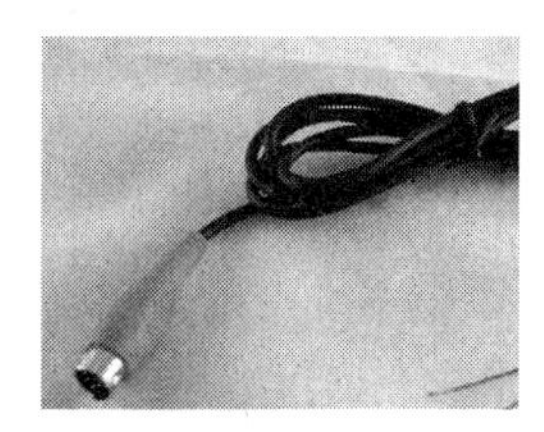

图 2-19　PS/2 接口

图 2-20　USB 接口

❖ 无线键盘：需要在主机上的 USB 或 PS/2 接口插一个接收器，在接收器的有限范围内可以实现无线键盘操作，如图 2-21 所示。

图 2-21　无线键盘

2. 按键盘的具体功能分

按照键盘的特殊功能，还可以分为以下 3 类。

❖ 防水键盘：键盘内部进水后会导致按键失灵，并可能引起电路短路，因此，防水键盘便应运而生。该种键盘上密布着小孔，洒到键盘上的水能直接漏出来。

❖ 多媒体键盘：与普通键盘最大的不同在于新增加的一些按键，在电脑安装自带的驱动程序后，能实现调节音量、启动 IE 浏览器、打开电子邮箱和运行播放软件等功能，如图 2-22 所示。

❖ 人体工程学键盘：该种键盘是设计人员按照人体手腕结构以及人们使用键盘时的常用习惯，将键盘上常用的按键进行了分区，按照人体工程学形成一定角度，使用户能够以很舒适的方式敲击键盘上的按键，并可以有效地降低左右手键区的误击率，减轻由于手腕长期悬空导致的疲劳，如图 2-23 所示。

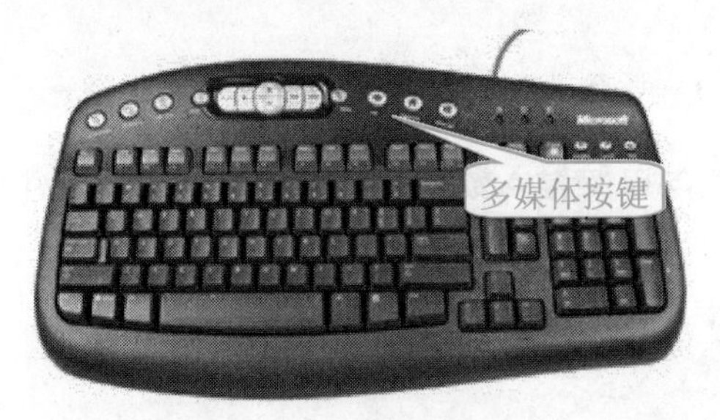

图 2-22　多媒体键盘

图 2-23　人体工程学键盘

2.5.2　键盘的选购技巧

作为电脑的输入设备，键盘是使用电脑的过程中双手接触最为频繁的设备。一套质量上乘的键盘不仅会使信息输入工作更加快捷方便，而且有利于保护用户的双手。

1. 从外观上认识

一款好的键盘用料扎实，一般采用钢板为底板，用手掂量感觉比较重，按键上的字符很清晰，在键盘背面有厂商名称、生产地和日期标识。一些多媒体键盘上都有不少的快捷键，可以一键收发电子邮件和启动浏览器等，选择这类键盘可以带来很多方便。

另外市场上的人体工程学键盘根据人体工程学设计制造，即使用户长时间使用也不会感到手腕劳累。

2. 从键盘的性能识别

键盘的接口主要分为 PS/2 接口、USB 接口以及无线鼠标，用户可根据实际需求选择。质量上乘的键盘按键次数在 3 万次以上，而且按键上的符号不易褪色，整个键盘有防水功能。

3. 从实际操作手感识别

质量好的键盘一般在操作时手感比较舒适，按键有弹性而且灵敏度高，敲击后无粘滞感或卡住现象。建议选择知名键盘厂商生产的键盘，如 Microsoft、罗技、明基等，大厂生产的键盘手感舒服，质量不用担心，售后服务也可得到保障。

2.5.3 主流键盘推荐

1. 戴尔 SK-8115

如图 2-24 所示即为戴尔 SK-8115 键盘，该键盘键位设计非常出色，多媒体快捷按键增加到了 15 个，拥有音量调节、一键上网、收发 E-mail、计算器等按键，而且具备防水功能。

该键盘的市场参考价格为 59 元，具有非常高的性价比，非常适合装机预算有限，并且经常上网、听音乐的用户使用。

2. 双飞燕高敏战王 G700

如图 2-25 所示为双飞燕高敏战王 G700 键盘，该键盘继集 4 档免驱变速、4 状态变向、5 星防水以及在 FPS 游戏中换武器任意 3 键同击不冲突、在劲乐团中 7 键不冲突等强劲功能，非常适合游戏玩家使用。该键盘目前市场参考价格为 248 元。

图 2-24　戴尔 SK-8115 键盘

图 2-25　双飞燕高敏战王 G700 键盘

3. 罗技 diNovo Mini

如图 2-26 所示为罗技 diNovo Mini 键盘，该键盘的 ClickPad 有两种使用模式，一种是触控板模式，可以完成需要鼠标进行的操作；另一种是遥控器模式，可以将 ClickPad 用作 MCE 遥控器，进行多媒体文件播放时的音量调节、快进、跳转等操作。

diNovo Mini 键盘采用蓝牙 2.0 无线技术，最大有效使用距离为 10m，使用内置可充电锂电池供电，电池使用时间在 1 个月左右。

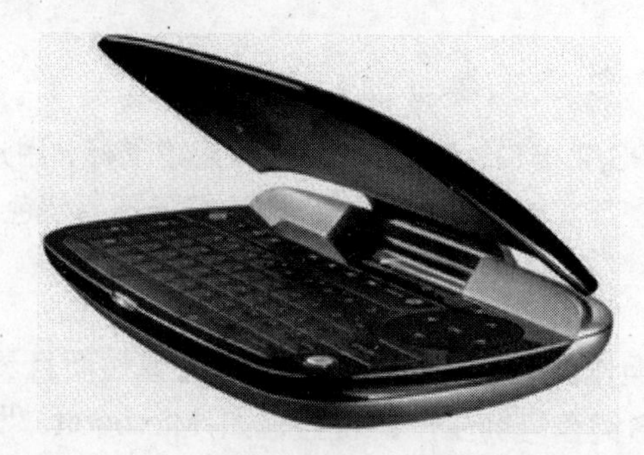

图 2-26　罗技 diNovo Mini 键盘

目前该键盘的市场参考价格为 1180 元，是一款为 HTPC（Home Theater Personal Computer，即家庭影院计算机）用户量身打造的产品。

2.6 选购鼠标

本节内容学习时间为 14:00～14:40（视频：第 2 日\选购鼠标）

鼠标也是电脑最重要、使用频率最高的一个输入设备。

2.6.1 鼠标的分类

鼠标的种类比较多，按照鼠标的工作原理和鼠标的接口可对鼠标进行分类。

1. 按鼠标的工作原理

按鼠标的工作原理可将鼠标分为机械式鼠标、轨迹球鼠标、光电式鼠标和激光鼠标 4 种。

❖ 机械式鼠标：其底部有一个可以自由滚动的小球，移动鼠标时小球滚动便会带动鼠标指针一起移动，如图 2-27 所示。这种鼠标由于容易沾上灰尘，需要经常清洁才能保证其定位精度，使用起来不太方便，目前已基本被淘汰。

❖ 轨迹球鼠标：其工作原理与机械式鼠标相同，但内部结构不同，轨迹球鼠标工作时球在上面，直接用手拨动，而球座固定不动，如图 2-28 所示。因而轨迹球鼠标占用空间小，多用于便携机。

❖ 光电式鼠标：其内部有一个发光元件和两个聚焦透镜，工作时通过透镜聚焦后从底部的小孔向下射出发送一束红色的光线照射到桌面上，然后通过桌面不同颜色或凹凸点的运动和反射来判断鼠标的运动，如图 2-29 所示。光电鼠标的定位比较精确，也不用定期清洁鼠标底部滚轮，是目前市场上的主流。

❖ 激光鼠标：其实也是光电鼠标，只不过是用激光代替了普通的 LED 光。好处是可以通过更多的表面，经过长距离的传播依然能保持其强度和波形。

图 2-27 机械式鼠标

图 2-28 轨迹球鼠标

图 2-29 光电式鼠标

重点提示

激光鼠标传感器获得影像的过程是根据激光照射在物体表面所产生的干涉条纹而形成的光斑点反射到传感器上获得的，而传统的光学鼠标是通过照射粗糙的表面所产生的阴影来获得。因此激光能对表面的图像产生更大的反差，从而使得“CMOS 成像传感器”得到的图像更容易辨别，提高鼠标的定位精准性。

2. 按照鼠标的接口

按照鼠标接口的不同可将鼠标分为 PS/2 接口鼠标和 USB 接口鼠标两种。

❖ PS/2 接口鼠标：传统的接口标准，其插头颜色为绿色，在安装鼠标时，将该插头插入机箱后的绿色插孔即可，至今仍有厂家采用。

❖ USB 接口鼠标：新一代的接口标准，即插即用，支持热插拔。它比 PS/2 接口的鼠标有更好的定位精确程度，这是由于 USB 的传输速度比 PS/2 高，配合高性能的鼠标后，能使鼠标在快速移动时，也保证不掉帧，这对喜欢玩游戏的发烧友特别有用。

指点迷津

早期鼠标中还有一种串口鼠标（COM 口），由于电脑的 COM 口还要连接其他设备，所以很容易造成资源占用的问题，目前这种鼠标已被淘汰。

2.6.2 鼠标的技术指标

鼠标的主要技术指标有分辨率（CPI）、按键点按次数、扫描频率等。

1. 分辨率

鼠标的分辨率用于衡量鼠标移动定位的精确度，单位为 dpi。

分辨率越高，在一定的距离内可获得的定位点越多，鼠标将更能精确地捕捉到用户的微小移动，尤其有利于精准的定位；另一方面，分辨率越高，鼠标在移动相同物理距离的情况下，鼠标指针移动的逻辑距离会越远。目前市场上光电鼠标的分辨率一般为 800～1600dpi，有些已经达到 2000dpi。

2. 按键点按次数

按键点按次数是衡量鼠标质量好坏的一个指标，优质鼠标内每个微动开关的正常寿命都不少于 10 万次的点击，而且手感要适中，不能太软或太硬。质量差的鼠标在使用不久后就会出现各种问题，如单击鼠标变成双击、点击鼠标无反应等。如果鼠标按键不灵敏，会给操作带来诸多不便。

3. 扫描频率

扫描频率是对鼠标光学系统采样能力的描述参数，发光二极管发出光线照射工作表面，光电二极管以一定的频率捕捉工作表面反射的快照，交由数字信号处理器（DSP）分析和比较这些快照的差异，从而判断鼠标移动的方向和距离。刷新率越高，鼠标的反应越敏捷、准确和平稳（不易受到干扰），而且对任何细微的移动都能作出响应。目前市场上光电鼠标的扫描频率已经达到 6400 次/秒。

2.6.3 鼠标的选购技巧

鼠标是现在操作平台上不可缺少的利器，一款好的鼠标可以极大地提高工作效率，因此鼠标的选购尤其重要。下面将介绍怎样选购鼠标。

1. 手感

鼠标是使用电脑过程中使用频率最高的部件之一，如果鼠标手感不好，那么在使用一段时间后便会觉得疲劳不适，因此在选购鼠标时，试试鼠标的手感很重要。

做工良好的鼠标，握在手里的感觉非常舒服，鼠标定位也非常准确而灵敏。如果鼠标质量差，握在手里会感觉别扭，使用起来也不舒服。

2. 根据功能需要选择

目前主流的鼠标具有两个鼠标键，并且鼠标的中间有一个滚轮，这样的设计可以满足大部分电脑用户的使用需求。而某些鼠标生产商为了满足某些经常从事某类电脑操作的人员，推出了拥有多个功能键的鼠标，这些鼠标在安装了厂家提供的驱动程序后，可以利用这些按键实现许多的功能，给操作带来便利。

3. 辨别真假鼠标

因为终端市场上双飞燕和罗技鼠标的口碑不错，因此市场上有很多假冒的双飞燕和罗技鼠标。要正确地选择两类性价比不错的鼠标，可以按以下方法辨别真假。

❖ 双飞燕鼠标辨识：真品双飞燕鼠标的外包装清晰明了，假冒产品印刷图案模糊黑暗；真品有生产 3 证（生产厂、日期、地点），而假冒产品无 3 证；真品鼠标颜色为灰白色，假冒产品为灰红杂色；真品鼠标型号为注塑钢印方型，而假冒产品为蓝色半圆印刷贴纸。

❖ 罗技鼠标辨识：真罗技鼠标的固定螺丝槽做得很深，而假的做工粗糙，螺丝槽很浅；真罗技鼠标采用的螺丝通过特殊处理，在光照下会呈现淡蓝色，而假的螺丝则是发白的；罗技产品有专门的防伪标志，可在鼠标底部或侧面揭开防伪专用标志拨打 800 电话查询真假。

2.6.4 主流鼠标推荐

1. 双飞燕 OP-220

如图 2-30 所示即为双飞燕 OP-220 鼠标，这款鼠标采用了 620dpi 的分辨率，完全能够满足一般用户的需要，而且市场价格仅为 38 元，非常适合普通用户使用。

该鼠标采用传统的 PS/2 接口标准，其插头颜色为绿色。在安装鼠标时，将该插头插入机箱后的绿色插孔即可。

2. 罗技 G3

如图 2-31 所示即为罗技 G3 鼠标，这款鼠标小巧舒适，具备分辨率的调节功能，无驱动下可以在 800dpi 和 1600dpi 两档间进行调节；而安装驱动之后，用户可以增加到 5 档 dpi 调节，具有最高 2000dpi 的分辨率，而且还可以在驱动软件中调节到一个更加精确的 dpi 值，非常适合游戏玩家使用。目前该鼠标的市场参考价格为 259 元。

另外，罗技 G3 游戏鼠标还增加了两个侧键，扩展功能更加强大。

3. 微软无线霸雷鲨 7000（Wireless Laser Mouse 7000）

如图 2-32 所示为微软无线霸雷鲨 7000（Wireless Laser Mouse 7000）鼠标，该鼠标应用了微软出色的人体工学外形设计，并使用激光传感器，采用 2.4GHz 技术，有效使用距离为 10m，并使用微软的激光传感器，定位精准，性能出色。

另外，在使用充电电池时，还可以通过鼠标附带的底座进行充电。这款鼠标现在的市场参考价格为 599 元，适合追求高性能和时尚的人士使用。

图 2-30　双飞燕 OP-220 鼠标

图 2-31　罗技 G3 鼠标

图 2-32　微软无线霸雷鲨 7000 鼠标

2.7 选购网卡

本节内容学习时间为 14:50～15:30

网卡（Network Interface Card，NIC）也称为网络适配器，它是电脑中用于连接各种网络的部件。其功能是接收来自网络传输的数据包，并且将数据包中的内容保存到电脑中；网卡还可以再将电脑中需要输出的数据打包，然后传输到网络中的其他电脑中。

目前在电脑的主板上都集成了网卡接口，不过当这些接口因故障不能使用或不能满足用户需要时，购置一块独立网卡将是必要的。

2.7.1 网卡的分类

网卡可按不同标准进行分类，如网卡的传输速率、网卡的安装对象等。

1. 按网卡的传输速率分

按网卡传输速率可将网卡分为 10M 网卡、10/100M 自适应网卡和 1000M 网卡等。

❖ 10M 网卡：是较早的一种网卡，其传输率较低，现已基本被淘汰。

❖ 10/100M 自适应网卡：可根据网络的传输速率将自动网卡速度调整为 10M 或 100M，目前 10/100M 自适应网卡是市场的主流。

❖ 1000M 网卡：多应用于服务器，以便提供服务器和交换机之间的高速连接，提高网络主干系统的响应速度。随着网络数据流量的增大和网卡价格的下降，很多普通用户也开始使用千兆网卡。

重点提示

随着网络数据流量的增大，现在市场上已经出现 10000M 网卡，应用在服务器等主干网、光纤等高速大容量的网络通信中，目的是提高主干系统的响应速度。

2. 按网卡的安装对象分

按网卡的安装对象可将网卡分为普通网卡、笔记本网卡、无线网卡和服务器网卡。

❖ 普通网卡：是大多数普通电脑使用的网卡，具有价格便宜、功能实用等优点，如图 2-33 所示。

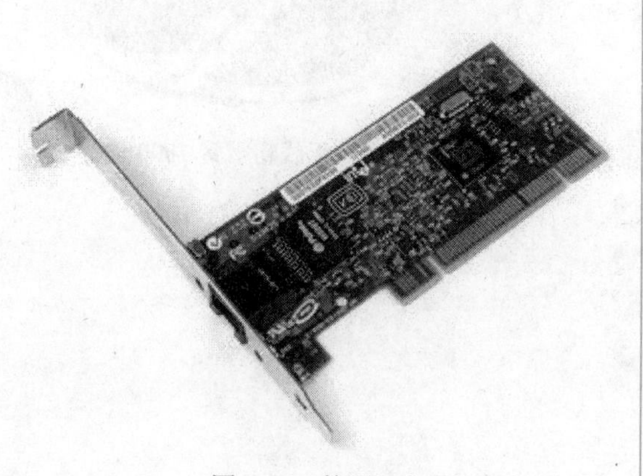

图 2-33 普通网卡

❖ 笔记本网卡：专门为笔记本电脑设计，具有体积小巧、功耗低等优点，适合移动使用。不过现在主流笔记本主板上大多集成了网卡，不用单独购买安装笔记本网卡。如图 2-34 所示为笔记本网卡。

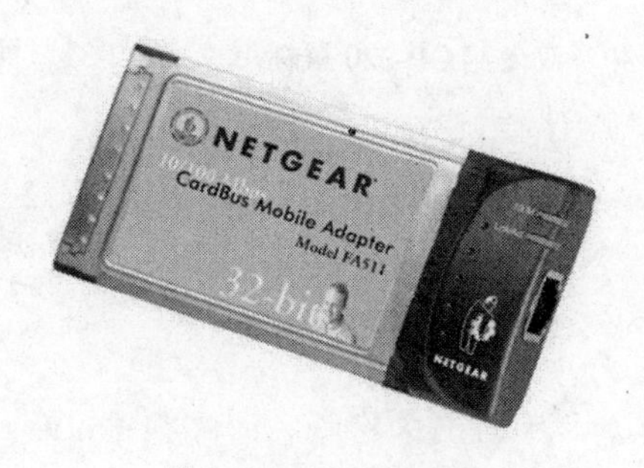

图 2-34 笔记本网卡

❖ 无线网卡：该类网卡依靠无线传输介质进行信号的传输，避免了网络布线的限制。无线网卡的外观如图 2-35 所示。

图 2-35 无线网卡

❖ 服务器网卡：这类网卡能满足网络中大容量数据通信的需求，并且具有极高的可靠性和稳定性，如图 2-36 所示。

图 2-36 服务器网卡

2.7.2 网卡的性能指标

1. 传输速率

传输速率是网卡与网络交换数据的速度频率，主要有 10Mb/s，100Mb/s 和 1000Mb/s 等几种。10Mb/s 经换算后实际的传输速率为 1.25MB/s（1Byte=8bit/s，10Mb/s=1.25MB/s），100Mb/s 的实际传输速率为 12.5MB/s，1000Mb/s 的实际传输速率为 125MB/s。

2. 工作模式

网卡的工作模式主要有半双工和全双工两种，半双工是在一个时间段内只能传送或接收数据，不能同时接收或传送数据；全双工则是在任意时间段内都可同时传送和接收数据。

2.7.3 网卡的选购技巧

现在市场中的网卡种类比较多，不同种类的网卡有不同的用途，一般用户在选购网卡时应该注意以下几点。

❖ 网卡速度：网卡的速度是指网卡的传输速率，现在市场中常见的网卡传输速度是 10/100Mb/s 网卡，还有一部分传输速度为 1000Mb/s 网卡，用户可以根据自己的需要选择购买。如果网络中经常需要进行大容量的数据传输，那么可考虑 100M 或 10/100M 自适应网卡，甚至是 1000M 网卡，因为只有这样的网卡传输速率才能达到要求。

❖ 是否支持远程唤醒：远程唤醒功能是指一台电脑通过网络启动另一台处于关机状态的电脑，该功能适合网吧、机房等管理人员使用。

❖ 品牌：虽然网卡技术已经非常成熟，价格也比较便宜，但在选购时要选择一些大厂名牌产品，其质量和售后服务都有保障。现在网卡市场比较有名的厂商有 3COM、Intel、D-Link、TP-Link 等，这些品牌的网卡做工细致、性能优良，有良好的售后服务和技术支持，其中 3COM 和 Intel 的网卡价格稍高，如果经济许可，完全可以选择。

2.7.4 主流网卡推荐

目前市场比较有名的网卡品牌有 3COM、Intel、D-Link、TP-Link 等，这些品牌的网卡做工好，性能优良，并且有良好的售后服务和技术支持，建议用户选购。

2.8 选购打印机

本节内容学习时间为 15:40～16:20（视频：第 2 日\选购打印机）

打印机是电脑的常用输出设备，使用打印机可以将各种文本、表格和图像打印到纸张上，供用户阅读和保存。本节将详细介绍打印机的分类和选购时的注意事项。

2.8.1 打印机的分类

根据打印机的工作原理不同，可将打印机分为针式打印机、激光打印机和喷墨打印机。

1. 针式打印机

针式打印机的工作原理是利用打印头内的点阵撞针，撞击打印色带，将色带上的色彩打印在纸张上。其缺点是打印速度慢、噪声大，并且打印质量低，已经逐渐被淘汰，目前主要用于发票、存款凭票等专用票据的打印，在银行、财务部门中应用较广，如图 2-37 所示。

2. 激光打印机

激光打印机将电子照相技术和激光扫描技术相结合，利用激光束进行打印。具有噪声小、速度快、打印质量高和易于管理等优点，如图 2-38 所示。激光打印机是目前日常办公使用的主流打印机。

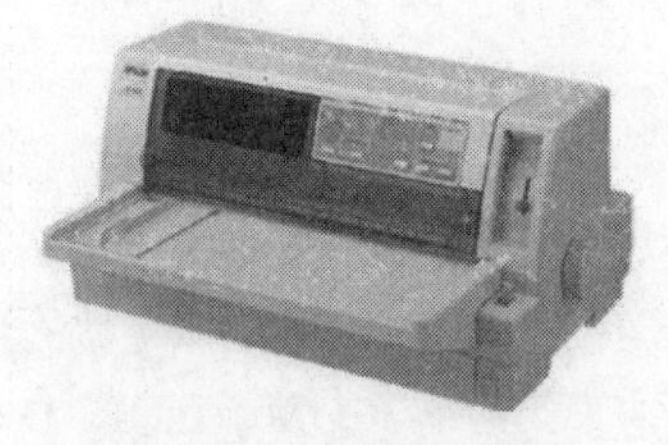

图 2-37 针式打印机

图 2-38 激光打印机

3. 喷墨打印机

喷墨打印机的工作原理是通过喷墨头喷出的墨水实现数据的打印，特点是价格低廉、打印速度适中且打印质量较好，非常适合普通家庭和学生使用。如图 2-39 所示即为一款喷墨打印机。

图 2-39　喷墨打印机

2.8.2　打印机的性能指标

1. 分辨率

打印机的分辨率是衡量打印机性能的一个重要指标，它指打印机工作时每英寸打印的点数（dpi），由横向和纵向两方向的点数组成。标准的分辨率为 600×600，分辨率越高，打印机所打印出的文字或图片的清晰程度越高。

重点提示

一般 300dpi 分辨率是人眼能辨别文字边缘是否有锯齿的临界点，因此用户应选择打印分辨率在 300dpi 以上的打印机，而需要打印彩色照片的用户，则需要选择分辨率大于 1440×720dpi 的打印机。

2. 速度

打印速度也是衡量打印机性能的一个重要指标，以每分钟打印页数（ppm）为标准。不同打印机打印速度可能差别很大：激光比喷墨快，文本打印比图片打印快。

2.8.3　打印机的选购技巧

选购打印机时，理性的选购是最重要的技巧。

1. 明确使用目的

在购买之前，首先要明确购买打印机的使用目的，也就是需要什么样的打印品质。很多家庭用户需要打印照片，那么就需要在彩色打印方面出色的产品。而对于办公商用，需要的可能是更好的文本打印效果。

2. 综合考虑性能

每一款打印机都有其定位，某些打印机文本打印能力更佳，某些打印机则更偏重于照片打印。在购买时，需要根据用户的打印内容、对打印效果的要求来决定。

3. 打印耗材

打印耗材才是用户购买打印机以后需要付出的潜在成本，这些耗材包括色带、墨粉、打印纸和打印机备件等，也是各厂商赚取巨额利润的地方。将这些耗材的成本分摊到打印的页数上，就可得到通常所说的单张成本，当然是越低越好。

4. 售后服务

打印机属于消耗型设备，打印机的墨盒等配件在使用完毕后需要更换，并且在长期的使用过程中不可避免地会出现一些问题，优良的售后服务和技术支持将为用户在打印机的使用过程当中省去不少的麻烦。

2.8.4 主流打印机推荐

1. 惠普 LaserJet 1020plus

如图 2-40 所示的惠普 LaserJet 1020plus 是一款定位于个人和 SOHO 用户的 A4 幅面黑白激光打印机，它秉承了惠普打印机在商业应用上的特点，产品设计稳重大方，操作简便。目前市场参考价格为 1150 元。

2. 惠普 Color LaserJet 1600

如图 2-41 所示的惠普 Color LaserJet 1600 是惠普价格最低的彩色激光打印机，20000 页的月打印能力可以满足打印量较大的用户需求。黑白和彩色打印同速，打印速度较快，是中小型办公用户的首选机型。目前市场参考价格为 1880 元。

图 2-40 惠普 LaserJet 1020plus 打印机

图 2-41 惠普 Color LaserJet 1600 打印机

3. 爱普生 STYLUS Photo R390

如图 2-42 所示的爱普生 STYLUS Photo R390 照片打印机外观设计朴实大方，它集合了独立插卡、世纪真彩照片墨、图像自动优化技术、微压电打印技术于一身，只需一张小小的存储卡，凭借机身上的 3.5 英寸超大中文液晶预览屏，就可以对照片进行编辑、裁剪和打印。

该打印机品质优秀，可以满足专业影像人士的需求。目前市场参考价格为 1900 元。

4. 爱普生 LQ-690K

如图 2-43 所示的爱普生 LQ-690K 是一款面向邮政、电信、医院、供电等单位开发的针式打印机，它可以满足这些单位打印量大、时效性强、打印要求较高、需要处理发票、收据以及各种类型业务单据的需要。目前市场参考价格为 3880 元。

图 2-42 爱普生 STYLUS Photo R390 喷墨打印机

图 2-43 爱普生 LQ-690K 针式打印机

重点提示 由于篇幅的限制，这里没有介绍电脑音频设备——声卡和音箱的选购，对于音乐发烧友和对电脑音频设备要求较高的用户可以参考附录A.2部分的介绍。

2.9 本日小结

本节内容学习时间为 16:30~18:00

今天主要介绍了组装电脑时可选的一些部件，包括光驱、机箱、电源、显示器、键盘、鼠标、网卡、打印机等。

随着软驱被淘汰，光驱逐渐占据了重要位置，目前光驱也可以说是装机必备的一个部件，用户可以根据自己的需求配置不同类别的光驱。

机箱主要对计算机的核心部件起保护作用，同时屏蔽计算机运行时产生的电磁辐射，电源是计算机的动力源，它为计算机中各个部件的工作提供了动力。只有性能良好的机箱才能为计算机各部件提供安全保障，只有动力强劲的电源才能为计算机提供持续和稳定的动力保障。

鼠标和键盘是计算机的基本输入设备，键盘主要用于输入数字、字母、文字和各种符号，鼠标则用于控制和管理键盘输入的过程以及其他输入设备的输入。例如，在计算机中输入文档时，需要使用键盘输入文本内容，需要用鼠标控制光标位置以及进行复制、粘贴操作等，将键盘和鼠标配合起来使用则可以提高工作效率。

其中网卡等部件一般在电脑主板上都集成了，如果用户有特殊需求或者主板集成的这些部件损坏时，便需要购买独立的显卡、声卡或网卡。

打印机是目前使用比较广泛的电脑外设，本日主要介绍了它的分类以及选购时的注意事项。

2.10 新手练兵

2.10.1 摄像头的选购

随着多媒体电脑技术的发展，摄像头逐渐成为电脑的一个重要的输入设备。本节将介绍摄像头的功能和数码摄像头的选购。

摄像头的功能是拍摄图像，并将图像转换为数字信号存入电脑中，如图 2-44 所示。

图 2-44 摄像头

1. 摄像头的选购技巧

目前摄像头的价格普遍比较便宜，一般都在百元左右，不过在选购摄像头之前，还是应了解一些有关摄像头的选购技巧。下面分别进行介绍。

❖ 感光元件：摄像头的感光元件一般分为 CCD 和 CMOS 两种。在使用时，采用 CCD 感光元件的摄像头普遍比采用 CMOS 的成像更清晰、色彩更逼真，但 CCD 的价格较高，对普通消费者而言，在日常使用时选用 CMOS 感光元件的摄像头就足够了。

❖ 分辨率：是摄像头解析辨别图像的能力，一般 640×480dpi 的分辨率就可以满足普通消费者的日常应用了，有些摄像头标识的高分辨率是利用软件实现的，和硬件分辨率有一定的差距，购买时一定要注意。

❖ 像素：目前摄像头的像素一般可达到 30~50 万，在进行视频交流时完全够用了，有的摄像头在销售时宣传其具有百万像素，其实这只是指用摄像头拍摄静止照片时的效果，这种效果一般要通过软件处理后才能达到。由于大多数用户都是使用摄像头进行视频交流，所以在选择摄像头时，一定要关注其拍摄动态画面的像素值，而不要被其静态拍摄时高像素所蒙蔽。

❖ 调焦功能：也是摄像头一项比较重要的指标，一般质量较好的摄像头都具备手动调焦功能，以便用户得到最清晰的图像。

2. 推荐的摄像头产品

在选购摄像头时，选择口碑较好的品牌很重要，目前比较受欢迎的摄像头品牌有台电、罗技、ANC 奥尼等。

2.10.2 扫描仪的选购

扫描仪是可以将文字、图像等资料以图片形式保存到电脑中的输入设备，目前被广泛应用在图像处理、广告制作、出版印刷、办公自动化和工程图纸输入等领域。

1. 扫描仪的分类

通常情况下，一般将扫描仪分为家用和工业用两种，家用扫描仪功能简单，价格便宜；工业用扫描仪功能复杂，价格昂贵。

❖ 家用扫描仪：一般为平板式，在扫描时由配套软件自动控制完成扫描过程，主要优点是扫描速度快、精度高，分辨率一般都在 1200dpi 以上。其在广告制作、平面设计、文学出版和办公等众多领域的应用也十分广泛。如图 2-45 所示即为一款家用扫描仪。

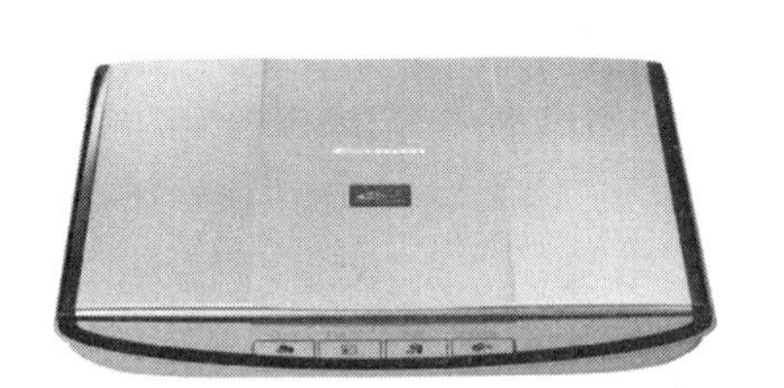

图 2-45 家用扫描仪

❖ 工业用扫描仪：一般为滚筒式，光学分辨率很高（2500～8000dpi），具有高色深（30～48bit）和很宽的动态范围，能快速扫描大幅图像。主要具有输出的图像色彩还原逼真、阴影区域细节丰富和放大效果优秀等优点。如图 2-46 所示即为一款工业用扫描仪。

图 2-46 工业用扫描仪

2. 扫描仪的性能指标

扫描仪的主要性能指标包括分辨率、色彩深度等。下面分别进行介绍。

❖ 分辨率：是扫描仪最重要的性能指标之一，它直接决定了扫描仪扫描图像的清晰程度。目前市场上售价在 1000 元以下的扫描仪，其光学分辨率通常为 300×600dpi 或 600×1200dpi，两者产品价格相差不大，为了适应技术发展的需求，推荐使用 600×1200dpi 的扫描仪。

❖ 色彩深度：一般有 24bit、30bit、32bit、36bit 几种，较高的色彩深度位数可保证扫描仪保存的图像色彩与实物的真实色彩尽可能地一致，而且图像色彩会更加丰富。分辨率为 300×600dpi 的扫描仪其色彩深度为 24bit 或 30bit，而 600×1200dpi 的为 36bit，最高的有 48bit。

在选购扫描仪时，还应注意扫描仪的接口，通常分为 SCSI、EPP 和 USB 3 种。目前市场上主流的扫描仪都使用 USB 接口，优势在于安装简便、传输速度快（USB 接口最高传输速率为 2Mb/s）、使用更方便（支持热插拔）。

3. 扫描仪的选购

在选购扫描仪时，除了注意前面提到的几个性能指标外，还应注意以下几点选购技巧。

❖ 扫描幅面：现在市场中常见扫描仪的扫描幅面有 A4、A4 加长、A3、A1 和 A0 等几种，用户可根据需要进行选购。

❖ 售后服务：也是需要重点考虑的因素，在购买扫描仪时，要选择售后时间较长的大厂商产品，使售后服务有一定的保障。

4. 主流扫描仪推荐

下面推荐两款目前市面上性价比较高的扫描仪，仅供读者参考。

❖ 中晶 Scanmaker 4850III

如图 2-47 所示的中晶 Scanmaker 4850III 扫描仪是一款针对办公的性价比比较高的扫描仪，支持 Windows 98/2000/Me/XP 和 Mac OS 9.0-9.x 操作系统。

该扫描仪运用 Sigma SixTM CCD 技术的 5.76Mpi2 光学分辨率（4800×2400dpi）和 48bit 色彩深度，能够再现完美图像，并且其前端安装了扫描、复制、电子邮件、OCR 识别、上传至网络 5 个快捷按钮，可以给用户带来清晰、高效的办公。目前该扫描仪的市场参考价格为 600 元。

图 2-47 中晶 Scanmaker 4850III 扫描仪

❖ 清华紫光 Uniscan A688

如图 2-48 所示的清华紫光 Uniscan A688 扫描仪采用银色机盖与灰黑色机身搭配，前面板按键设计简洁，只提供了 4 个快捷按键，分别是一键 OCR、E-mail、COPY 和 SCAN，使用起来方便快捷，非常适合普通家庭以及简单商务办公应用。目前该扫描仪的市场参考价格为 380 元。

该扫描仪的一些参数如下：最大可以支持 A4 幅面的扫描，采用了 CCD 扫描方式，光学分辨率可以达到 1200×4800dpi。色彩转换方面也支持彩色 48 位，灰阶 16 位，黑白/文本 1 位。

图 2-48 清华紫光 Uniscan A688 扫描仪

第3日

硬件搭配与组装

表1-1 家用普及型装机配置方案

部件名称	产品型号	参考价格（元）
CPU	AMD 速龙 64 X2 5000+ AM2（65nm/盒装）	485
主板	捷波 悍马 HA06	670
内存	金士顿 2GB DDR2 800	280
硬盘	希捷 250GB/7200.10/8M/串口/盒装	375
光驱	三星 TS-H353B DVD 光驱	140
显示器	三星 943NW	1399
音箱	漫步者 X100	139
键盘鼠标	多彩 办公高手二代	75
机箱	金河田 飓风 2061B(带电源)	320
总计		3883

今日学习内容综述

上午：1. 如何选购电脑

2. 设计装机方案

3. 组装电脑前的准备工作

下午：4. 电脑硬件组装流程

5. 安装电脑外部组件

6. 开机检测和整理机箱

越越老师：超超，对电脑部件了解得怎么样了？

超超：差不多了，老师，下面是不是该学习怎样组装电脑了？

越越老师：不要着急，在学习组装电脑之前我们还需要了解一些基本的电脑选购知识。

超超：哦，那我们快开始吧！

3.1 如何选购电脑

本节内容学习时间为 8:00～8:40

在选购电脑之前，首先需要了解一些相关知识，如选购时需要注意哪些事项、是购买品牌电脑还是组装电脑等。

3.1.1 选购电脑注意事项

现在市场中的电脑种类繁多，价格相差悬殊，质量也参差不齐。如何才能选购一台称心如意的电脑呢？下面就来介绍选购电脑时需要注意的一些事项。

1. 按照需求选购

在购买电脑之前，首先需要明确自己购买电脑的用途，不同用途的电脑在选购部件时的侧重点也不同。如果用户只是为了进行上网以及简单的文字处理等工作，那么购买一台低端配置的电脑就可以满足要求了；如果是为了玩游戏或进行图形图像处理，则建议购买一台显示性能较高、运行速度较快的电脑。

2. 了解市场行情

在购买电脑之前，还应该对电脑市场的行情有一定的了解。用户可以阅读一些相关的电脑报刊杂志，或者让熟悉电脑的朋友作一些介绍，以便对电脑市场有一定的了解，掌握相关电脑配件的性能、品牌和大致价格。

重点提示

用户可以通过购买《微型计算机》、《电脑爱好者》等杂志来了解电脑硬件的发展和市场行情，也可以通过泡泡网（http://www.pcpop.com）、太平洋电脑网（www.pconline.com.cn）等网站来了解最新报价。

3. 选择商家

在当地选择 2~3 家规模较大的电脑商家，对各个商家给出的价格进行比较，大商家的信誉比较好，产品质量有一定的保证，可以避免买到假货或水货。

4. 预留升级扩展空间

电脑硬件的更新是非常快的，因此在装机时还应充分考虑到今后升级的需要，按照具体情况灵活选用扩展性强、易于升级的配件，并且在购机方案设计中为今后的升级留下可操作的余地。

5. 注意质保期和售后服务

组装电脑时，一般都是按配件实行质保，主板、硬盘、显卡等主要部件都有“3 个月保换，1~3 年保修”的承诺，因此在选购时应尽量选择质保期较长的配件。

另外，还要注意整机的售后服务。目前只要是通过正规渠道购买的电脑，无论是品牌机还是兼容机，都能获得比较好的售后服务。

3.1.2 选购品牌电脑还是组装电脑

选购品牌电脑还是组装电脑一直以来都是困扰购买者的一个问题。下面将此作一下对比，用户可以根据自己的需求来确定选购品牌电脑还是组装电脑。

❖ 兼容性：品牌电脑的硬件配置一般都经过了严格的测试和优化，兼容性更好，性能一般会比相同配置的组装电脑高 5%~10%。

❖ 价格：由于品牌机需要技术研发、宣传和售后服务系统，所以一般相同配置的品牌机电脑比组装电脑价格高。

❖ 升级扩展性：品牌电脑的配置是固定的，其升级扩展性相对比较差；组装电脑则在装机时能够充分考虑到今后升级的需要，在购机方案设计中为今后的升级留下可操作的余地。

❖ 学习性：品牌电脑的硬件与软件均已装配完毕，用户购买后就可以使用；组装电脑则需要自己动手组装硬件和安装软件，不过从中可以积累组装电脑的经验。

❖ 售后服务：品牌电脑的生产厂商都有一定的经济实力，可以提供一整套完善的服务；而在选购组装电脑时一定要选择实力比较强、信誉比较好的商家，这样售后服务更容易保证。

❖ 外观：品牌电脑都有漂亮的外观，而组装电脑则稍逊一些，但组装电脑可以根据用户的喜好自由搭配，在颜色和样式上有更多的选择。

指点迷津

品牌电脑是指由专门的电脑制造厂商推出的、具有统一品牌的电脑；组装电脑则是由用户根据需求选购各种电脑配件，然后进行组装的电脑。

3.2 设计装机方案

本节内容学习时间为 8:50～10:50

不同应用环境的用户对电脑的性能需求也不同，所以在电脑组装之前，应先确定具体的装机方案。

本节将根据电脑的用途详细介绍几种不同的装机配置方案供用户参考，包括家用普及型、办公应用型、游戏娱乐型、图像设计型、学生经济型、网吧娱乐型和豪华型。

3.2.1 家用普及型

家用普及型电脑的主要用途是满足学习、上网以及一般性工作与游戏等需求。下面介绍一款家用普及型电脑，其装机配置方案如表 3-1 所示。

表 3-1 家用普及型装机配置方案

部 件 名 称	产 品 型 号	参考价格（元）
CPU	AMD 速龙 64 X2 5000+ AM2（65nm/黑盒）	485
主板	捷波 悍马 HA06	670
内存	金士顿 2GB DDR2 800	280
硬盘	希捷 250GB/7200.10/8M/串口/蓝德盒装	375
光驱	三星 TS-H353B DVD 光驱	140
显示器	三星 943NW	1399
音箱	漫步者 X100	139
键盘鼠标	多彩 办公高手二代	75
机箱	金河田 炫豪 2061B（带电源）	320
总计		3883

这是一套性价比极高的配置方案，AMD 速龙 64 X2 5000+ AM2（65nm/黑盒）处理器与 2GB 内存、捷波悍马 HA06 主板的组合绝对能够满足家庭用户的所有日常需求；250GB 硬盘的搭配能够容纳下较多的视频文件和办公文档；而 19in 宽屏液晶显示器的采用无疑是这套配置的亮点，它能够在提供较大视觉空间的同时满足用户观看视频的需求。

重点提示

本书给出的报价是以 2008 年 9 月中旬的市场行情为依据。电脑部件的市场行情每天都会变化，具体以购机当日的报价为准，这里只是一个参考。

3.2.2 办公应用型

办公应用是电脑最基本的用途，利用电脑可以撰写工作报告、拟定工作计划、处理日常事务等。此类电脑更加注重稳定、低功耗和低发热；另一方面，办公软件对硬件性能的要求也不是很高，以目前的硬件更新换代速度，即使是最低端的配件也能够满足广大用户的办公需求。下面推荐一款高性价比的办公应用型电脑，其装机配置方案如表 3-2 所示。

表 3-2 办公应用型装机配置方案

部 件 名 称	产 品 型 号	参考价格（元）
CPU	Intel 奔腾双核 E2180（盒）	455
主板	华硕 M2A-VM	515
内存	金士顿 1GB DDR2 800	145
硬盘	希捷 160GB/7200.9/8M/串口/盒装	310
光驱	三星 TS-H352D	140
显示器	三星 740N+	1366
耳机	金河田 S-280	15
键盘、鼠标	多彩 K8020P+M338BP 防水高手	75
机箱	多彩 382（带电源）	280
总计		3301

该方案选用了 Intel 奔腾双核 E2180（盒）处理器搭配 1GB 金士顿内存，主板则采用了华硕 M2A-VM，配合 160GB 硬盘和 17in 液晶显示器，这样一套配置完全能够满足商务办公需求。

3.2.3 游戏娱乐型

电脑有多种用途，其中一大用途就是休闲娱乐，如听音乐、看电影、玩游戏等。游戏娱乐型电脑对硬件的配置要求较高。下面推荐一款游戏娱乐型电脑，其装机配置方案如表 3-3 所示。

表 3-3 游戏娱乐型装机配置方案

部 件 名 称	产 品 型 号	参考价格（元）
CPU	Intel 酷睿 2 双核 E8300（盒）	1280
散热风扇	酷冷 Hyper L3T（RR-LCH-T9E2）	118
主板	技嘉 GA-P35-DS3	880
内存	威刚 1GB DDR2 800（红色威龙）两条	185×2
硬盘	希捷 320GB/7200.11/16M/串口/蓝德盒装	445
显卡	祺祥 极风 8800GT 512M DDR3 千王之王	990
光驱	先锋 DVR-215CH DVD 刻录机	329
显示器	三星 245B+	2880
音箱	惠威 D1080MKII	630
键盘、鼠标	罗技 G1 游戏键盘鼠标套装	185
机箱	酷冷 毁灭者（RC-K100-KKN1-GP）	229
电源	航嘉 多核 DH6	398
总计		8804

该方案是一套高端游戏配置，使用了 Intel 酷睿 2 双核 E8300（盒）处理器搭配 P35 主板芯片组的技嘉主板，并配合 2GB DDR2 800 双通道内存，能够无瓶颈地对 CPU 提供支持；显卡方面，使用了游戏性能强劲的祺祥 极风 8800GT 512M DDR3 千王之王，配合 24in 的三星 245B+宽屏液晶显示器，能够在 1920×1200 像素的分辨率下流畅运行多种 3D 游戏；最后为了保证操控感，选用了罗技 G1 游戏键盘鼠标套装，方便游戏玩家在第一时间瞄准敌人。

3.2.4 图像设计型

在电脑中处理图形、图像和三维动画需要运行一些对电脑硬件要求较高的软件，如 Photoshop、3ds max 等。下面推荐一款图像设计型电脑，其装机配置方案如表 3-4 所示。

表 3-4 图像设计型装机配置方案

部件名称	产品型号	参考价格（元）
CPU	Intel 酷睿 2 四核 Q9300（盒）	2035
主板	微星 P45 Neo3-FR	1190
内存	金士顿 2GB DDR2 800 两条	280×2
硬盘	希捷 1.0TB/7200.11/32M/串口/蓝德	1430
显卡	丽台 PX8800GT 增强版	1730
光驱	索尼 DRU-190A	275
显示器	优派 E97f+SB	1090
音箱	漫步者 C2	430
键盘、鼠标	罗技 酷影手/罗技 G1	49/155
机箱	酷冷 仲裁者 L33	299
电源	航嘉 多核 DH6	398
总计		9641

这是一套为高端图形图像设计人员设计的配置方案，选用了 Intel 酷睿 2 四核 Q9300（盒）处理器搭配 4GB DDR2 800 双通道内存，主板采用了 Intel P45 芯片组的微星 P45 Neo3-FR，配合丽台 PX8800GT 增强版专业显卡和 19in 优派 E97f+SB 显示器，尤其适合三维设计用户使用。

重点提示

在图像设计型电脑中，由于经常读取或者存储几百兆甚至更大的文件，因此应选择缓存大、容量大的硬盘；另外，在显卡的选择上，建议使用 NVIDIA 核心的显卡，显存和带宽也是越大越好。

3.2.5 学生经济型

对于学生来说，在兼顾各种功能的情况下，价格是考虑的主要因素。下面就针对这一情况推荐一款适合学生使用的电脑，其装机配置方案如表 3-5 所示。

表 3-5 学生经济型装机配置方案

部 件 名 称	产 品 型 号	参考价格（元）
CPU	AMD 速龙 64 X2 5000+ AM2（65nm/黑盒）	485
主板	华硕 M2A-VM	515
内存	金士顿 1GB DDR2 800	145
硬盘	希捷 160GB/7200.9/8M/串口/盒装	310
显卡	盈通 G8500GT-256GD2 冰河世纪	340
音箱	漫步者 R101T06	118
光驱	华硕 DVD-E818A	139
显示器	三星 943NW	1399
键盘、鼠标	微软 光学极动套装（黑）	129
机箱	金河田 飓风 II 8197	225
总计		3850

这是一个质优价廉的配置方案，AMD 速龙 64X2 5000+ AM2（65nm/黑盒）处理器与 1GB 内存、华硕 M2A-VM 主板的组合绝对能够满足学生的所有日常需求；配合盈通 G8500GT-256GD2 冰河世纪显卡，可以非常流畅地运行很多游戏，当然程序设计、图像处理也不在话下；再配合三星 943NW 19in 宽屏液晶显示器，能够给学生及追求性价比的用户带来最佳的享受。

重点提示

如果用户的预算较低，并且对显示要求不高的话，可以选择集成显卡的主板，鼠标键盘可以采用多彩 K8020P+M338BP 防水高手，这样可以节省 500～600 元钱。

3.2.6 网吧娱乐型

网吧中的电脑主要用于上网、玩游戏、看电影等，因此其配置不需要太高，但配置一个中端的显卡和一台大屏幕显示器是必需的，这样可以吸引更多的客户。下面就针对这一需求推荐一套装机配置方案，如表 3-6 所示。

表 3-6　网吧娱乐型装机配置方案

部件名称	产品型号	参考价格（元）
CPU	Intel 奔腾双核 E2160（盒）	415
主板	七彩虹 C.P35 X5	599
内存	金士顿 1GB DDR2 800	145
硬盘	希捷 250GB/7200.10/8M/串口	365
显卡	七彩虹 镭风 3690-GD3 CF 黄金版 256M D12	499
显示器	AOC 915SW	1290
耳麦	硕美科 T582	32
键盘、鼠标	多彩 K8020P+M338BP 防水高手	75
机箱	金河田 飓风 II8197B（带电源）	300
总计		3720

该配置完全可以适应网吧的基本需求，既可以上网、看电影，也可以运行 3D 游戏。考虑到网吧的特殊环境，在选购时没有配置光驱和音箱，而是配置了一个耳麦，这样使用者既可以听音乐、看电影，也可以视频聊天，一举两得。

3.2.7　豪华型

对于一些对电脑性能要求极高的用户或者电脑发烧友来说，电脑性能或者极端配置才是他们真正的追求。下面就针对这一情况推荐一套装机配置方案，如表 3-7 所示。

表 3-7　顶级装机配置方案

部件名称	产品型号	参考价格（元）
CPU	Intel 酷睿 2 至尊四核 QX9650（盒）	9500
散热风扇	思民 RESERATOR 2	2899
主板	华硕 ROG Striker Extreme	2900
内存	宇瞻 2GB DDR2 1200 两条	1799×2
硬盘	WD 1TB 7200 转 16MB（串口） 3 块	2380×3
显卡	丽台 WinFast PX8800 ULTRA 3 块	6950×3
声卡	创新 SB X-Fi Elite Pro	2800
网卡	主板集成	
光驱	浦科特 PX-B900A	9900
显示器	戴尔 3008WFP	15999
音箱	惠威 M20-5.1MKII	2380

续表

部 件 名 称	产 品 型 号	参考价格（元）
键盘、鼠标	罗技 G9/Razer 狼蛛键盘	799/799
机箱	酷冷至尊 雷神塔 830NVIDIA	2999
电源	Tt Toughpower 1200W（W0133）	2480
鼠标垫	FUNC sUrFace 1030 彩色限量版	280
总计		85323

顶级装机配置方案主要是针对电脑发烧友，其采用的 3 路 SLI 是目前功能最强的游戏平台，但其功耗也相当惊人，NVIDIA 官方指定 1200W 电源就是一个很好的例证。

电脑硬件的更新速度日新月异，而且价格变化也很大，现在的顶级配置在一年甚至几个月后也许只能算是一个高端配置甚至普通配置，因此不建议使用此配置。

3.3 组装电脑前的准备工作

本节内容学习时间为 11:00～12:00（视频：第 3 日\组装电脑前的准备工作）

在动手组装电脑之前，首先应做好相应的准备工作，包括准备各种常用工具以及进行电脑配件的静电释放等。

3.3.1 电脑组装常用工具

组装电脑前应该先准备好各种工具，主要包括螺丝刀、尖嘴钳、万用表、镊子和扎带等。

1. 螺丝刀

螺丝刀是组装电脑过程中使用最频繁的工具。它可以分为两种，一种是“一”字形的，可以用来拆开封条和产品包装等；另一种是“十”字形的，主要用来将电脑部件固定在某一特定位置，如图 3-1 所示。

螺丝刀应尽量选用带磁性的，这样在固定螺丝时可以不用手扶螺丝，而且如果螺丝不慎掉入机箱中，还可以借助螺丝刀的磁性将螺丝吸出来。

2. 尖嘴钳

尖嘴钳的外观如图 3-2 所示，在组装电脑的过程中主要用来拆卸一些半固定的部件，如主板的支撑架和机箱后面的挡板等。

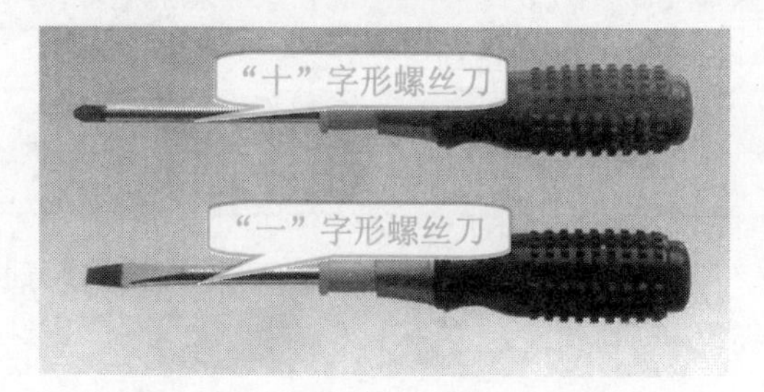

图 3-1　螺丝刀

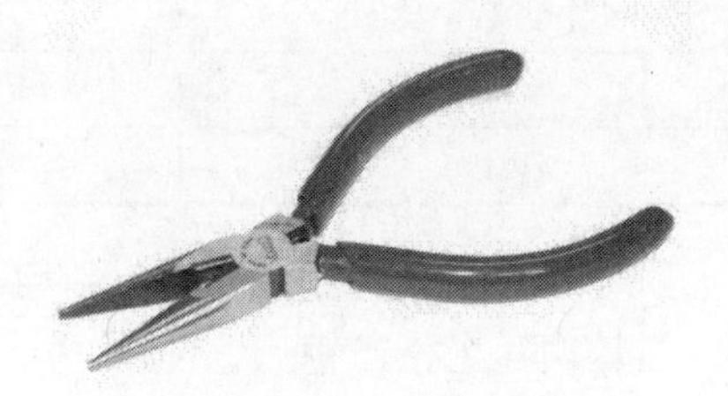

图 3-2　尖嘴钳

3. 万用表

万用表主要用来检测电脑部件的电压是否正常，据此判断数据线的通断、定位故障。例如，完成装机后开机时无电源信号输出，便可用万用表来检测一下机箱电源是否有问题，看其电源电路有无输出、输出是否正常等。万用表的外观如图 3-3 所示。

重点提示

万用表可分为数字式万用表和指针式万用表。其中数字式万用表使用方便、测试结果直观，在组装电脑的过程中使用较为广泛；指针式万用表测量的精度高，但使用不方便。

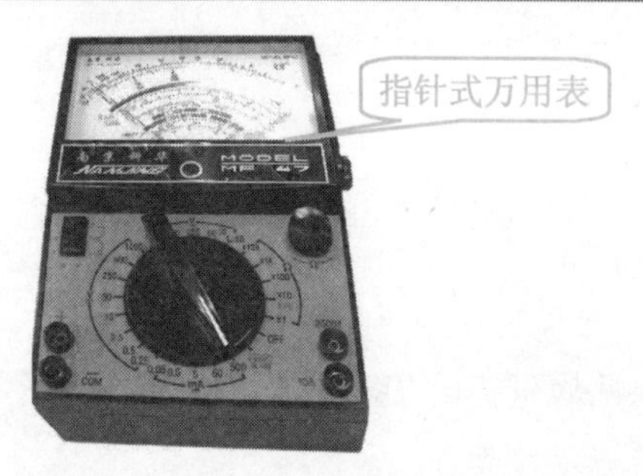

图 3-3　万用表

4. 镊子

在设置主板、光驱和硬盘上的跳线时，可以用镊子来夹取跳线帽，也可以用镊子来夹取一些小东西。如图 3-4 所示即为镊子的外观。

5. 扎带

在组装完成后，可以使用扎带将机箱内凌乱的连线进行绑扎。如图 3-5 所示即为扎带的外观。

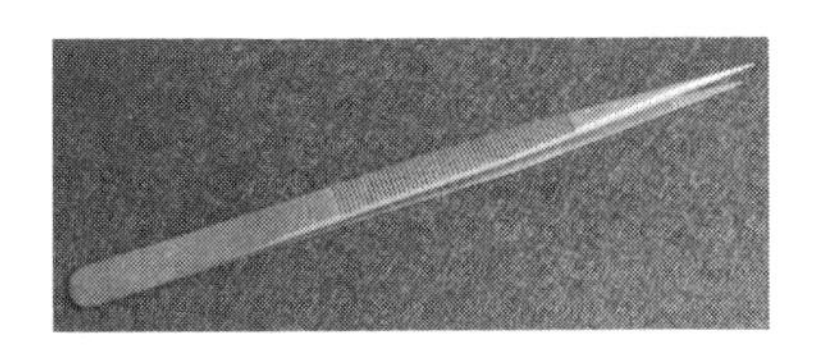

图 3-4 镊子

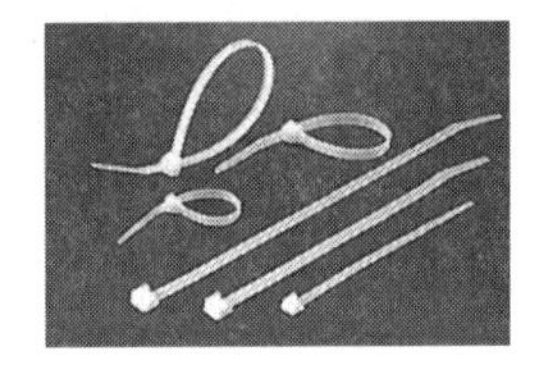

图 3-5 扎带

3.3.2 检查电脑部件

在工具准备齐全后，还应对电脑的主板、CPU、内存和硬盘等部件进行检查。在检查配件的过程中，主要注意以下几点。

❖ 清点硬件是否齐全，有无损坏。

❖ 主板、显卡和声卡等硬件设备的驱动程序是否齐全。

❖ 连接各种设备的数据线和固定各种设备的固定件是否齐全。

3.3.3 组装前的注意事项

电脑的各个配件都是高度集成的电子元件，非常脆弱，如果在安装过程中操作不慎，很有可能就会导致某个配件的损坏，一旦有所损坏，要想修复就不那么容易了，因此在装机过程中需要注意以下一些问题。

❖ 在组装电脑之前应先将手上的静电释放。释放静电的方法很简单，可以摸一下接地的金属物品（如自来水管）或者洗洗手。由于在组装电脑的过程中也会产生静电，因此最好在组装过程中也多次释放静电。如果有条件，可以戴防静电手腕带或防静电手套。

❖ 在操作过程中，应该注意不要连接主机电源线，如果主机连接了电源线，则不要在机箱内进行任何操作。

❖ 在固定硬盘、光驱等设备时，机箱一定要平稳放置，安装螺丝采用对称安装的方式，把所有的螺丝都安上后再拧紧。

❖ 在组装过程中，各个配件要轻拿轻放，不要碰撞，尤其是硬盘。

❖ 在进行线缆连接时，应注意插头、插座的方向，如缺口、倒角等。另外，在插拔时一定不要太用力，否则可能会弄弯插针或损坏配件，应该小心地进行操作，如果有无法插进的情况，可调整位置后再试。

❖ 插接的插头、插座一定要完全插入，以保证接触可靠。

❖ 在拧紧螺丝时，不能太用力，适当拧紧即可；如果过度用力，则可能导致螺丝出现“滑丝”，不能拧紧也不能拧松。

指点迷津

电脑配件，特别是CPU、内存和显卡上都有精密的电子元件，这些电子元件最怕静电，因为静电在释放瞬间的电压值高达上万伏特，很容易就将配件上的电子元件击穿。人的身上都带有静电，因此在组装电脑之前应先释放手上的静电。

3.3.4 组装步骤简介

在准备工作做完后，还要了解一下组装步骤，这样在组装电脑时才能条理清晰。组装电脑的步骤大致可以分为以下几步：

（1）打开机箱，将电源安装在机箱中。

（2）在主板的 CPU 插座上插入 CPU，并且安装上散热风扇。

（3）将内存插入主板的内存插槽中。

（4）将主板安装在机箱内的主板位置上，将电源供电线插在主板上，并连接相应连线。

（5）安装硬盘，并将数据线插在主板相应的接口上，将电源的供电线插在硬盘接口上。

（6）安装光驱，并将数据线插在主板相应的接口上，将电源的供电线插在光驱相应接口上。

（7）安装显卡，并连接相关连线。

（8）连接鼠标、键盘。

（9）将显示器的信号线连接到显卡上。

（10）连接音箱。

（11）检查连线，然后加电测试系统是否能正常点亮，如果能点亮（听到“滴”的一声，并且屏幕上显示自检信息），那么关掉电源继续下面的安装；如果不能点亮，就要检查前面的安装是否有问题。

（12）整理机箱内部连线并合上机箱盖。

重点提示

电脑的组装流程不是一成不变的，用户可以根据自己的需要适当调整。另外，根据电脑部件的不同，在组装过程中也会也所差异。

3.4 电脑硬件组装流程

本节内容学习时间为 14:00～16:20（视频：第 3 日\电脑硬件组装流程）

前面介绍了组装电脑的一般流程，下面以一个实际的电脑组装为例来讲解电脑的组装过程。

3.4.1 打开机箱盖

在将各个硬件安装到电脑主机箱内之前，首先应将机箱盖打开。下面介绍打开机箱盖的方法。

（1）用螺丝刀将机箱后的螺丝拧下，抓紧机箱盖向后拉，即可将机箱盖卸下，如图 3-6 所示。

（2）使用同样的方法，将另一侧的机箱盖卸下即可。

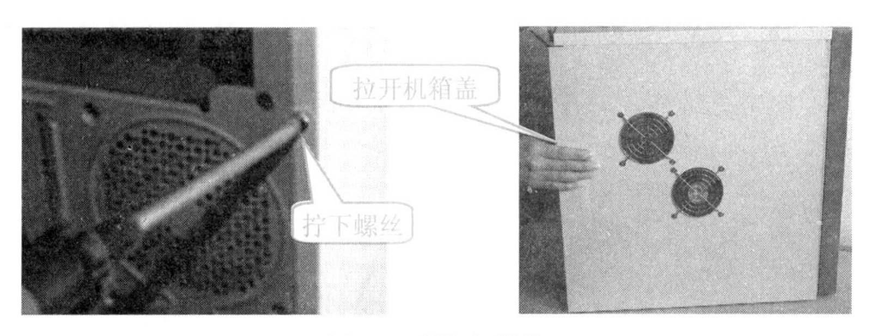

图 3-6　拆卸机箱盖

3.4.2　安装电源

打开机箱后首先安装电源，具体操作方法如下：

（1）将电源放入电脑主机箱内，并调整好电源的位置，即将电源的螺丝孔与机箱的螺丝孔对齐。

（2）使用螺丝将电源固定在主机箱内，完成电源的安装，如图 3-7 所示。

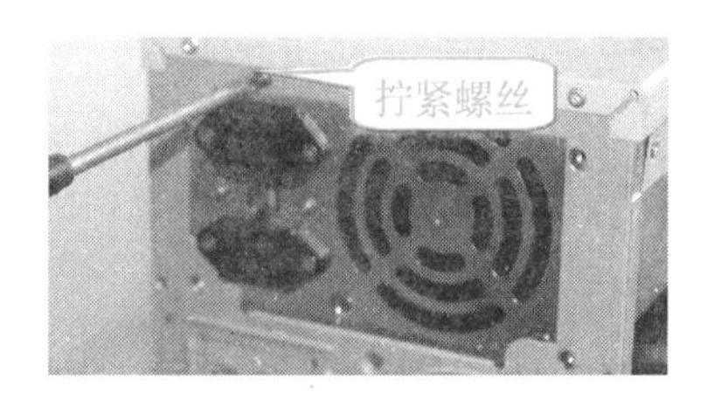

图 3-7　安装电源

重点提示　在安装电源时，先安装某一对角的螺丝，这样可以先将电源固定住，然后再安装另一对角的螺丝。

3.4.3　安装 CPU

安装完电源后需要在主板上安装 CPU。具体操作方法如下：

（1）将主板放在平稳处，如放在桌面上，用适当的力向下微压固定 CPU 的压杆，同时用力往外推压杆，使其脱离固定卡扣，然后将压杆拉起，如图 3-8 所示。

（2）将固定处理器的盖子与压杆反方向提起，即可显示出 LGA 775 插座，如图 3-9 所示。

图 3-8　拉起 CPU 插座压杆

图 3-9　提起固定处理器的盖子

（3）将 CPU 上的缺口标记与 CPU 插座的缺口标记对应，将 CPU 轻轻放入插座中，使 CPU 的每一个针脚都插入插座中，如图 3-10 所示。

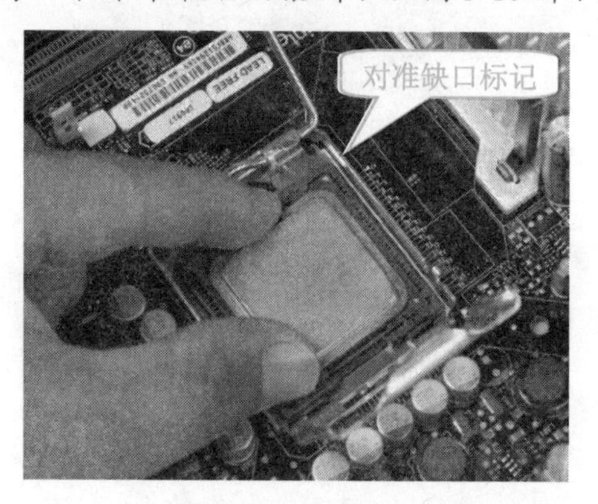

图 3-10　安装 CPU

（4）将 CPU 安放到位后，盖好扣盖，然后反方向微用力扣下处理器的压杆，至此 CPU 便被稳稳地安装到主板上，安装过程结束，如图 3-11 所示。

图 3-11　固定 CPU

重点提示

这里所讲的安装方法不仅适用于英特尔的处理器，而且适用于目前所有的处理器。特别是对于采用针脚设计的处理器而言，如果方向不对则无法将 CPU 安装到位，在安装时要特别注意。

3.4.4　安装 CPU 散热风扇

由于 CPU 的发热量非常大，因此安装完 CPU 后还需要在其上面安装散热风扇。具体操作方法如下：

（1）将散热风扇放置在 CPU 表面，并将散热风扇的四角对准主板相应的位置，如图 3-12 所示。

（2）用力压下四角扣具，固定好散热风扇，然后将散热风扇的电源线连接到主板上的供电接口上（主板上的标识字符为 CPU_FAN），如图 3-13 所示。

图 3-12　安装散热风扇

图 3-13 连接电源线

重点提示

在安装散热风扇前，还要在 CPU 表面均匀地涂上一层导热硅脂。目前很多散热风扇在购买时已经在底部与 CPU 接触的部分涂上了导热硅脂，这时就没有必要再在处理器上涂一层了。

3.4.5 安装内存

安装完 CPU 和散热风扇后，还需要将内存插在主板的内存插槽上。具体操作方法如下：

（1）将内存插槽两侧的白色扳手向两侧掰开，然后将内存平行放入内存插槽中，如图 3-14 所示。

图 3-14 将内存平行放入内存插槽中

（2）用两拇指按住内存两端轻微向下压，插槽两侧的扳手会自动闭合以将内存条卡紧，其他内存安装方法相同，如图 3-15 所示。

图 3-15 插入内存

重点提示

内存插槽使用了防呆式设计，反方向无法插入，在安装时可以对照一下内存与插槽上的缺口。另外，在相同颜色的内存插槽中插入两条规格相同的内存，即可打开双通道功能，提高系统性能。

3.4.6 安装主板

安装 CPU 和内存后，需要将主板安装到机箱内的底板上。具体操作方法如下：

（1）将机箱平放在桌面上，然后将机箱提供的主板螺丝底座安放到机箱主板托架的对应位置，如图 3-16 所示。

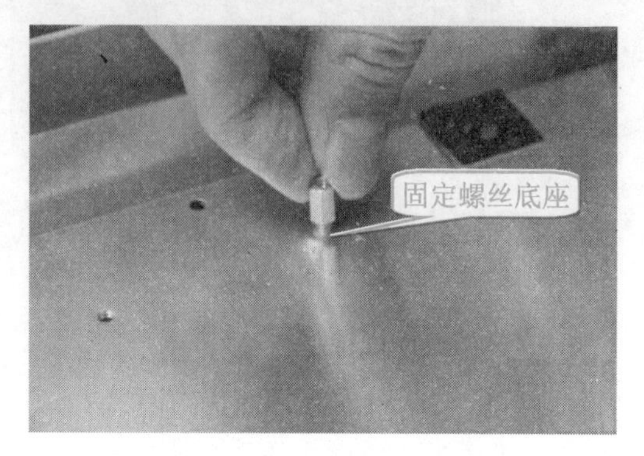

图 3-16　安装螺丝底座

（2）双手平行托住主板，将主板放入机箱内，再将主板的键盘和鼠标等接口与机箱后面挡板的预留孔相对应，然后用螺丝将主板固定在机箱底板上，如图 3-17 所示。

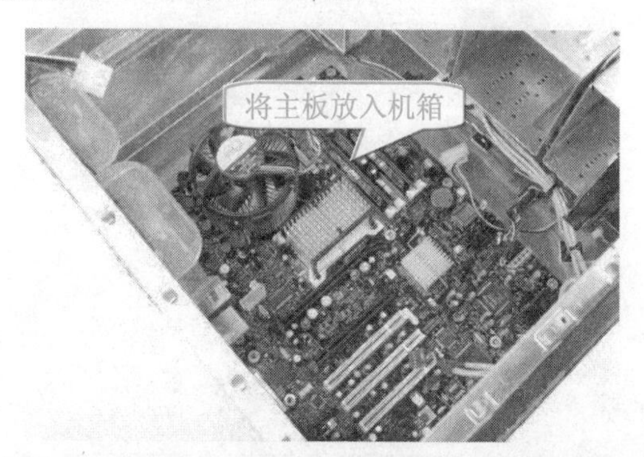

图 3-17　固定主板

（3）将机箱面板各种开关和指示灯的连接线连接到主板上，连接时要注意插头的正负极，如图 3-18 所示。

（4）将主板电源插头连接到主板的电源插座上，电源插头与电源插座的方向要一致，如图 3-19 所示。

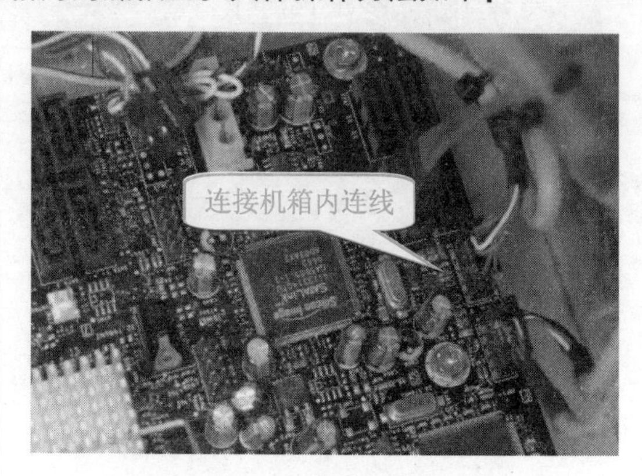

图 3-18　连接机箱面板连接线

图 3-19　主板电源连接线

（5）将 CPU 供电插头连接到主板上的相应插座上，如图 3-20 所示。

图 3-20　CPU 电源连接线

重点提示

在安装螺丝时，注意每个螺丝不要一次性拧紧，等全部螺丝安装到位后，再将每个螺丝拧紧，这样做的好处是随时可以对主板的位置进行调整。

3.4.7 安装硬盘

安装完主板后，即可安装硬盘了。对于普通的机箱，只需将硬盘放入机箱的硬盘托架上，拧紧螺丝使其固定即可。现在很多用户使用了可拆卸的3.5in机箱托架，安装硬盘更加简单。具体操作方法如下：

（1）拉动机箱中固定3.5in托架的扳手，取下3.5in硬盘托架，如图3-21所示。

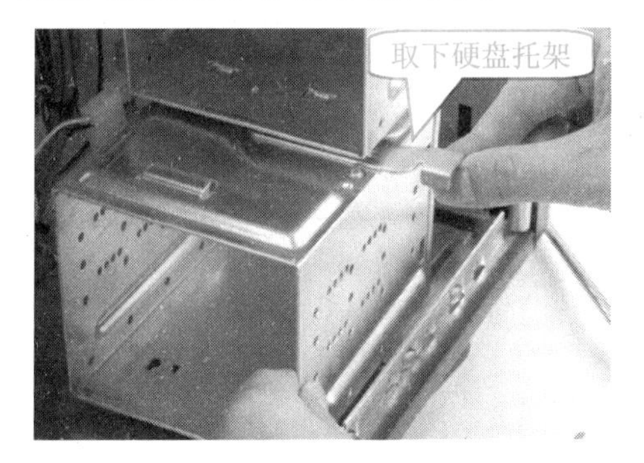

图3-21 取下硬盘托架

（2）将硬盘的数据口向外，插入硬盘托架内，然后将硬盘侧面的螺丝孔与驱动器固定架上的螺丝孔对齐，并用螺丝将硬盘固定在驱动器固定架上，如图3-22所示。

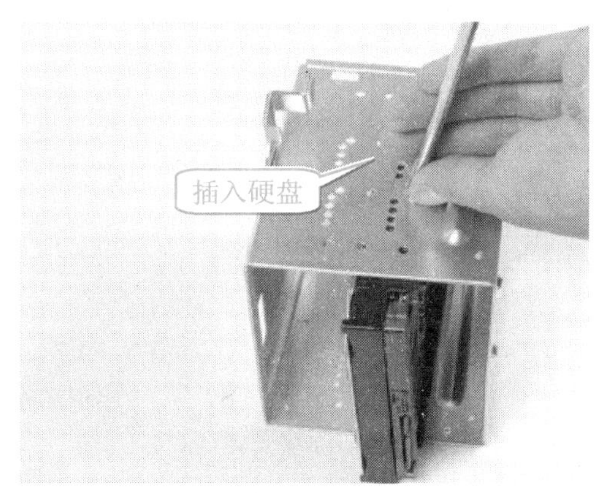

图3-22 将硬盘装入托架

（3）将托架重新装入机箱，并将固定扳手拉回原位固定好硬盘托架，如图3-23所示。

图3-23 将托架重新装入机箱

（4）使用数据线将硬盘和主板连接起来，使用黑黄红交叉的电源线连接硬盘的供电接口，如图3-24所示。

图3-24 连接数据线和电源线

如果 3.5in 硬盘托架不能取出，可以直接将其插入托架中。另外，如果安装的是 ATA 硬盘，则应使用 IDE 数据线，其电源插头也不相同，这在安装时需要注意。

3.4.8 安装光驱

现在市场上的光驱托架大部分都采用抽拉式设计，安装起来十分简单。具体操作方法如下：

（1）将机箱前面板的光驱口挡板卸下，然后将光驱从前面板插入驱动器固定架内，如图 3-25 所示。

图 3-25　插入光驱

（2）将光驱侧面的螺丝孔与驱动器固定架上的螺丝孔对齐，并用螺丝将光驱固定在驱动器固定架上，如图 3-26 所示。

图 3-26　固定光驱

（3）将光驱数据线的一端与主板的 IDE 插槽相连，如图 3-27 所示。

图 3-27　连接光驱数据线

（4）将光驱数据线的另一端与光驱的数据接口相连，然后将电源的 D 型插头连接在光驱的电源接口上，连接时注意电源插头的方向要与光驱的电源接口相对应，如图 3-28 所示。

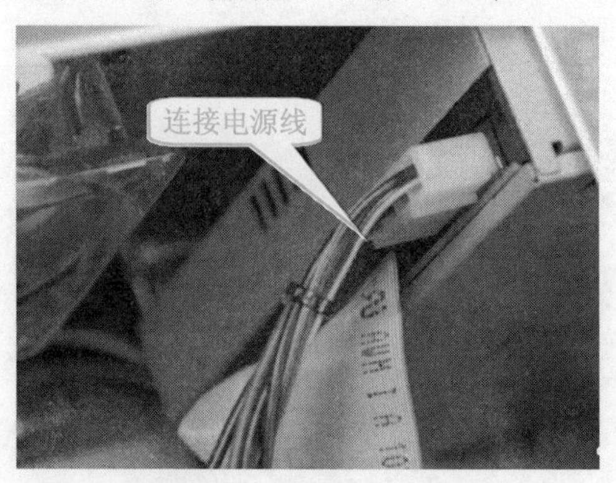

图 3-28　连接光驱电源

重点提示

目前市场上很多光驱采用的还是ATA接口，但是随着SATA接口的普及，很多光驱厂商也开始生产SATA接口的光驱。在安装光驱时，如果是SATA接口，其连接方法可以参考SATA硬盘的连接方法。

3.4.9 安装显卡

显卡是电脑的重要硬件设备，目前PCI-E显卡已经成为市场主力军，AGP基本上见不到了。下面就来介绍PCI-E显卡的安装方法。

（1）将机箱后面板上与主板显卡插槽相对应的挡板拆下，如图3-29所示。

图3-29 拆下挡板

（2）将显卡垂直插入主板的PCI-E插槽中，并向下轻压到位，如图3-30所示。

图3-30 安装显卡

（3）用螺丝将显卡固定在机箱后面板上，即完成了显卡的安装过程，如图3-31所示。

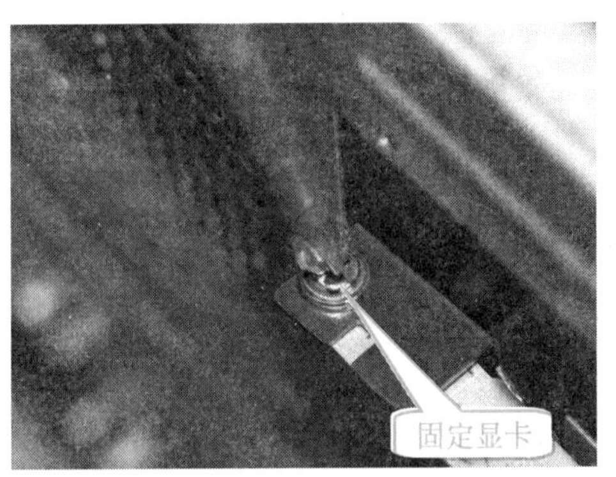

图3-31 固定显卡

指点迷津

需要特别说明的是，在SLI或交火的主板上，也就是支持双卡互联技术的主板上，一般还提供额外的显卡供电接口，在使用双显卡时注意插好此接口，以提供显卡充足的供电，如图3-32所示。

图3-32 连接显卡供电接口

3.5 安装电脑外部组件

本节内容学习时间为 16:30～17:00（视频：第 3 日\安装外部组件和整理机箱）

机箱内各部件组装完成后，还需要将电脑的外部组件与主机相连接。下面将介绍连接电脑外部组件的方法。

3.5.1 连接鼠标和键盘

鼠标和键盘是电脑重要的输入设备，其连接方法很简单，只需找到机箱后面板的鼠标和键盘接口，然后分别将鼠标和键盘插入即可，如图 3-33 所示。

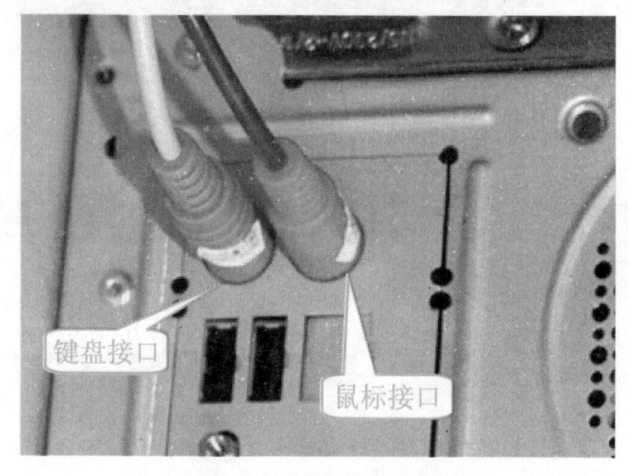

图 3-33 连接鼠标和键盘

重点提示

在安装时可以通过颜色来区分鼠标和键盘的接口，其中鼠标接口为绿色，在机箱的内侧；键盘接口为紫色，在机箱的外侧。有些机箱在鼠标和键盘接口下方还有一个小图标，安装时要注意。

3.5.2 连接显示器

显示器分为 LCD 显示器和 CRT 显示器，其连接方法基本相同，只是 CRT 显示器要连接到 VGA 接口上，LCD 显示器要连接到 DVI 接口上。下面以连接 CRT 显示器为例进行讲解。

（1）将显示器背面的信号线插入主机箱背面的显卡接口中，如图 3-34 所示。

图 3-34 连接信号线

（2）将信号线接头两侧的螺丝拧紧，完成显示器的连接，如图 3-35 所示。

图 3-35 固定信号线

重点提示

在第 2 章已经介绍过，目前市场上的主流显卡都有两个接口，即 VGA 接口和DVI接口，一般CRT显示器连接到VGA接口，液晶显示器连接到DVI接口。但是如果购买的显卡上只有 DVI 接口，则在连接 CRT 显示器时需要购买一个 DVI 信号转 VGA 信号的转换器，如图 3-36 所示。

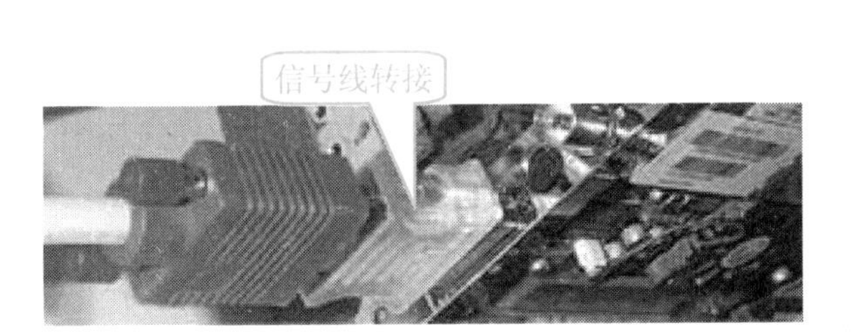

图 3-36 信号线转接

3.5.3 连接音箱

音箱是电脑的输出设备，电脑中大部分的声音都是由音箱输出的，其连接方法也很简单，只需将音箱的音频连接线插头插入声卡的信号输出接口中即可，如图 3-37 所示。

图 3-37 连接音箱

3.6 开机检测和整理机箱

本节内容学习时间为 17:10～18:00

至此，电脑的组装已接近尾声，下面要做的工作就是开机检测连接是否有问题并整理机箱。

3.6.1 通电前的检查工作

组装完成之后不要马上开机，还要仔细检查一遍，以防出现意外。

（1）检查主板上的各个跳线是否正确。

（2）检查各个配件是否插得稳固，如 CPU、CPU 风扇、显卡、内存条等。

（3）检查有没有什么线搭在 CPU 风扇或显卡风扇上（如果显卡也有风扇），是否有裸露的线掉在主板上。

（4）检查机箱内有没有其他的杂物。

（5）检查各个外设是否接触良好，如显示器、音箱。

（6）检查信号线、电源线是否接触良好。

完成上述检查后连接电源开机，如果开机后出现冒烟或发出烧焦的异味等现象，应立刻关机，再次检查。

3.6.2 连接电源

检查连接无误后，就可以将主机电源线连接到机箱后面板上的电源接口上，并将电源线的另一头连接到电源插座上，如图 3-38 所示。

图 3-38 连接电源线

3.6.3 开机检测

接通电源后，按下机箱上的电源开关按钮，可以看到 CPU、显卡和电源的风扇转动，如果再听到“嘀”的一声，并且显示器出现自检画面，则表示电脑已组装成功，用户可正常使用；如电脑未正常运行，则需要对电脑中的配件重新进行检查。

3.6.4 整理机箱

开机检测电脑没有问题后，便可以整理机箱内部连线。因为电脑正常工作时，机箱内部各部件的发热量都比较大，如果机箱内的空间过小、线路杂乱，就会影响机箱内的空气流通，不利于散热，而且数据线和电源线可能会卡住 CPU、显卡等影响风扇的运转，从而导致故障出现。因此在完成了机箱内部各硬件设备的安装后，还要整理一下机箱内部连线，使其排列整齐、美观，这样才有利于电脑的正常运行。

可以使用扎带将它们扎好，方法也很简单，只需将欲整理的线缆置于扎线带圈内，然后将扎带较细的一头扎入较粗且有套的一头，拉紧并用剪刀去掉多余的扎线头即可，如图 3-39 所示。

图 3-39　整理机箱内连线

重点提示

不同的机箱有不同的拆装方法，这里介绍的只是最常见的机箱拆装方法。现在市场上有很多机箱在设计时采用的都是无螺钉设计，只需要拉动机箱顶部后面的把手，就可以方便地打开机箱。

3.6.5 合上机箱盖

在整理好机箱内部连线后，就可以将机箱盖重新装上。具体操作方法如下：

（1）将机箱盖与安装位置对准，用力推入即可将其安装上，然后将机箱盖的螺丝拧紧，如图 3-40 所示。

（2）使用同样的方法，将另一侧的机箱盖安装上即可，安装完成后的机箱如图 3-41 所示。

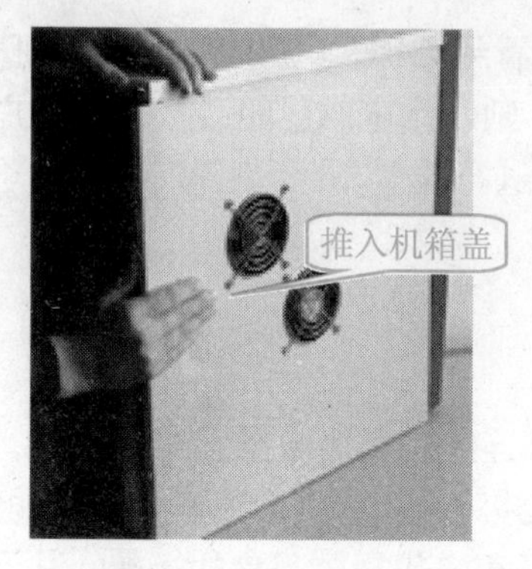

图 3-40 安装机箱盖

图 3-41 完成安装

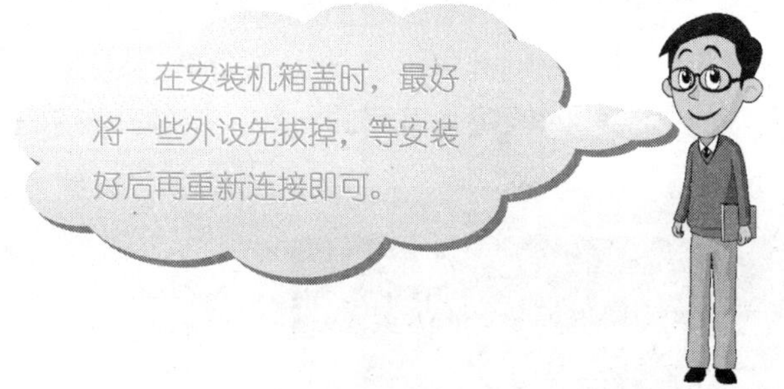

重点提示 在组装电脑的过程中，有时难免会出现一些问题，如组装完成后不能正常启动等，这些问题读者可以参考附录 A.3 节的介绍。

3.7 本日小结

本节内容学习时间为 19:00～19:50

在今天的学习中，首先介绍了选购电脑时的一些注意事项，并针对不同用户推荐了几套装机配置方案，读者可以据此来选购电脑。接着介绍了电脑的组装流程，包括如何打开机箱盖、安装电源、CPU、CPU 散热风扇、内存、主板、硬盘、光驱以及显卡的方法，同时还讲解了连接鼠标、键盘、显示器和音箱等外部组件的方法。

通过今天的学习，读者应该对电脑的组装有一个清楚的认识，并能够自己动手组装一台电脑。

3.8 新手练兵

本节内容学习时间为 20:00～21:00

3.8.1 安装网卡和连接机箱内连线

1. 安装独立网卡

目前电脑主板上大多集成了网卡，但是如果对网卡有特殊需求，如需要双网卡，此时便需要再安装一块独立网卡。下面将介绍安装独立网卡的操作方法。

（1）卸下机箱后面板上与安装网卡的 PCI 插槽相对应的挡板，如图 3-42 所示。

图 3-42　拆下挡板

（2）将网卡垂直于主板插入主板的 PCI 插槽中，如图 3-43 所示。

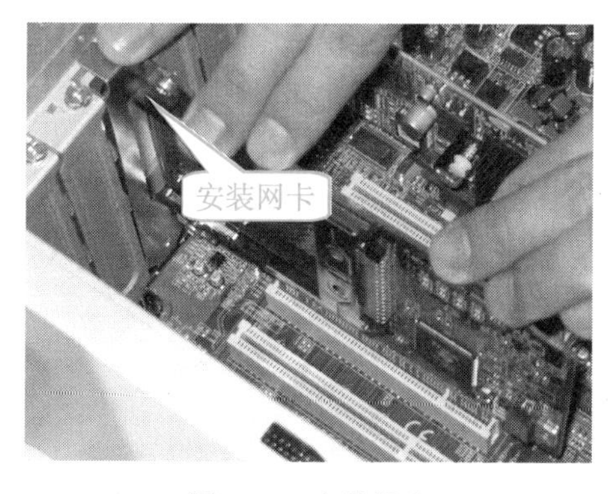

图 3-43　安装网卡

指点迷津

在网卡的插入过程中，用力一定要均匀。

（3）用螺丝将网卡固定在机箱后面板上，完成网卡的安装，如图 3-44 所示。

图 3-44　网卡安装完毕

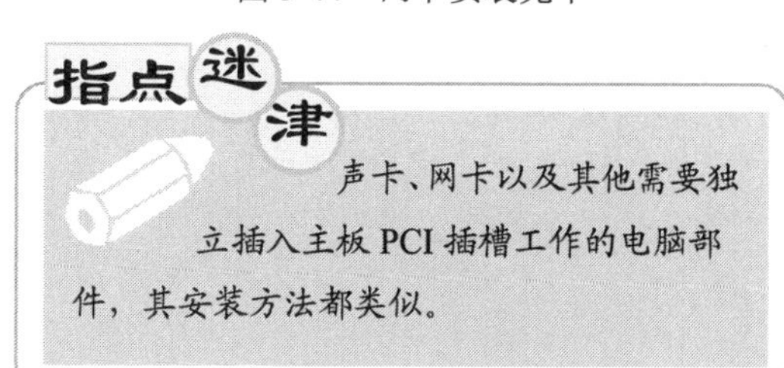

指点迷津

声卡、网卡以及其他需要独立插入主板 PCI 插槽工作的电脑部件，其安装方法都类似。

2. 连接主机内线缆

前面在介绍组装电脑的过程中，只是简单提到了连接主机内线缆的方法，但是由于主机内需要连接的线缆较多，因此需要仔细区分所连接的线缆类型和连接位置。

下面就来具体介绍主机内线缆的连接方法。

（1）将机箱喇叭控制线连接到主板上的SPEAKER接口，如图3-45所示。

图3-45　连接机箱喇叭控制线

重点提示

喇叭控制线的插头有4个插脚，但只有两根连线，其颜色一般是一红一黑或一橘一黑，正确连接后供机箱上的喇叭使用。如果主板已经集成有喇叭，就不必连接机箱上的喇叭了。

（2）将主机电源开关控制线和主板上的POWER SW接口相连，如图3-46所示。

图3-46　连接电源开关控制线

重点提示

电源开关的插头是两脚的，为了便于识别，其中一根连线用黄色或黑色表示，另一根为白色，标有POWER SW字样，此插头必须插接到主板上对应位置的插针上（一般标注为PWR、Power SW、PWR SW、PW、PW SW或PS），否则无法通过机箱面板启动电脑。

（3）将主机的复位开关控制线连接到主板上的 RESET SW 接口，如图 3-47 所示。

（4）将硬盘工作状态指示灯控制线连接到主板上的 H.D.D LED 接口，如图 3-48 所示。

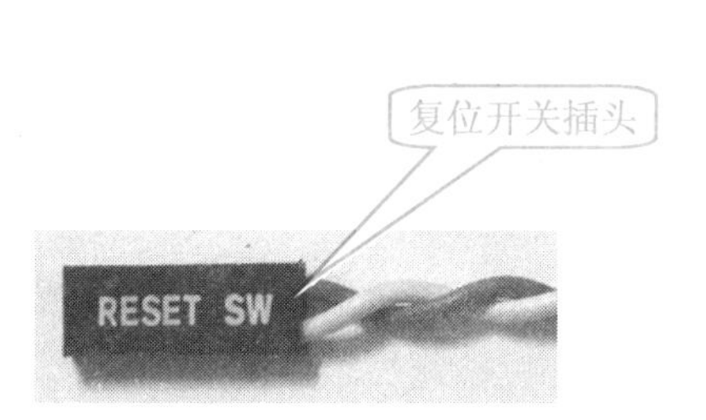

图 3-47　连接复位开关控制线

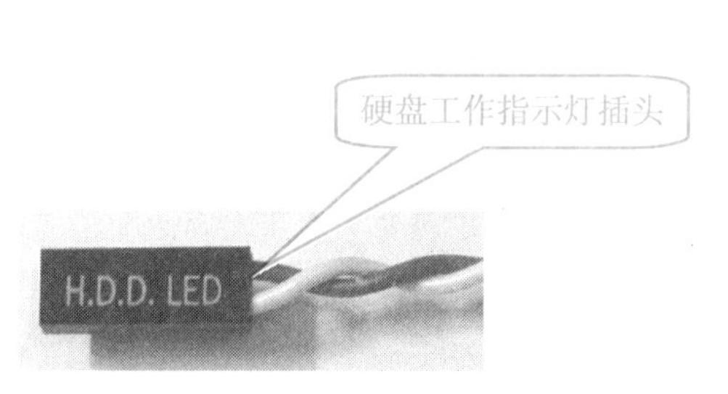

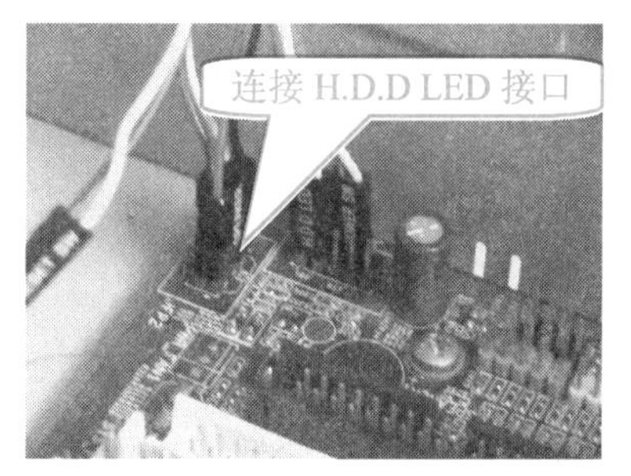

图 3-48　连接硬盘工作状态指示灯控制线

重点提示

硬盘指示灯控制线是两脚插头，两根线一般为一红一白。连接好后，当硬盘有读写动作时，硬盘指示灯就会亮起来。另外，硬盘指示灯控制线的连接是有方向性的，将红色的一端连接在 HDD LED+插针上，白线连接在 HDD LED-插针上。

（5）将机箱上的前置 USB 接口线连接到主板的前置 USB 接口上，如图 3-49 所示。

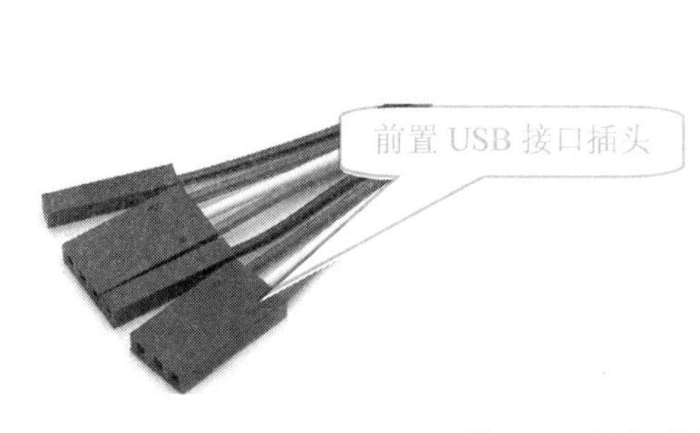

图 3-49　连接前置 USB 接口线

由于各品牌主板前置 USB 连接端并不遵从统一的标准，连线时也比较麻烦，所以必须严格按照主板说明书对号入座，否则可能导致烧毁 USB 设备。

3.8.2　常见故障排查的一般步骤

在完成电脑的组装后，一般都应开机检测，待检测成功后，才能继续下面的操作。如果检测失败，则要检查前面的安装是否有问题。下面介绍开机检测失败后如何排查故障。

1. 开机是否通电

当开机检测失败后，首先应检查电源指示灯是否亮，如果不亮，则应关闭电源，然后按照下面的步骤进行检查：

（1）检查电源线是否连接，或者连接是否有误或不牢固。

（2）检查各个插座的开关是否均已开启。

（3）确认检测处有电。

2. 开启是否显示

在确认开机通电后，如果显示器没有显示，可以按照下面的步骤进行检查：

（1）调节显示器的亮度开关，如还没有显示，可能是显示器内部的原因。

（2）听主机扬声器是否有反应。如果连续不停地响，证明主板检测没有通过，是主板问题；如果出现报警，而且报警声为一长三短，则是显卡问题。

（3）如果主机扬声器没反应，再看硬盘指示灯。如果连续闪烁，则证明硬件没问题，应仔细检查显示器和主板的数据线是否连接好或者数据线是否出现故障。

（4）如果主机扬声器和硬盘指示灯都没有问题，检查内存条是否安装正确。

3. 硬盘是否正常启动

如果显示器显示正常，但在 POST 自检过程中出现 Fix Disk Not Ready 提示，则应该是硬盘有问题；如果硬盘自检不能通过，则证明硬盘的引导部分出现异常。

4. 键盘有无异常

观察键盘上的指示灯是否亮，检查 CapsLock 和 NumLock 等转换键，按 Enter 键查看是否正常。

了解上述电脑组装过程中故障的排查步骤，可以方便读者对调试中的一些问题进行分析和处理。

第4日

BIOS设置与硬盘分区

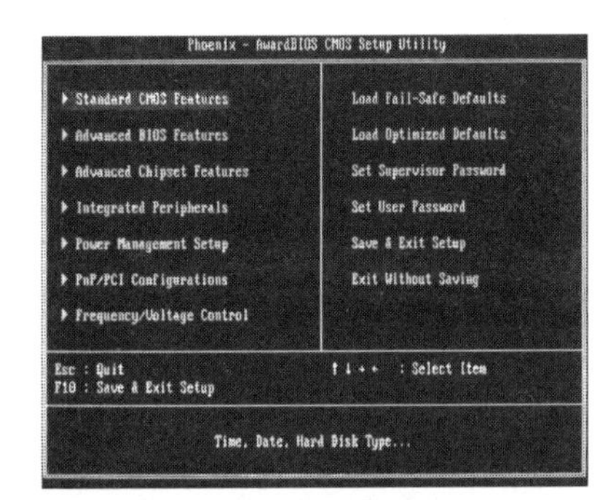

今日学习内容综述

上午：1. 认识BIOS

2. BIOS基础设置

3. 常用BIOS设置

下午：4. 升级BIOS

5. 磁盘分区概述

6. 使用Fdisk对硬盘进行分区

7. 使用DM进行磁盘分区

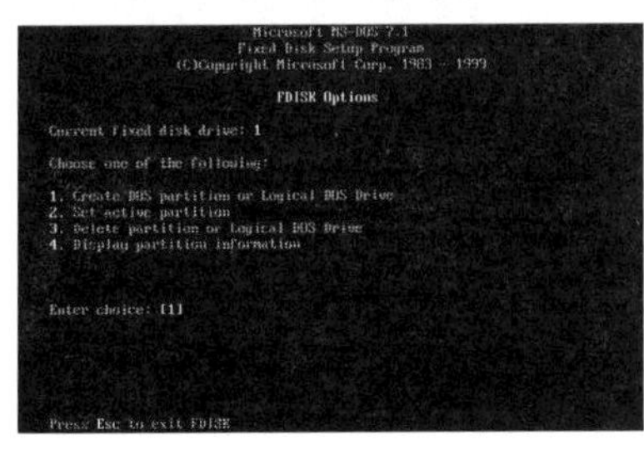

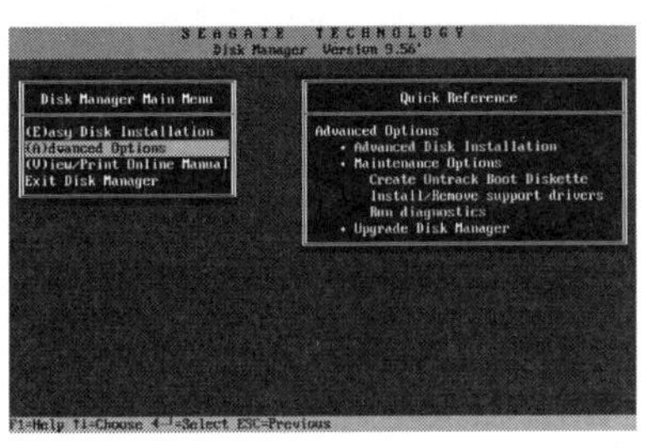

越越老师：超超，你的电脑组装完成了吗？

超超：完成了，可是它好像什么都做不了。

越越老师：这是因为你没有对电脑进行相关设置。

超超：真的吗？那您快点教教我如何进行设置吧？

越越老师：好的，下面我们就来学习如何设置BIOS。

4.1 认识BIOS

本节内容学习时间为 8:00～8:30

在组装完电脑的硬件后，第一次开机时应对 BIOS 进行设置，以使电脑硬件更好地工作。本节就来认识 BIOS。

4.1.1 BIOS 简介

BIOS 是基本输入/输出系统（Basic Input/Output System）的缩写，它是一组固化到主板上一个 ROM 芯片上的程序，保存着电脑最重要的基本输入/输出的程序、系统设置信息、开机上电自检程序和系统启动自检程序。

BIOS 的内容被保存在一块可读写的 CMOS RAM 芯片中，当关闭计算机后，将通过 CMOS 电池向 BIOS 芯片供电，以确保 BIOS 中的信息不会丢失。

4.1.2 BIOS 的功能

BIOS 的主要功能是为电脑提供最底层的、最直接的硬件设置和控制，包括以下几个方面：

❖ 系统设置

CMOS RAM 芯片中保存着系统的基本情况，包括 CPU 特性、软硬盘驱动器、显示器以及键盘等部件的信息。在 BIOS 的 ROM 芯片中装有“系统设置程序”，主要用来设置 CMOS ROM 中的各项参数。CMOS 的 RAM 芯片中关于电脑的配置信息不正确时，将导致系统故障。

❖ 自检及初始化

电脑启动后，首先由 POST 程序来对内部各个设备进行检查，包括对 CPU、640KB 基本内存、1MB 以上的扩展内存、ROM 主板、CMOS 存储器、串并口、显卡、软硬盘子系统及键盘等设备。一旦在自检中发现问题，分两种情况处理：严重故障会停机，不给出任何提示或信号；非严重故障则给出提示或声音报警信号，等待用户处理。如果未发现问题，则将硬件设置为备用状态，启动操作系统，把对电脑的控制权交给用户。

❖ 程序服务

程序服务处理程序主要是为应用程序和操作系统服务，这些服务主要与输入/输出设备有关，例如读磁盘、文件输出到打印机等。

为了完成这些操作，BIOS 直接与电脑的 I/O（Input/Output，即输入/输出）设备打交道，通过特定的数据端口发出命令，传送或接收各种外部设备的数据，实现软件程序对硬件的直接操作。

❖ 设定中断

BIOS 中断服务程序实质上是系统中软、硬件之间的一个可编程接口，主要用于程序软件功能与电脑硬件之间实施衔接。

开机时，BIOS 会告诉 CPU 各硬件设备的中断号，当用户发出使用某个设备的指令后，CPU 就根据中断号使用相应的硬件完成工作，再根据中断号跳回到原来的工作。

4.1.3 进入 BIOS

在安装操作系统之前需要对 BIOS 进行相关的设置，包括设置系统时间、启动顺序和病毒防护等。要设置 BIOS，首先需要进入 BIOS 设置界面，不同类型的 BIOS 在进入设置界面时的方法不同。下面以进入 Award BIOS 为例进行介绍。

（1）启动电脑，当电脑开始进行自检时，在屏幕下方通常会出现“Press DEL to enter SETUP”的字样，如图 4-1 所示。

图 4-1　自检界面图

（2）此时快速按下键盘上的 Delete 键，即可进入 BIOS 设置界面，如图 4-2 所示。

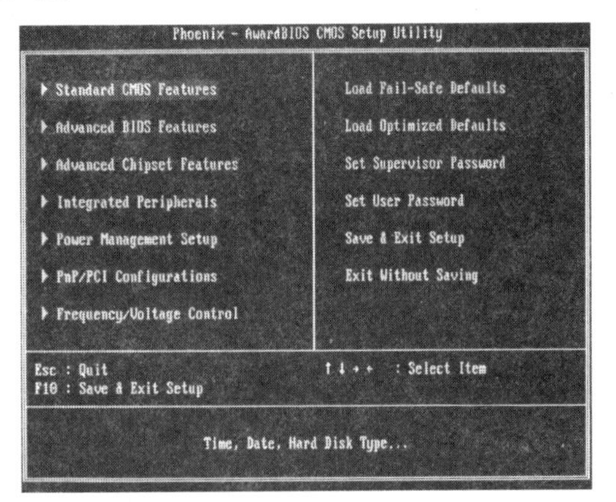

图 4-2　BIOS 设置界面

重点提示

在 BIOS 设置界面中包含了多个选项，按方向键可选择需要设置的选项，系统还会在屏幕下方提示各个功能键所能进行的操作。另外，有关 BIOS 的分类，读者可以参考附录 A.4 节的介绍。

4.1.4 BIOS 中的常用操作

在 BIOS 中，鼠标是不能使用的，只能通过键盘来完成各种操作。下面介绍将会用到的几个按键的功能。

- ←、→、↑、↓键：在各选项之间切换移动。
- ＋或 Page Up 键：切换选项设置值（递增）。
- －或 Page Down 键：切换选项设置值（递减）。
- F7 键：载入选项的最优化默认值。
- Esc 键：返回到前一画面或是主画面，或从主画面中结束设置程序。另外，在不存储设置值时也可直接使用该功能键。
- F1 或 Alt＋H 键：弹出 General Help 窗口，并显示所有功能键的说明。
- F5 键：载入选项修改前的设置值，即上一次设置的值。
- F6 键：载入选项的 BIOS 默认值，即最安全的设置值。
- F10 键：将修改后的设置值存储后，直接离开 BIOS 设置画面。
- Enter 键：确认执行、显示选项的所有设置值并进入选项的子菜单。

4.2 BIOS 基础设置

本节内容学习时间为 8:40～10:20（视频：第 4 日\BIOS 的启动和设置）

不同类型的 BIOS 虽然设置内容存在一些差异，但基本上都相差不大。下面以 Award BIOS 设置为例来介绍 BIOS 的基础设置。

4.2.1 Standard CMOS Features（标准 CMOS 设置）

在 BIOS 主界面（如图 4-2 所示）中选择 Standard CMOS Features 选项，然后按 Enter 键即可进入如图 4-3 所示的标准 CMOS 设置界面，其中主要包括了对日期时间和驱动器进行设置的选项，具体含义介绍如下。

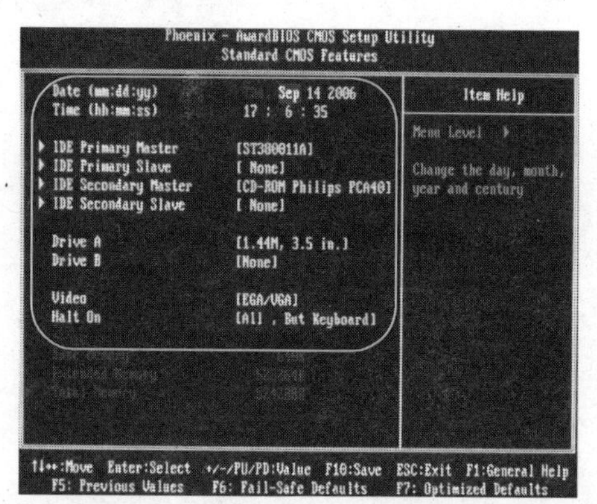

图 4-3　标准 CMOS 设置界面

❖ Date（mm:dd:yy）/Time（hh:mm:ss）：分别用于设置电脑中的日期和时间，格式为“月:日:年”和“小时:分种:秒钟”，其中星期由 BIOS 定义，属性为“只读”。

❖ IDE Primary Master/Slave：分别用于设置第一主、从 IDE 设备型号（硬盘或 CD-ROM 型号）。

❖ IDE Secondary Master/Slave：分别用于设置第二个主、从 IDE 设备型号（硬盘或 CD-ROM 型号）。

❖ Driver A/B：分别用于设置主、从软盘驱动器类型，一般情况下无须设置。

❖ Video：设置系统主显示器的视频转接卡类型，包括 EGA 和 VGA 两个选项。

❖ Halt On：设置系统引导过程遇到错误时，系统是否停止引导。

4.2.2 Advanced BIOS Features（高级 BIOS 设置）

在 BIOS 主界面中选择 Advanced BIOS Features 选项，然后按 Enter 键即可进入如图 4-4

所示的高级 BIOS 设置界面，其中主要包括对磁盘引导顺序、CPU Cache 等方面的设置。部分参数的具体含义介绍如下。

❖ CPU Feature：CPU 的类型，BIOS 自动识别，可以不用设定。

❖ Virus Warning：在系统启动或启动后，如果有程序企图修改系统引导扇区或硬盘分区表，BIOS 会在屏幕上显示警告信息，并发出蜂鸣报警声，使系统暂停。

❖ CPU L1&L2 Cache：设置 CPU L1 和 L2 缓存的读写方式。停用会使系统速度减慢，建议保持默认值 Enbeled。

❖ Quick Power On Self Test：加快系统自检的速度。

❖ First/Second Boot Device：设置系统启动的第一和第二引导驱动器。

❖ Gate A20 Option：设置哪一个控制单元管理 1MB 以上内存地址的 A20 地址线，设为 Normal 表示用键盘控制器管理，设为 Fast 表示用芯片组控制器管理。

❖ Typematic Rate Setting：设置字元输入速率。

❖ Security Option：设置使用的 BIOS 密码的保护类型。设置为 Setup 仅在进入 BIOS 时需要密码，设置为 System 则在开机时即会询问密码，如果密码不正确则无法继续。

```
Phoenix - AwardBIOS CMOS Setup Utility
Advanced BIOS Features

▶ CPU Feature                  [Press Enter]      Item Help
  Virus Warning                [Disabled]
  CPU L1 & L2 Cache            [Enabled]          Menu Level  ▶
  Quick Power On Self Test     [Enabled]
  First Boot Device            [HDD-0]
  Second Boot Device           [HDD-0]
  Third Boot Device            [Disabled]
  Boot Other Device            [Enabled]
  Swap Floppy Drive            [Disabled]
  Boot Up Floppy Seek          [Disabled]
  Boot Up NumLock Status       [On]
  Gate A20 Option              [Fast]
  Typematic Rate Setting       [Disabled]
  Security Option              [Setup]
  APIC Mode                    [Enabled]
  MPS Version Control For OS[1.4]
  OS Select For DRAM > 64MB [Non-OS2]

↑↓→←:Move  Enter:Select  +/-/PU/PD:Value  F10:Save  ESC:Exit  F1:General Help
  F5: Previous Values   F6: Fail-Safe Defaults   F7: Optimized Defaults
```

图 4-4　高级 BIOS 设置界面

❖ APIC Mode：设置启用或禁用 APIC（高级程序中断控制器）。启用 APIC 模式将会扩展可选用的中断请求 IPQ 系统资源。

❖ MPS Version Control For OS：设置在操作系统上应用哪个版本的 MPS（多处理器规格），须选择操作系统支持的 MPS。可用选项为 1.4（默认值）和 1.1，建议保留默认值。

❖ OS Select For DRAM>64MB：当系统内存容量大于 64MB，并使用 OS/2 操作系统时，请将此项设置为 OS2。可用选项为 Non-OS2（默认值）和 OS2，建议保留默认值，因为绝大多数用户不用 OS/2 系统。

重点提示

建议将 Gate A20 Option 设为 Fast，这样可提高内存存取的速度和系统整体性能，特别是对于 OS/2 和 Windows 等操作系统来说非常有效。因为它们的保护模式经常需要 BIOS A20 地址线来进行切换，而芯片组控制器比键盘控制器更快。

4.2.3 Advanced Chipset Features（高级芯片组设置）

在 BIOS 主界面中选择 Advanced Chipset Features 选项，然后按 Enter 键即可进入如图 4-5 所示的高级芯片组设置界面，该界面主要用来设置内存的参数。部分参数的具体含义介绍如下。

❖ DRAM Timing Selectable：该项用于选择需要何种效能状态，或是手动选择内存频率。其中 DRAM 速度已由主板制造厂商依据内存模块预先设定，请勿随意变更。

❖ Memory Frequency For：设置内存的类型。

❖ System BIOS Cacheable：该项将系统 BIOS 从 ROM 芯片映射到主内存中，可提高操作系统对系统 BIOS 的读取速度。该设置对于如今的电脑来说，已经没什么意义，建议保留默认值（Disabled）。

❖ Video BIOS Cacheable：该项将显卡 BIOS 从 ROM 芯片映射到主内存中，可提高操作系统对显卡 BIOS 的读取速度。该设置对于如今的电脑来说，已经没什么意义，建议保留默认值（Disabled）。

❖ Memory Hole At 15M－16M：此选项使 BIOS 将 15~16MB 的区块位置保留，让某些有特殊需求的扩充卡（尤其是一些 ISA 设备）使用，其大小约占 1MB 系统内存。建议在不使用这些特殊设备时，保留默认值 Disabled。

❖ Delayed Transaction：设置系统处理数据的延迟。芯片组内置了一个 32-bit 写缓存，可支持延迟处理时钟周期，所以与 ISA 总线的数据交换可以被缓存。而 PCI 总线可以在 ISA 总线数据处理的同时进行其他的数据处理，所以建议设置为 Enabled。

❖ AGP Aperture Size（MB）：设置 AGP 显卡的显存大小。

重点提示

高级芯片组设置内容较为复杂，系统预设值已针对本主板作最佳化设置，除非是有特殊目的，一般不建议更改任何设置参数。若更改设置有误，将可能导致系统无法开机或死机。

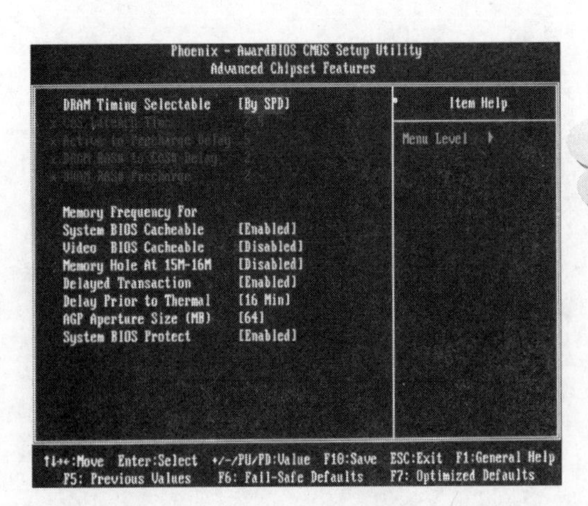

图 4-5　高级芯片组设置界面

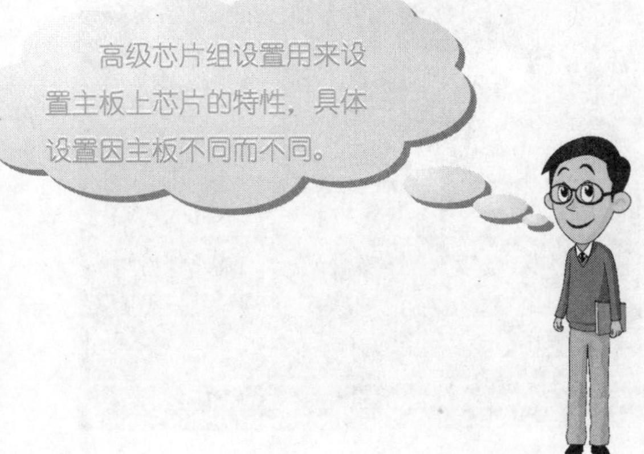

4.2.4 Integrated Peripherals（外部设备设置）

在 BIOS 主界面中选择 Integrated Peripherals 选项，然后按 Enter 键即可进入如图 4-6 所示的外部设备设置界面，该界面主要用来设置 IDE 接口、USB 接口、集成声卡等功能的属性。部分参数的具体含义介绍如下。

- ❖ On-Chip Primary PCI IDE：主板 IDE 控制器拥有两个通道，可连接 4 个 IDE 设备。用户可根据需求设定使用一个或两个 IDE 通道（默认值为 Enabled，即两个 IDE 通道呈开启状态）。
- ❖ IDE Primary Master/Slave PIO：该项提供 IDE 通道 0/1、主/从 IDE 设备传输模式设定功能，具有 Auto/Mode0/Mode1/Mode2/Mode3/Mode4 5 个可用选项。默认值为 Auto 模式，可自动侦测 IDE 设备的传输模式。如果用户了解所使用的 IDE 设备的传输模式，也可以手动设定。
- ❖ IDE Primary Master/Slave UDMA：该项提供 IDE 通道 0/1、主/从 IDE 设备传输模式设定功能，具有 Auto/Disabled 两个选项。默认值为 Auto 模式，可自动侦测 IDE 设备是否支持 UDMA 传输模式。如果用户了解所使用的 IDE 设备不支持 UDMA 传输协议，或在 UDMA 传输协议下工作不稳定，也可将此功能设置为 Disabled。
- ❖ USB Controller：设置 USB 2.0 控制器。
- ❖ USB Keyboard/Mouse Support：设置 USB 接口键盘和鼠标。
- ❖ AC97 Audio：设置集成声卡。

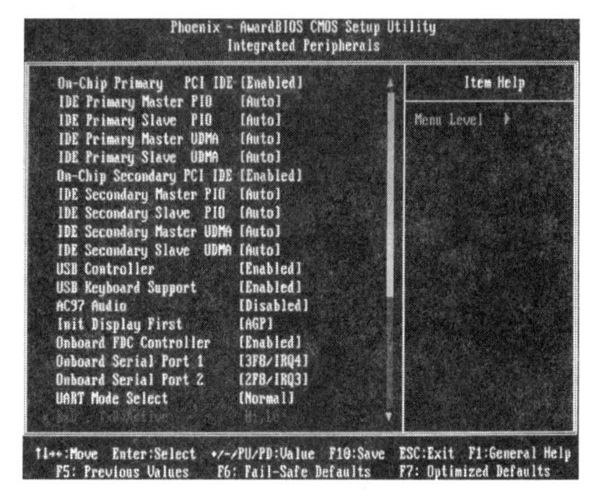

图 4-6 外部设备设置界面

4.2.5 Power Management Setup（电源管理设置）

在 BIOS 主界面中选择 Power Management Setup 选项，然后按 Enter 键即可进入如图 4-7 所示的电源管理设置界面，该界面主要用来控制主机和显示器的节电模式、电源的工作状态等参数。部分参数的具体含义介绍如下。

❖ Power Management：设置省电方式，由用户自定义。

❖ Video Off Method：设置屏幕的关闭方式。

❖ Suspend Mode：设置电源保护的延迟模式。

❖ HDD Power Down：设置硬盘在一定的持续时间内未工作即进入挂起模式。

❖ Power On by Ring：设置电脑开机的电源报警。

❖ Soft-Off by PWR-BTTN：设置机箱电源键的关机模式。设置为 Delay 4 Sec 则在机箱电源键按住 4 秒后关机，设置为 Instant-Off 则在按住机箱电源键后立即关机。

❖ Wake-Up by PCI card：该选项设置为 Enabled 时，若有任何事件发生于 PCI 卡，PCI 卡就会发出 PME 信号使系统回复至完全开机状态。

❖ Resume by Alarm：设置系统定时开机。

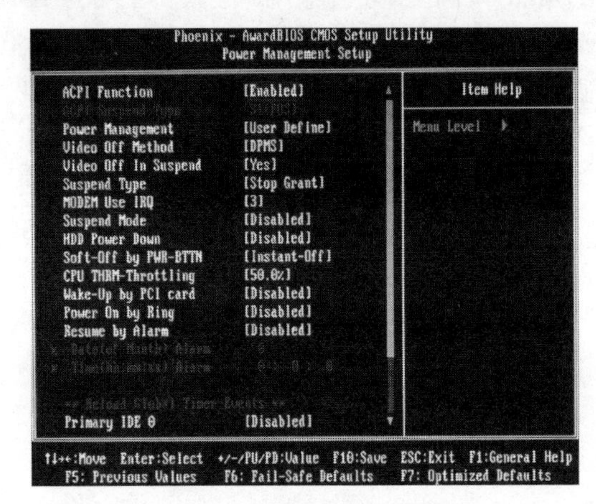

图 4-7　电源管理设置界面

4.2.6　PnP/PCI Configurations（即插即用/PCI 设置）

在 BIOS 主界面中选择 PnP/PCI Configurations 选项，然后按 Enter 键即可进入如图 4-8 所示的即插即用/PCI 设置界面，该界面主要用于设置与 PCI 设备有关的属性，如设定 PCI 插槽的工作频率、分配的 IRQ 号等参数。部分参数的具体含义介绍如下。

❖ Reset Configuration Data：该选项可清除 ESCD 的设定。当新添加设备后，重组的 ESCD 与操作系统发生严重冲突而造成无法开机时，可将该选项设定为 Enabled 以清除 ESCD 每次开机时都将对设备的资源进行重新分配，开机的时间比较长。如果不经常添加新的设备，可以将此选项设置为 Disable 以提高开机速度。

❖ Resources Controlled By：设置系统资源的控制对象。Award BIOS 支持“即插即用”功能，可以自动配置所有的引导设备和即插即用兼容设备，可以设置为 Auto（ESCD）或 Manual。

❖ PCI/VGA Palette Snoop：现在市场上出现很多非标准的 VGA 显示卡，如将显卡和解压卡做在一起或将显卡与视频卡、声卡做在一起，则显示卡在色彩的处理上会受到一些干扰，若将该项设为 Enable，则可以进行一些修正。

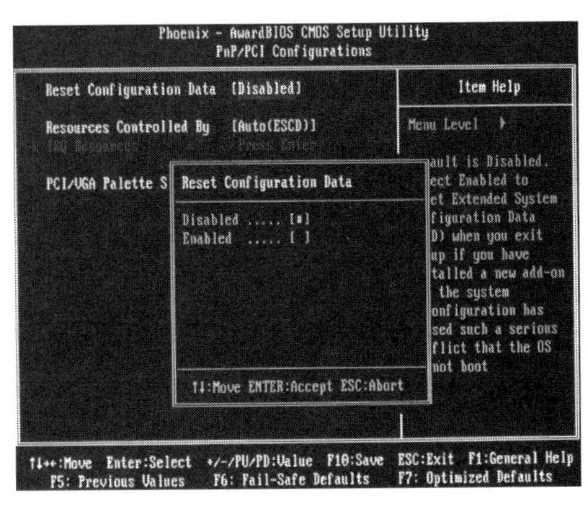

图 4-8 即插即用/PCI 设置界面

4.2.7 Frequency/Voltage Control（频率/电压控制）

在 BIOS 主界面中选择 Frequency/Voltage Control 选项，然后按 Enter 键即可进入如图 4-9 所示的频率/电压控制界面，该界面主要用来调整 CPU 的工作电压和核心频率，以帮助 CPU 超频。部分参数的具体含义介绍如下。

❖ Auto Detect PCI Clk：自动设置 CPU 的 PCI 设备的时钟频率，也就是 PCI 设备的工作周期。当设置为 Enabled 时，系统会移除未插 PCI 卡插槽的时钟，以减少电磁干扰。

❖ Spread Spectrum：如果没有遇到电磁干扰问题，将此项设置为 Disabled，这样可以优化系统的性能表现和稳定性；如果存在电磁干扰问题，将此项设置为 Enabled，这样可以减少电磁干扰。

❖ CPU Host/3V66/PCI Clock：设置 CPU 的总线、工作电压和 PCI 设备的时钟频率。

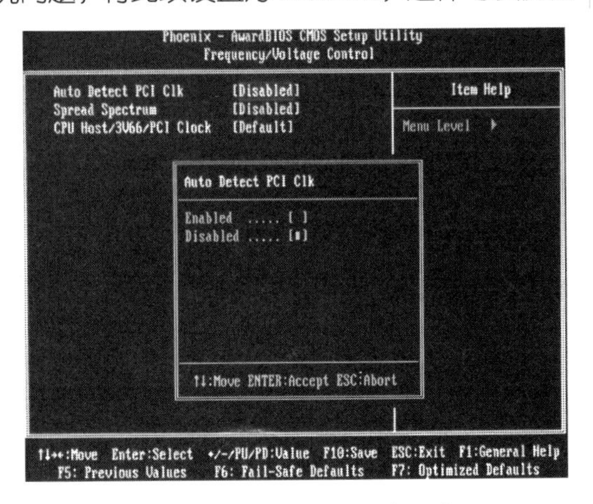

图 4-9 频率/电压控制界面

4.2.8 其他选项设置

在 BIOS 设置主界面的右侧，还有其他一些设置选项，它们的具体含义介绍如下。

❖ Load Fail-Safe Defaults：读取 BIOS 中保存的出厂默认设置，该设置以牺牲一定性能为代价，但能最大限度保证电脑中硬件的稳定性。

❖ Load Optimized Defaults：读取 BIOS 中保存的最优化设置，BIOS 中的参数将被替换成针对该主板的最佳方案。

❖ Set Supervisor Password：选择该选项后，在打开的提示框中可以设置超级用户密码，该密码在 BIOS 管理中具有最高权限，如图 4-10 所示。

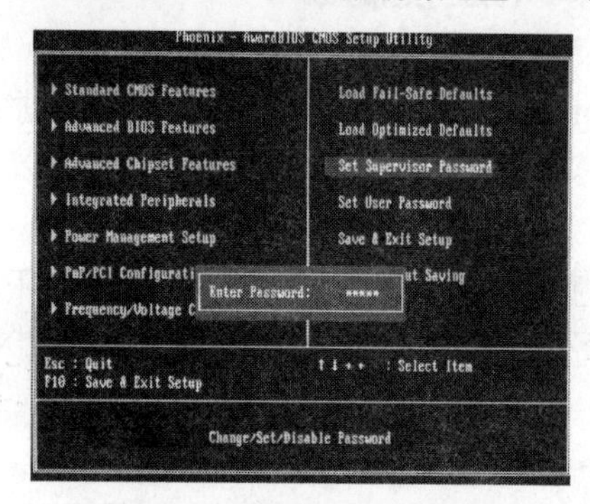

图 4-10　设置超级用户密码

❖ Set User Password：选择该选项后，在打开的提示框中可以设置密码，当通过 BIOS 设置的开机密码后可登录电脑，也可进入 BIOS，但不能修改其中的设置。

❖ Save & Exit Setup：选择该选项后，在打开的提示框中按 Y 键后按 Enter 键即可保存设置退出 BIOS 程序；按 N 键后按 Enter 键则返回 BIOS 设置，如图 4-11 所示。

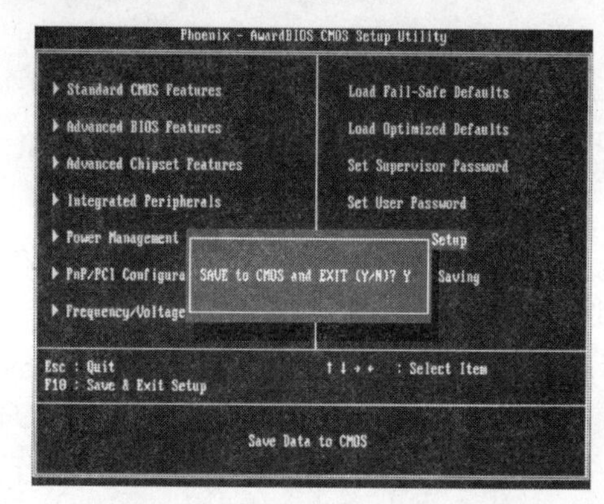

图 4-11　保存 BIOS 设置并退出

❖ Exit Without Saving：选择该选项后，在打开的提示框中按 Y 键后按 Enter 键即可不保存设置退出 BIOS 程序；按 N 键后按 Enter 键则返回 BIOS 设置。

4.3 常用 BIOS 设置

不同类型的 BIOS 虽然设置内容存在一些差异，但基本上都相差不大。下面以 Award BIOS 设置为例来介绍 BIOS 的基础设置。

4.3.1 设置系统时间

BIOS 芯片控制着系统的时间，如果 BIOS 出现问题或者设置错误，将会直接影响到系统对软、硬件时间的判断。下面讲解正确设置系统时间的具体方法。

（1）按照前面介绍的方法进入 BIOS 设置界面，选择 Standard CMOS Features 选项，然后按 Enter 键，如图 4-12 所示。

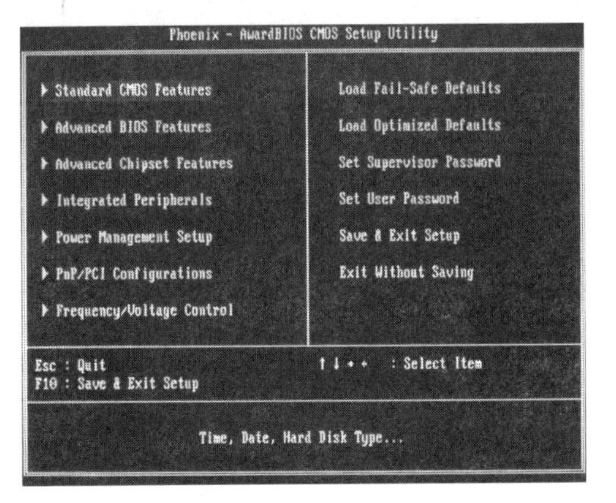

图 4-12　BIOS 主界面

（2）打开设置系统时间和日期的界面，按方向键将光标移至 Date 和 Time 选项上，再按 Page Up 键或者 Page Down 键对日期及时间进行设置，如图 4-13 所示。

（3）设置完成后，按 Esc 键返回到 BIOS 设置主界面，然后按 F10 键，在打开的提示框中按 Y 键，最后按 Enter 键保存并退出 BIOS 即可，电脑将自动重新启动，如图 4-14 所示。

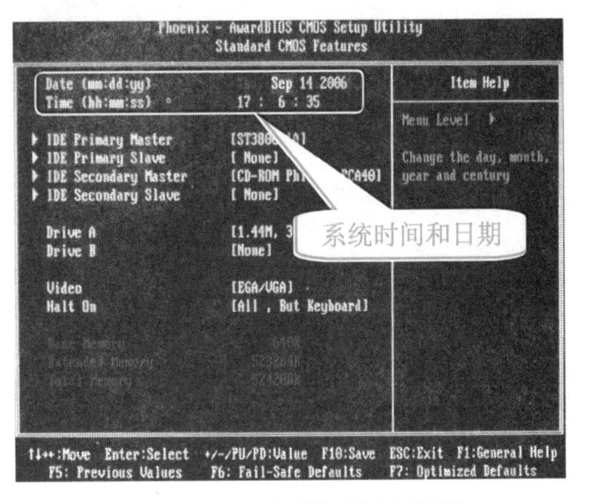

图 4-13　设置系统时间和日期

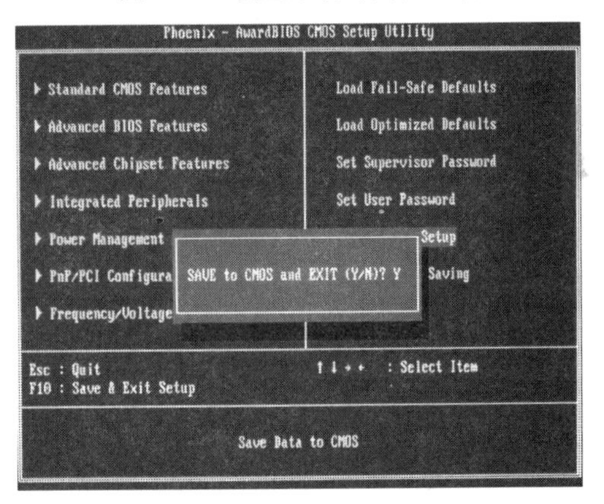

图 4-14　保存并退出 BIOS

4.3.2　检测硬件设备

在安装操作系统之前，应检查硬盘和光驱等硬件设备是否已正确安装并被系统识别，BIOS 能够检测硬件设备的状态以及参数设置，如果有错误，可以在 BIOS 中对其进行正确的设置，否则这些硬件将不能正常工作，导致电脑在使用过程中出错。

下面介绍检测硬盘的具体方法。

（1）在 BIOS 设置主界面中选择 Standard CMOS Features 选项，按 Enter 键进入 Standard CMOS Features 界面。

（2）在 IDE Primary Master 选项后面显示系统检测到的硬盘名称，按方向键选择该选项，按 Enter 键，如图 4-15 所示。

（3）打开 IDE Primary Master 界面，按方向键选择 IDE Primary Master 选项，按 Enter 键，在打开的列表框中选择 Auto 选项，按 Enter 键确定并返回上一级界面，如图 4-16 所示。

（4）设置完成后，按 Esc 键返回到 BIOS 设置主界面，然后保存并退出 BIOS 即可。

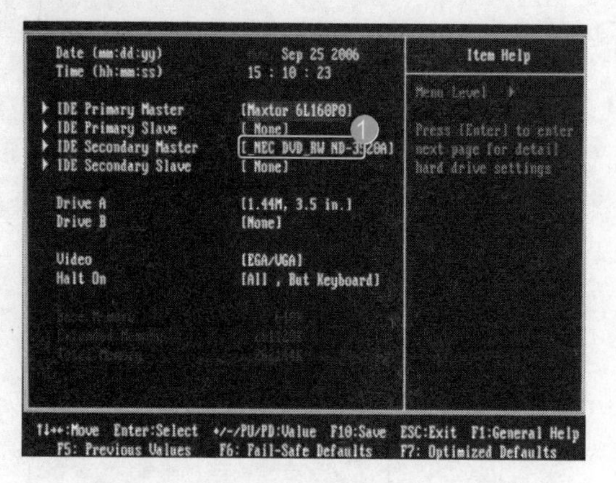

图 4-15 Standard CMOS Features 界面

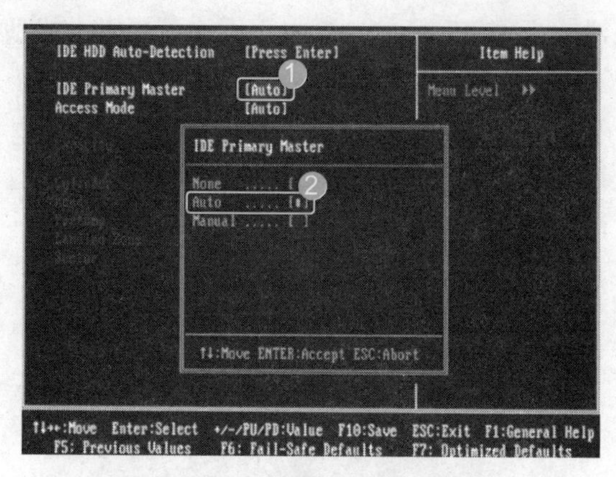

图 4-16 IDE Primary Master 界面

硬盘参数设置中有 3 个选项：None 表示没有检测到硬盘，Auto 表示由系统自动检测硬盘的相关参数，Manual 表示用户可手动输入硬盘参数。

4.3.3 设置启动顺序

电脑系统可以从硬盘、光驱、软驱或者 U 盘等设备引导启动，在安装一个新的操作系统时，通常要根据实际情况设置电脑的启动顺序。下面以设置从光驱启动系统为例，讲解在 BIOS 中设置启动顺序的具体方法。

（1）在 BIOS 主界面中选择 Advanced BIOS Features 选项，按 Enter 键进入 Advanced BIOS Features 界面，如图 4-17 所示。

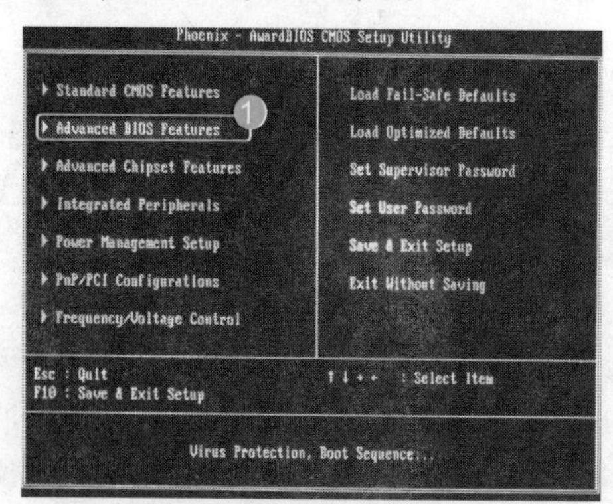

图 4-17 BIOS 主界面

（2）按方向键选择 First Boot Device 选项，按 Enter 键，在打开的 First Boot Device 列表框中选择 CDROM 选项，然后按 Enter 键确认，如图 4-18 所示。

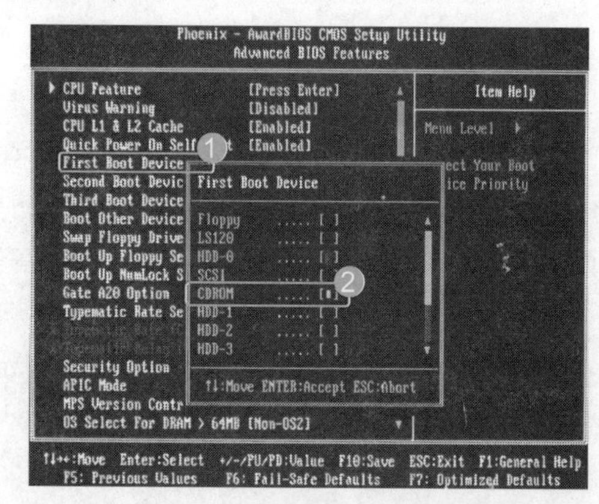

图 4-18 设置第一启动设备

（3）按 Esc 键返回到 BIOS 设置主界面，按 F10 键保存设置即可。

重点提示

在First Boot Device列表框中，Floppy表示软盘，HDD-0表示主硬盘，SCSI表示SCSI硬盘，CDROM表示光驱，LAN表示局域网。

4.3.4 关闭病毒防护

目前很多主板的BIOS程序都具有病毒防护功能，即Virus Warning选项，默认设置为Enabled状态，此时若安装操作系统，BIOS程序将会暂停所有操作并提示需要进行病毒清理，使系统安装无法继续进行，因此在安装操作系统之前应将Virus Warning选项设置为Disabled，在安装完操作系统后，再将其设置为Enabled，开启病毒防护功能。

下面就来介绍关闭病毒防护的具体操作方法。

（1）在BIOS设置主界面中选择Advanced BIOS Features选项，按Enter键进入Advanced BIOS Features界面，如图4-19所示。

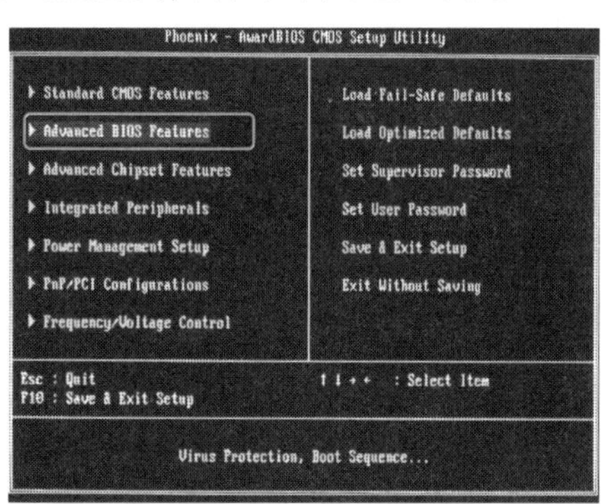

图4-19 BIOS设置主界面

（2）选择Virus Warning选项，按Enter键，在打开的Virus Warning列表框中选择Disabled选项，按Enter键确认，如图4-20所示。

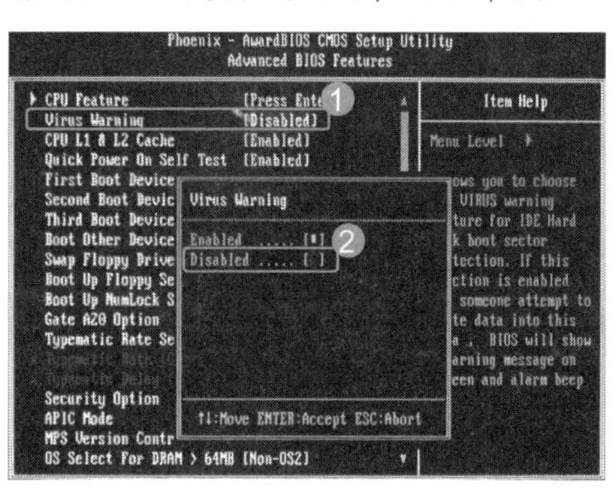

图4-20 关闭病毒防护功能

（3）按Esc键返回到BIOS设置主界面并保存设置即可。

4.3.5 设置BIOS密码

BIOS的密码有超级用户密码和用户密码两种，使用超级用户密码可以进入BIOS或操作系统，并可在BIOS中更改设置；而使用用户密码只能进入操作系统，不能更改BIOS设置。

下面以设置超级用户密码为例，介绍具体的操作步骤。

（1）在BIOS设置的主界面中选择Set Supervisor Password选项后按Enter键，在打开的提示框中输入超级用户密码，这里输入“88888”，按Enter键确认，如图4-21所示。

（2）在打开的提示框中再一次输入密码“88888”确认，然后按Enter键确认，如图4-22所示。

（3）按F10键保存并退出BIOS即可。

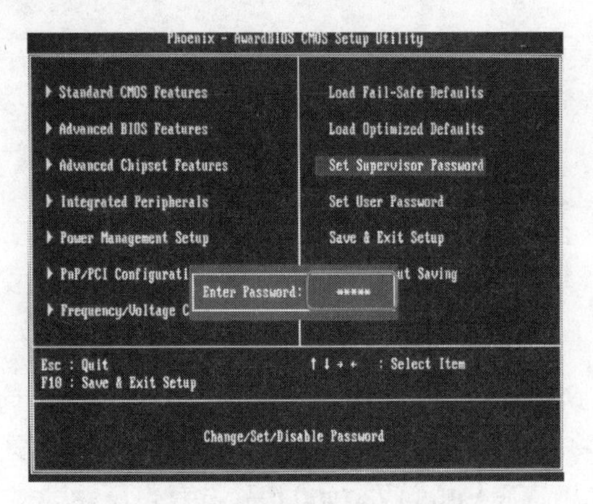

图 4-21　设置超级用户密码

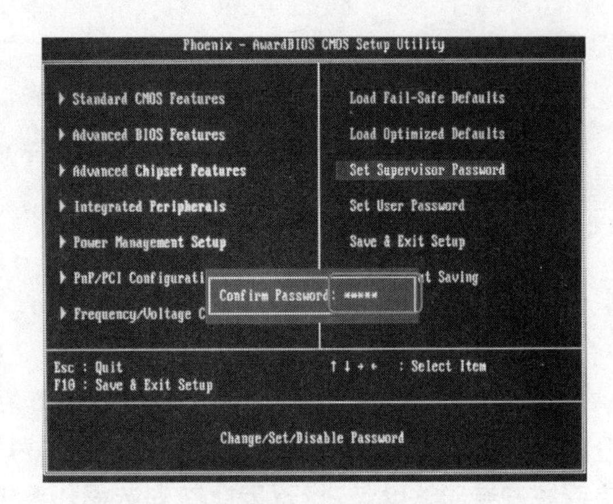

图 4-22　确认密码

重点提示

设置完成后，当用户下次在开机进入 BIOS 界面时，电脑将自动打开一个提示框要求输入密码。

4.4　升级 BIOS

本节内容学习时间为 14:00～14:30

当主板有不支持的硬件设备或主机内安装的部件存在兼容性问题时，就有必要升级主板的 BIOS，这样可以在一定程度上提高主板的兼容性。升级主板 BIOS 的具体操作步骤如下：

（1）从网上下载主板的 BIOS 文件和刷新程序，并将其复制到制作好的系统启动盘中。

（2）启动电脑并进入 DOS，运行刷新程序，进入其操作界面，如图 4-23 所示。

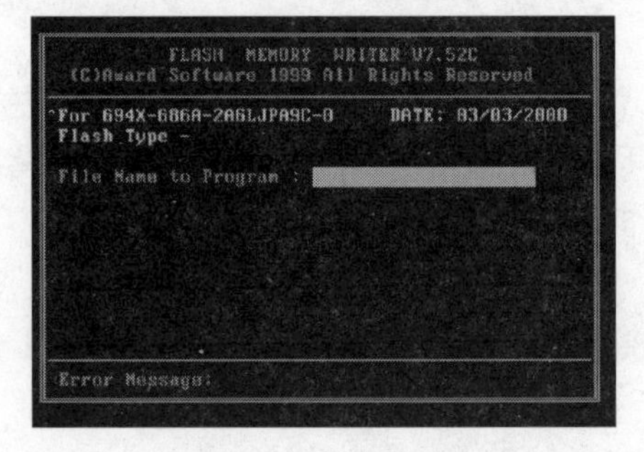

图 4-23　进入刷新程序

（3）在 File Name to Program 文本框中输入刷新文件的路径和文件名，这里刷新文件已存放在 DOS 中，所以输入文件名并按 Enter 键，如图 4-24 所示。

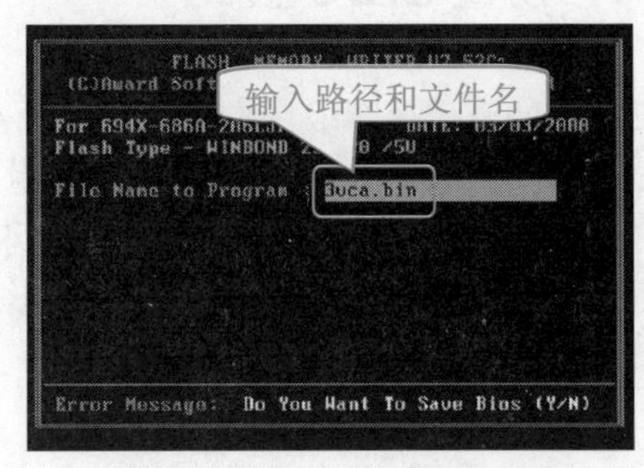

图 4-24　输入需刷新的文件名

（4）程序将提示是否保存原 BIOS 文件，按 Y 键后，在 File Name to Save 文本框中输入需保存的 BIOS 文件的路径和名称，这里直接输入文件名，将文件保存在 DOS 中，如图 4-25 所示。

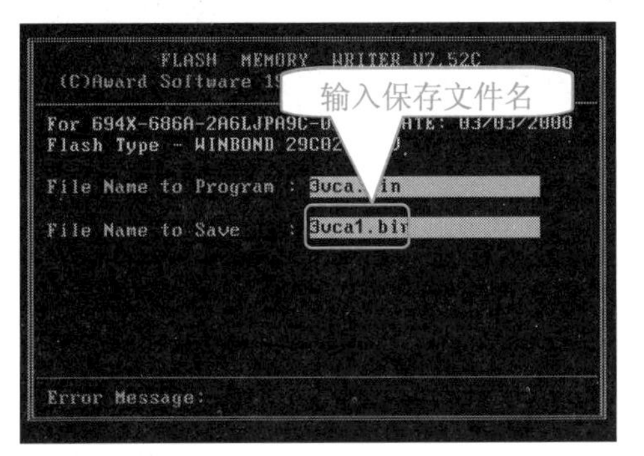

图 4-25　输入需保存的文件名

（5）输入完毕后按 Enter 键，刷新程序将开始刷新主板的 BIOS，如图 4-26 所示。

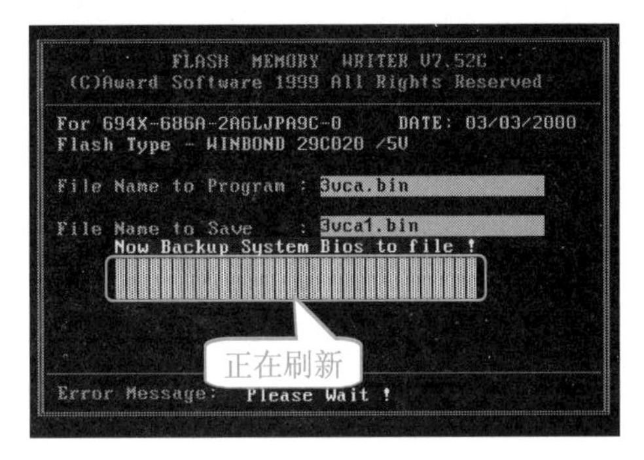

图 4-26　正在进行刷新操作

（6）刷新完毕后重新启动电脑，然后对 BIOS 进行重新设置即可。

重点提示

在 BIOS 升级的过程中要注意每一步操作，并且要注意防止断电，否则会导致升级失败，造成主板不能正常使用。如果升级失败，只要电脑还可以启动，就可以重新升级一次。

4.5　磁盘分区概述

本节内容学习时间为 14:40～15:30

新硬盘在使用时必须首先进行分区，因此了解分区的有关概念和操作就非常重要，它是规划硬盘用途的基础。本节将介绍分区的有关概念。

4.5.1　分区格式

分区格式是指文件系统格式，是操作系统与驱动器之间的接口，也是操作系统在磁盘上组织文件的方法。在 Windows 操作系统中，支持的分区格式包括 FAT16、FAT32 和 NTFS，其特点分别介绍如下。

❖ FAT16：可以被 DOS 和 Windows 操作系统访问，但无法支持系统高级容错特性，不具备内部安全特性，并且支持最大的逻辑分区，容量为 2GB，硬盘实际利用效率低。

❖ FAT32：由 FAT16 升级而来，支持长文件名，对磁盘的管理能力有了很大的加强，最大逻辑分区为 32GB，主要支持 Windows 95/98/Me/2000/XP 等操作系统。

❖ NTFS：是 Windows NT/2000/XP/2003/Vista 系列操作系统独有的，这种分区占用的簇更小，支持的分区容量更大，并且还引入了一种文件恢复机制，可最大限度地保证数据的安全。

指点迷津

NTFS 分区格式的磁盘分区在 DOS 下将不能被正常识别。例如系统盘为 C 盘，且为 NTFS 格式，则在 DOS 下查看时，将显示 D 盘中的内容。

4.5.2 分区类型

在对硬盘进行分区时，可以将物理硬盘划分为多个虚拟的逻辑分区，其中主要包括主分区、扩展分区和逻辑分区 3 种类型。

❖ 主分区：一个硬盘至少有一个主分区，且只能有一个活动主分区。操作系统通过主分区查找和调用所需的数据。

❖ 扩展分区：也就是除主分区外的分区，但它不能直接使用，必须再将它划分为若干个逻辑分区才行。一般将主分区以外的区域全部划分为扩展分区。

❖ 逻辑分区：是从扩展分区中分配的，可创建多个，用来存储资料和文件。

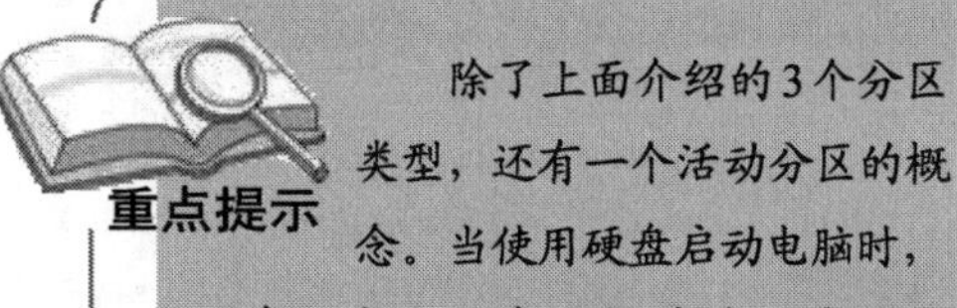

重点提示

除了上面介绍的 3 个分区类型，还有一个活动分区的概念。当使用硬盘启动电脑时，只有一个分区中的操作系统启动运行，这个操作系统所在的分区就被称为活动分区。一般将主分区设置为活动分区。

4.5.3 分区方法

不管使用哪种分区软件，在给新硬盘创建分区时都要遵循以下顺序：创建主分区→创建扩展分区→创建逻辑分区→激活主分区→格式化分区。

如果硬盘已经建立了分区，则在新建分区前需要将硬盘上的原有分区删除，然后建立新的分区。删除分区的顺序与建立分区的顺序相反，首先删除扩展分区中的逻辑分区，如果扩展分区中建立有多个逻辑分区，则从最后一个逻辑分区开始删除。扩展分区中的逻辑分区全部删除完毕后，再删除扩展分区，最后删除主分区。

4.5.4 分区工具的选择

对硬盘分区需通过专用的分区软件来进行。目前可以使用的分区软件很多，其中使用最广泛的应该是 Windows 操作系统自带的 Fdisk，其次还有 DM、Disk Genius、Partition Magic 等，用户可以根据具体的分区操作来选择合适的分区软件。

❖ Fdisk：是 Windows 操作系统自带的分区软件，体积小巧，所建立的分区稳定性高。但是如果对正在使用的硬盘进行重新分区时，会丢失硬盘上所有数据。

❖ Disk Genius：是一款仿 Windows 图形界面的中文分区管理软件，支持分区参数编辑，支持鼠标操作，并且可在不破坏数据的情况下直接调整 FAT/FAT32 分区的大小。

❖ DM：是目前流传很广的一款通用分区软件，支持任何硬盘的分区，并且可快速地将分区格式化。一个 80GB 硬盘从分区到格式化操作不过一分钟时间。

❖ Partition Magic：是一款功能强大的分区管理软件，支持无损分区和动态分区调整。

4.6 使用 Fdisk 对硬盘进行分区

本节内容学习时间为 15:40～17:10（视频：第 4 日\使用 Fdisk 对硬盘进行分区）

使用 Fdisk 对硬盘进行分区最为稳定，使用时可用 Windows 98 的安装光盘启动到 DOS 系统下再进行分区操作。另外，创建分区之前，首先应做好硬盘分区的规划，确定各个分区的容量和分区的格式。下面将介绍 Fdisk 的具体使用方法。

4.6.1 分区的创建

使用 Fdisk 创建分区时必须遵循的顺序是：创建主分区→创建扩展分区→创建逻辑分区。下面按照该顺序介绍具体的创建方法。

1. 创建主分区

具体操作步骤如下：

（1）使用启动盘将电脑启动到 DOS 操作系统下，并在“A:\>”提示符下输入“fdisk”命令后按 Enter 键，如图 4-27 所示。

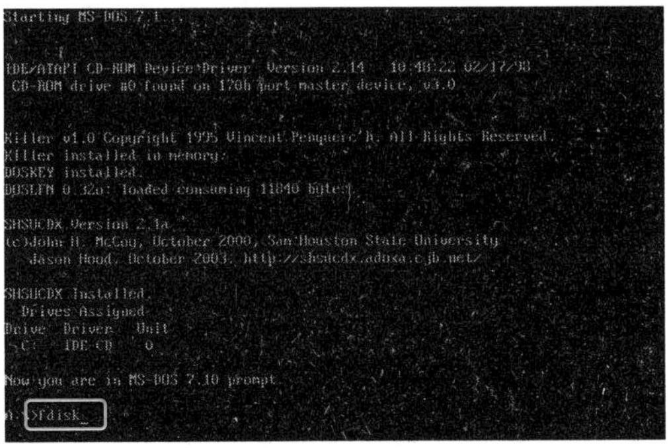

图 4-27 DOS 系统主界面

（2）进入 Fdisk 的主菜单，这时 Fdisk 会询问是否开启大容量硬盘支持，输入“Y”后按 Enter 键，如图 4-28 所示。

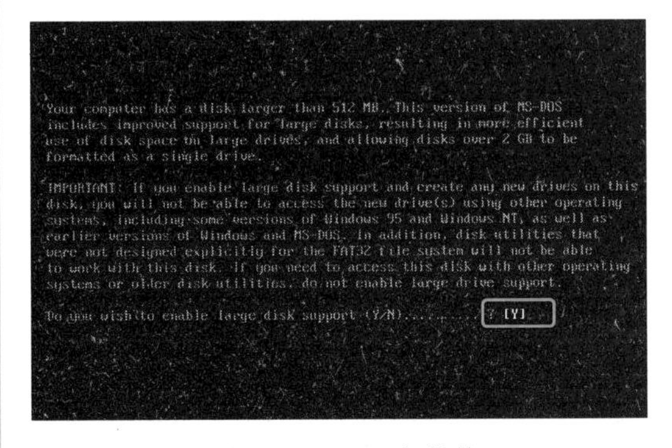

图 4-28 Fdisk 主菜单

（3）进入 Fdisk 的分区主界面，在 Enter choice 文本框中输入“1”后按 Enter 键，即选择创建分区，如图 4-29 所示。

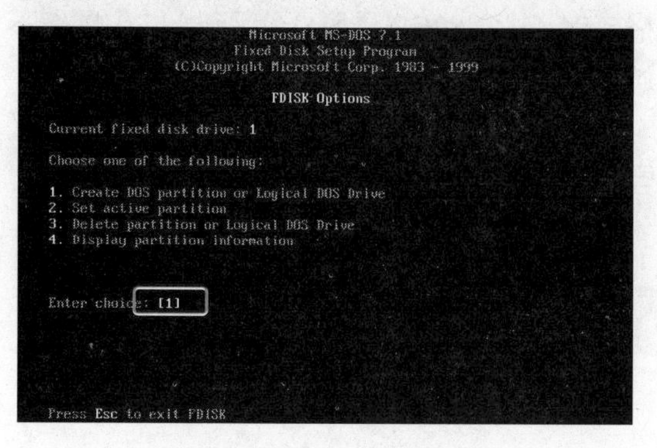

图 4-29　Fdisk 分区主界面

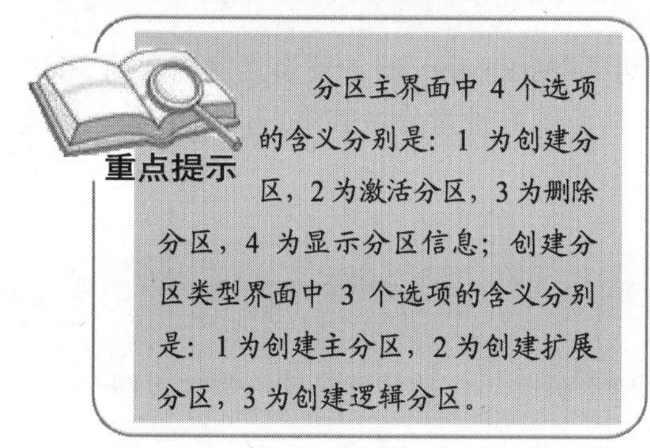

重点提示

分区主界面中 4 个选项的含义分别是：1 为创建分区，2 为激活分区，3 为删除分区，4 为显示分区信息；创建分区类型界面中 3 个选项的含义分别是：1 为创建主分区，2 为创建扩展分区，3 为创建逻辑分区。

（4）进入选择创建分区类型界面，输入“1”后按 Enter 键，即首先选择创建主分区，如图 4-30 所示。

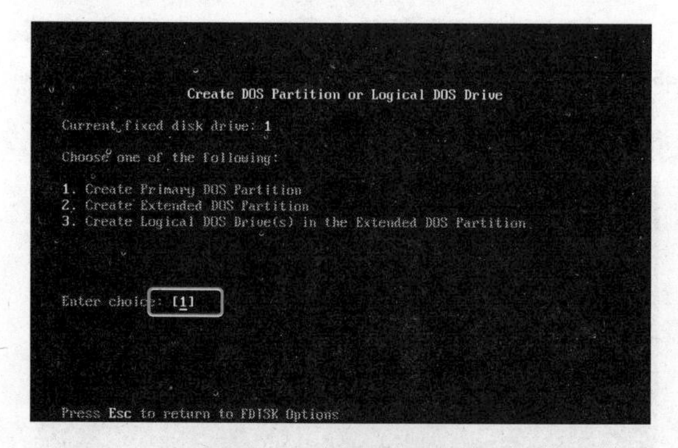

图 4-30　创建分区类型界面

（5）系统将自动检测当前硬盘，并显示已检测百分比，如图 4-31 所示。

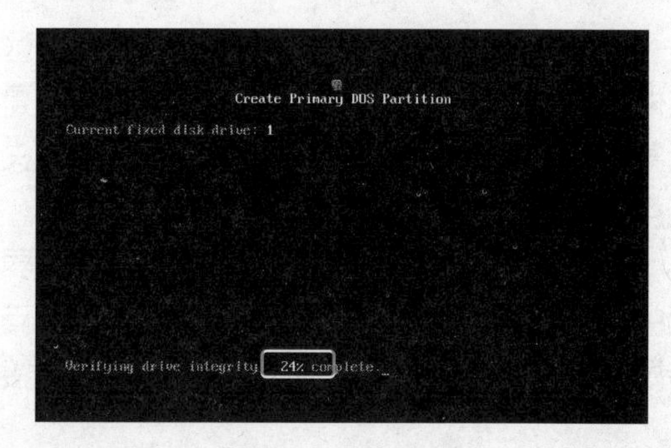

图 4-31　检测硬盘

（6）完成后将提示是否将整个硬盘空间作为一个主分区，输入“N”后按 Enter 键，如图 4-32 所示。

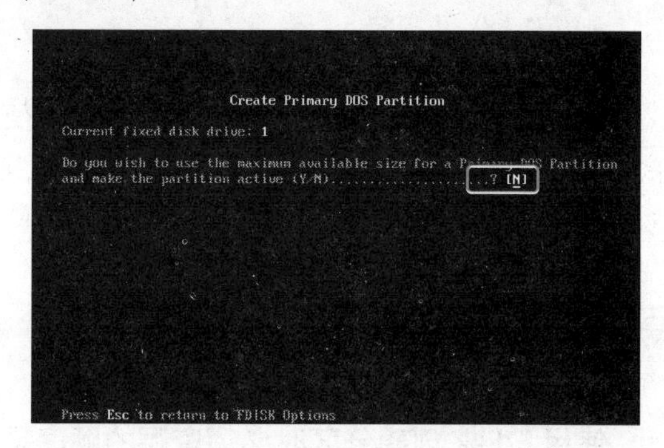

图 4-32　选择是否将整个硬盘空间作为一个主分区

（7）系统开始自动检测硬盘容量，如图 4-33 所示。

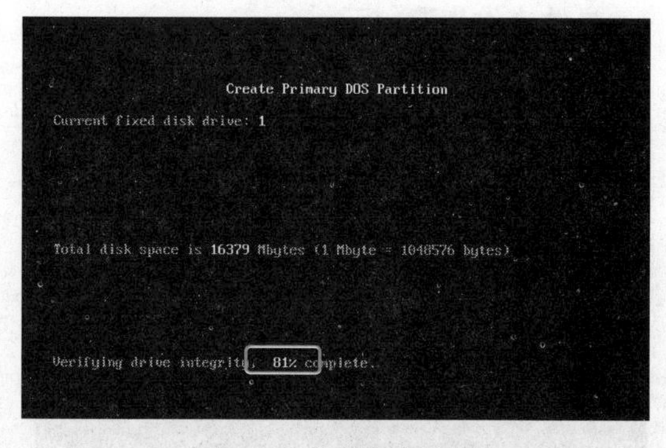

图 4-33　检测硬盘容量

（8）检测完毕后进入主 DOS 分区容量划分界面，其中将显示当前硬盘的总容量并提示输入主分区分配的硬盘空间，可以任意输入一个具体的数值，也可以输入主分区占硬盘总容量的百分比，这里输入“5000”，然后按Enter键确认，如图4-34所示。

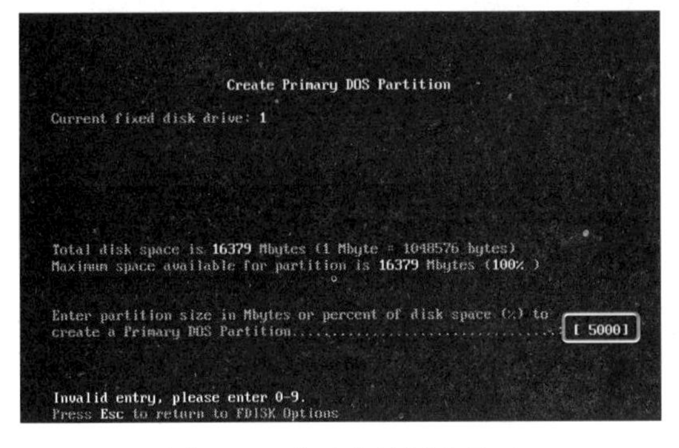

图4-34　分区容量划分界面

指点迷津

通常主分区只安装操作系统和必要的程序，其他文件则存储在后面即将创建的逻辑分区中。另外，如果对主分区不满意，还可以将其删除后重新创建。

（9）系统将自动分配给主分区5000MB的空间，主分区创建成功，如图4-35所示。

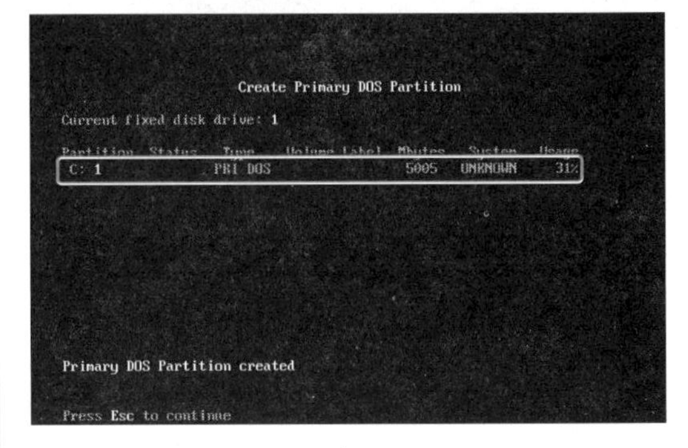

图4-35　主分区创建成功

重点提示

硬盘空间的大小一般以MB、GB作为统计单位，它们与字节数（Byte）的换算关系为：1GB=1024MB，1MB=1024KB，1KB=1024Byte。分区时输入的大小都是以MB为单位的。

2. 创建扩展分区

主分区创建完成后，便需要创建扩展分区。具体操作步骤如下：

（1）主分区创建成功后，按Esc键返回Fdisk的分区主界面，输入“1”后按Enter键进入选择创建分区类型界面，再输入“2”后按Enter键，系统开始对硬盘剩余的未分配空间进行检测，完成后进入创建扩展分区界面，如图4-36所示。

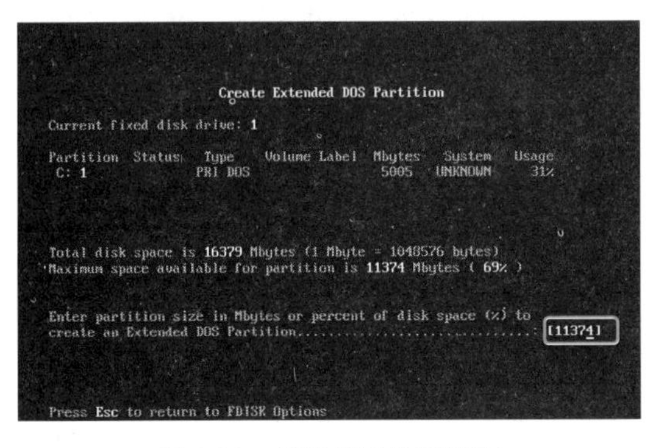

图4-36　创建扩展分区界面

（2）Fdisk提示输入需为扩展分区分配的硬盘空间大小，这里保持默认设置不变，直接按Enter键，系统自动将剩余空间全部划分为扩展分区，完成后将显示已创建的分区的情况，如图4-37所示。

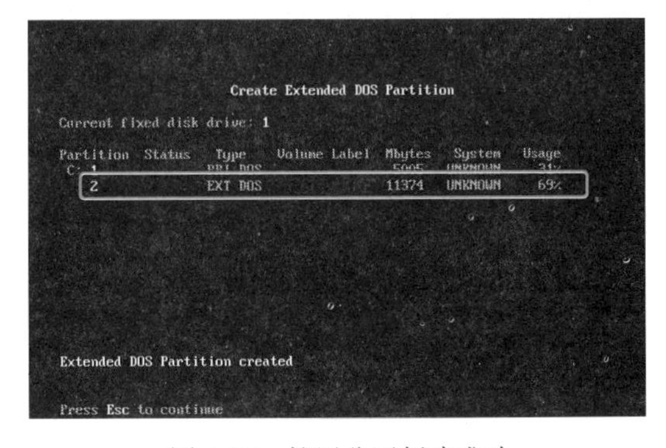

图4-37　扩展分区创建成功

重点提示

主分区以外的所有剩余硬盘空间应该全部分配给扩展分区。如果不全部分配给扩展分区，则未被分配进扩展分区的空间将不能使用。

3. 创建逻辑分区

扩展分区创建完毕后，便需要创建逻辑分区。具体操作步骤如下：

（1）接着进行扩展分区创建完成后的操作，直接在图 4-37 所示的界面中按 Esc 键，Fdisk 会提示没有创建逻辑分区，并重新对硬盘进行扫描，如图 4-38 所示。

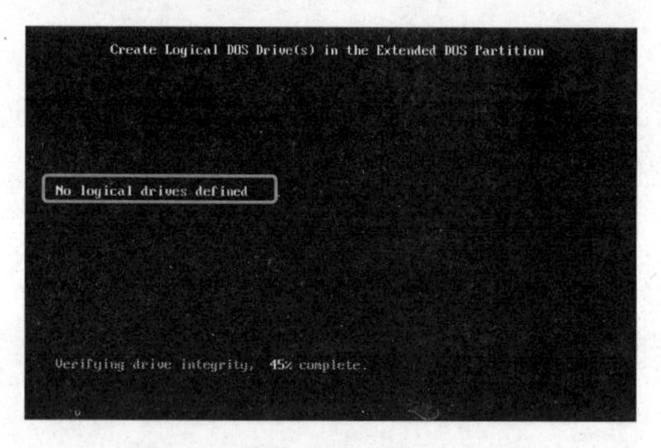

图 4-38　提示没有创建逻辑分区

（2）扫描结束后进入逻辑分区创建界面，在 Enter logical drive size in Mbytes or percent of disk space 文本框中输入第 1 个逻辑分区的空间大小或百分比，一般都输入空间大小，这里输入"3000"，表示分配 3000MB 给 D 盘，如图 4-39 所示。

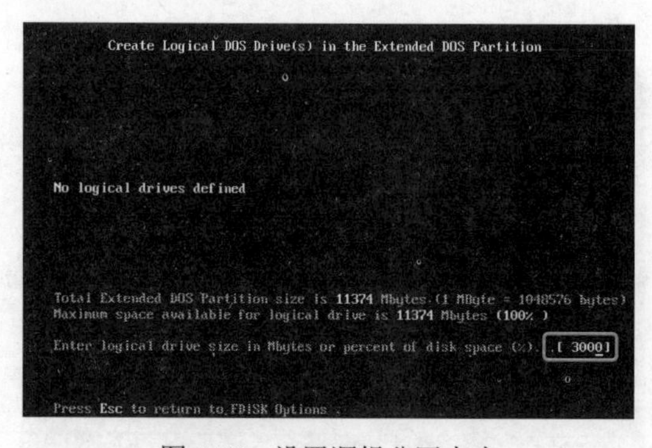

图 4-39　设置逻辑分区大小

（3）输入完毕后按 Enter 键确认，系统将完成第一个逻辑分区——D 盘的创建，并显示了该逻辑分区所占磁盘空间的百分比，同时开始检查扩展分区的剩余空间，如图 4-40 所示。

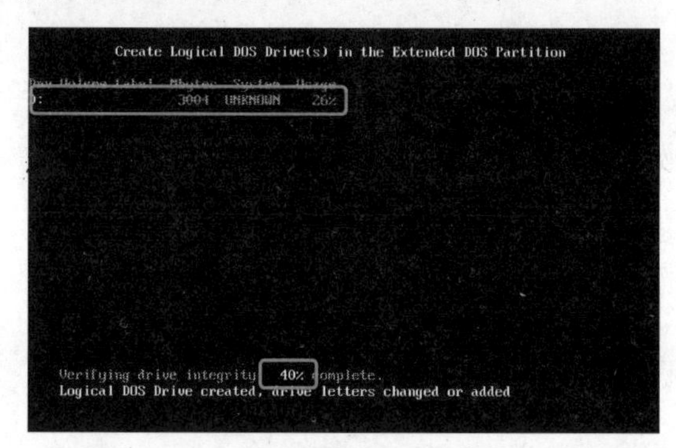

图 4-40　逻辑分区创建成功

（4）检查完成后，Fdisk 提示用户继续将剩余的空间分配给其他的逻辑分区，如图 4-41 所示。

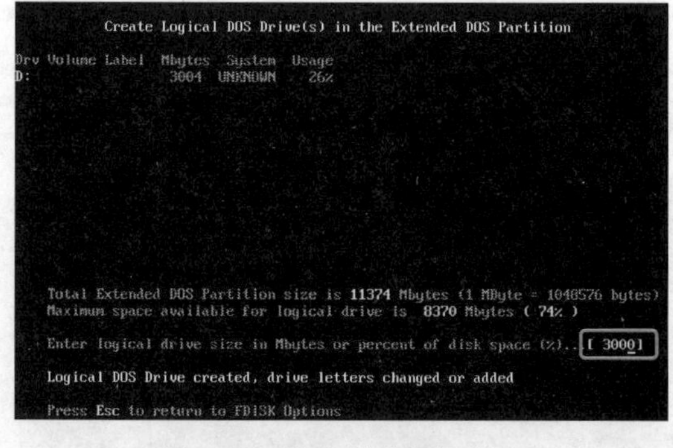

图 4-41　继续划分逻辑分区

（5）参照步骤（2）和步骤（3）依次分配剩余空间即可，设置完成后如图 4-42 所示。

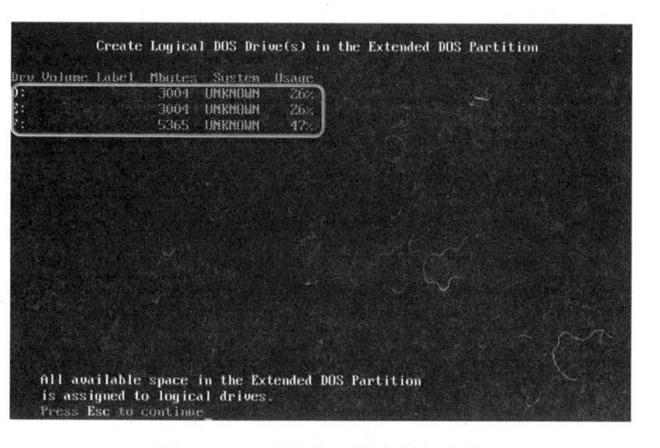

图 4-42　逻辑分区创建完毕

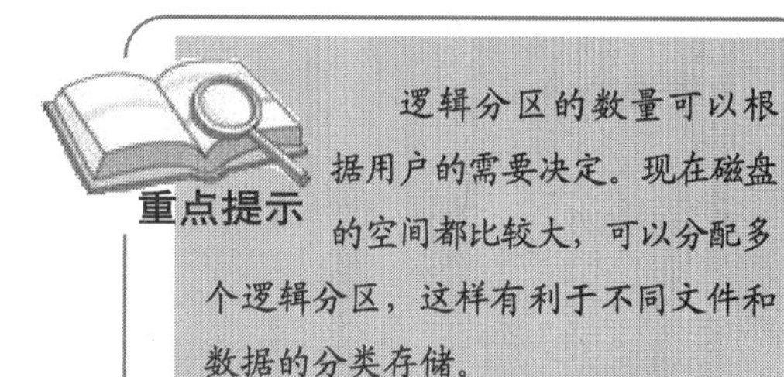

4.6.2　设置活动分区

创建磁盘分区后，还必须设置活动分区，这样才能正确地将操作系统安装到活动分区中。设置活动分区的具体操作步骤如下：

（1）回到 Fdisk 的分区主界面（如图 4-29 所示），输入“2”后按 Enter 键进入设置活动分区界面，在 Enter the number of the partition you want to make active 文本框中输入“1”后按 Enter 键，即设置 C 盘为活动分区，如图 4-43 所示。

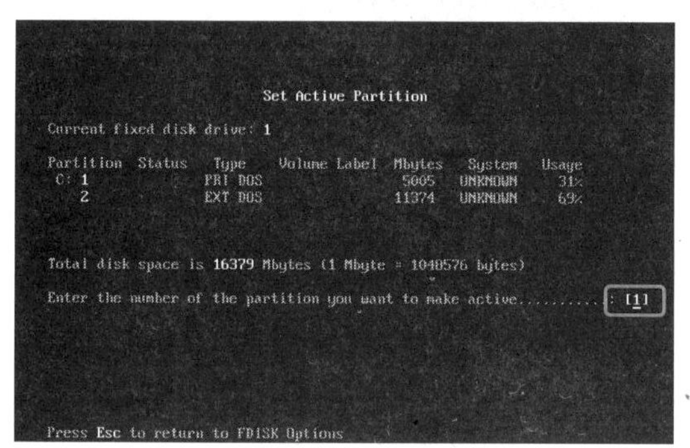

图 4-43　设置活动分区界面

（2）此时分区信息表中 C 盘的状态栏中将出现一个字符“A”，表示该盘已经被设置为活动分区，如图 4-44 所示。

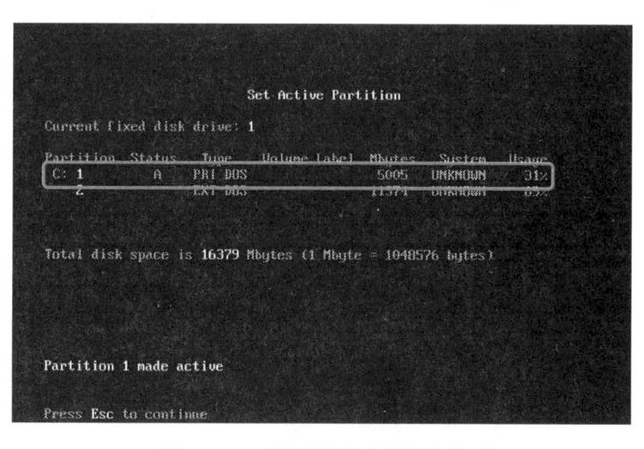

图 4-44　设置活动分区成功

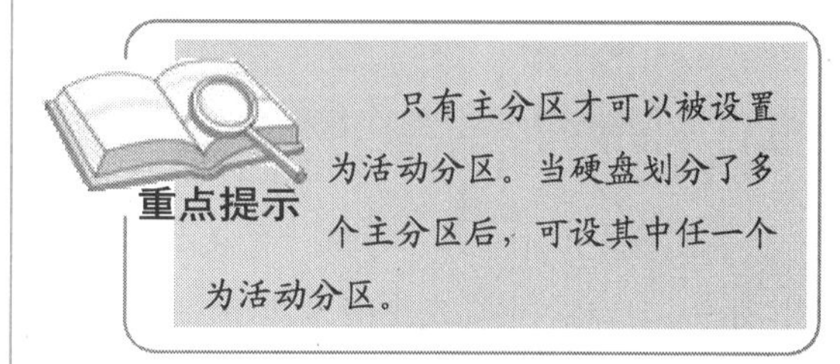

4.6.3　格式化分区

在分区完成后，还需要对各个分区进行格式化，这样硬盘才可以使用。硬盘的格式化分为低级格式化和高级格式化两种，具体含义介绍如下。

❖ 低级格式化：就是将空白的磁盘划分出柱面和磁道，再将磁道划分为若干个扇区，每个扇区又划分出标识部分 ID、间隔区 GAP 和数据区 DATA 等。

❖ 高级格式化：它只是重置硬盘分区表，只会删除硬盘上的数据。

我们通常所说的格式化操作就是指硬盘的高级格式化，具体操作步骤如下：

（1）使用启动盘将电脑启动到 DOS 操作系统下，并在“A:\>”提示符下输入“format c: ”命令后按 Enter 键，如图 4-45 所示。

图 4-45　输入“format c: ”命令

（2）系统提示是否对分区 C 进行格式化，在 Proceed with Format 提示符后输入“y”并按 Enter 键确认格式化命令，如图 4-46 所示。

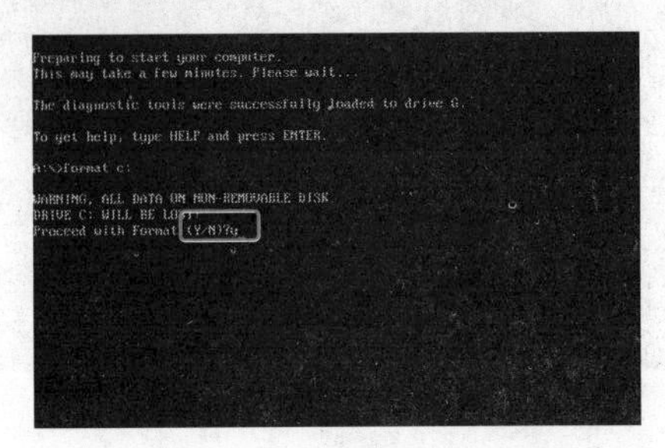

图 4-46　确认格式化命令

（3）系统将自动对分区 C 进行高级格式化操作并显示格式化的进度，如图 4-47 所示。

（4）格式化完成时，系统将会提示输入卷标，这里不输入卷标，直接按 Enter 键确认，此时系统将列出 C 盘的相关信息，如图 4-48 所示。

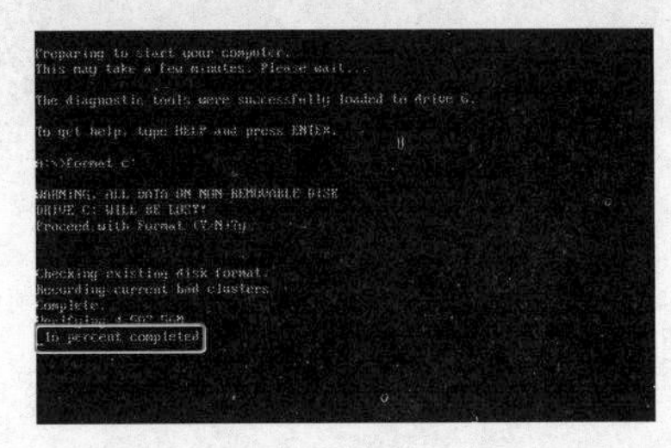

图 4-47　正在格式化

图 4-48　完成格式化

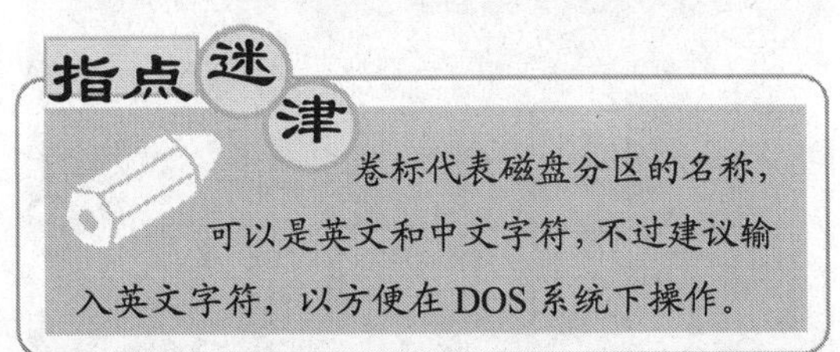

指点迷津

卷标代表磁盘分区的名称，可以是英文和中文字符，不过建议输入英文字符，以方便在 DOS 系统下操作。

（5）按照相同的方法格式化其他分区，然后重新启动电脑后即可安装软件。

4.7 使用 DM 进行磁盘分区

本节内容学习时间为 17:20～18:00（视频：第 4 日\使用 DM 对磁盘进行分区）

DM 是目前流传很广的一款通用分区软件，支持任何硬盘的分区，并且其众多的功能完全可以应付硬盘的管理工作，同时它最显著的特点就是分区的速度快，一个 80GB 硬盘从分区到格式化操作不过一分钟时间。

下面就来介绍使用DM对硬盘进行分区的具体操作步骤。

（1）使用带有DM工具的DOS启动盘启动电脑，进入DM的目录，直接输入DM命令即可进入DM主程序，如图4-49所示。

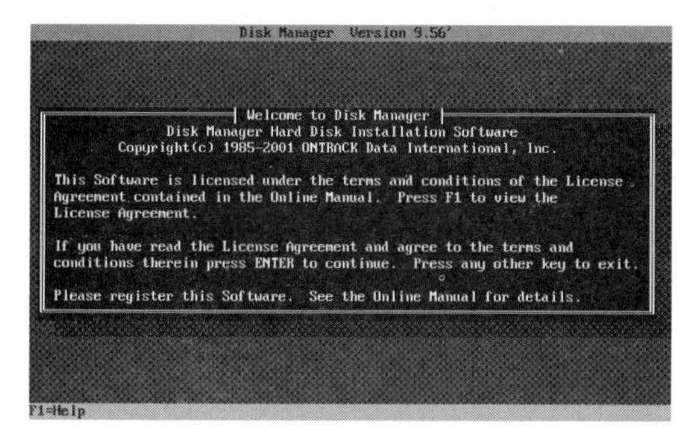

图4-49　DM主程序

（2）按任意键进入主界面，并选择（A）dvanced Options选项，如图4-50所示。

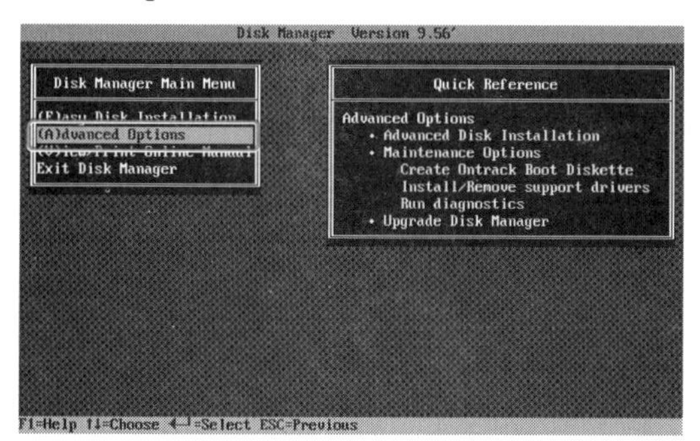

图4-50　选择（A）dvanced Options选项

（3）按Enter键进入二级菜单，选择（A）dvanced Disk Installation选项，如图4-51所示。

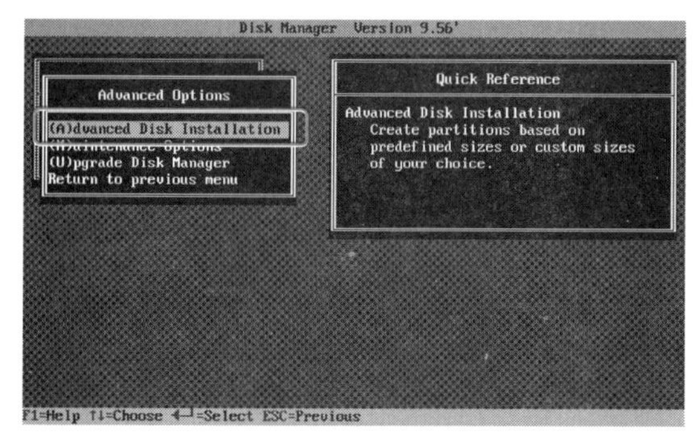

图4-51　选择（A）dvanced Disk Installation选项

（4）直接按Enter键，系统会显示硬盘的列表，并默认选中（Y）ES选项，如图4-52所示。

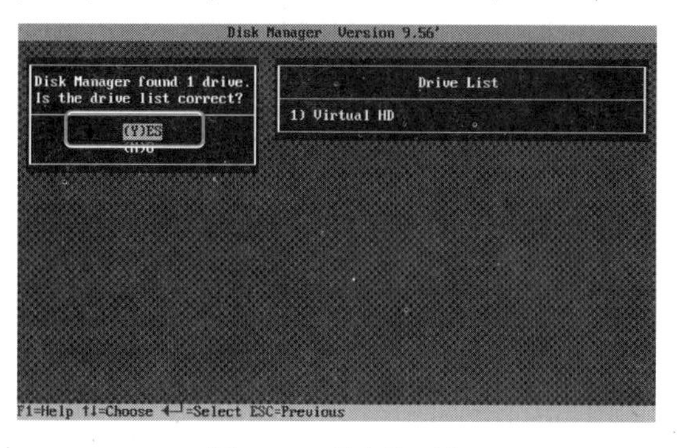

图4-52　硬盘的列表

（5）直接按Enter键，进入分区格式选择界面，一般选择FAT32格式，如图4-53所示。

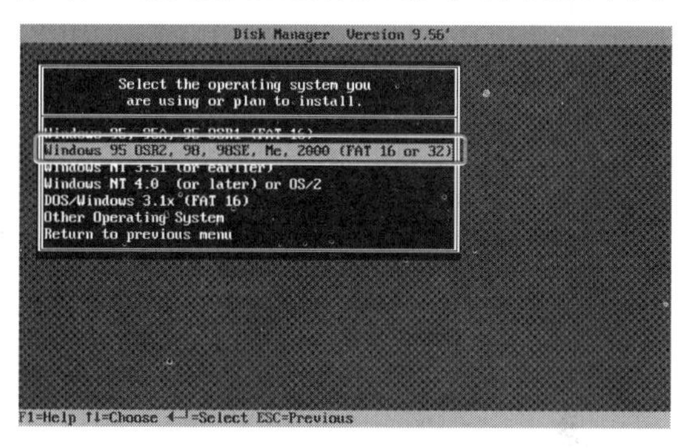

图4-53　选择分区格式

（6）按Enter键进入确认分区格式窗口，这里选择（Y）ES选项，如图4-54所示。

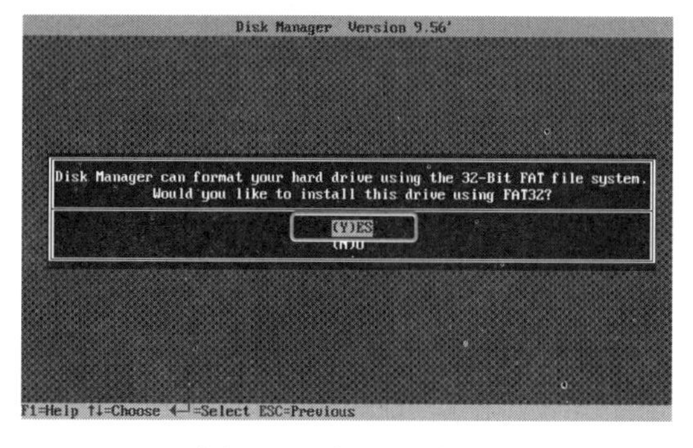

图4-54　确认分区格式

（7）按 Enter 键进入分区选择界面，DM 提供了一些自动分区方式以供选择，这里选择 OPTION（C）Define your own，即按照自己的意愿进行分区，如图 4-55 所示。

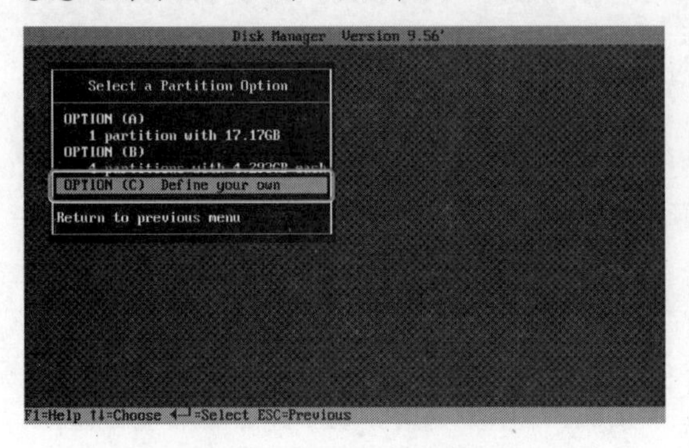

图 4-55　分区大小选择界面

（8）按 Enter 键进入设置分区大小界面，首先设置主分区的大小，这里设置为 4000MB，如图 4-56 所示。

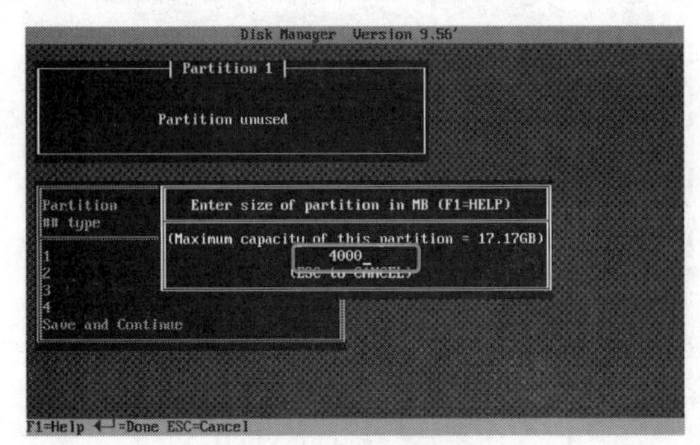

图 4-56　设置主分区大小

（9）设置完成后按 Enter 键，系统提示还有 13.16GB 的空间可以进行分配，如图 4-57 所示。

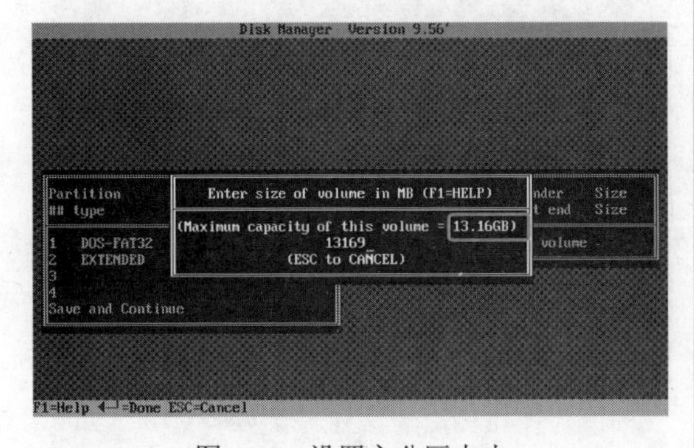

图 4-57　设置主分区大小

（10）按照步骤（8）和步骤（9）的方法设置其他分区，直到硬盘中的所有空间被分配完毕。设置完毕后会显示详细的结果，如图 4-58 所示。

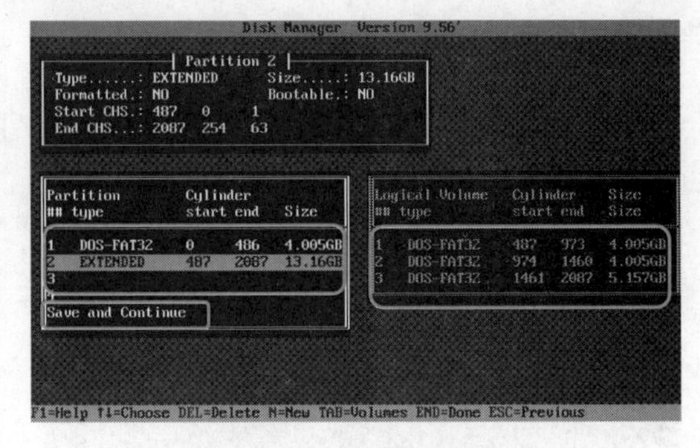

图 4-58　分区设置详细结果

（11）选择 Save and Continue 选项并按 Enter 键，进入确认是否快速格式化界面，选择（Y）ES 选项，如图 4-59 所示。

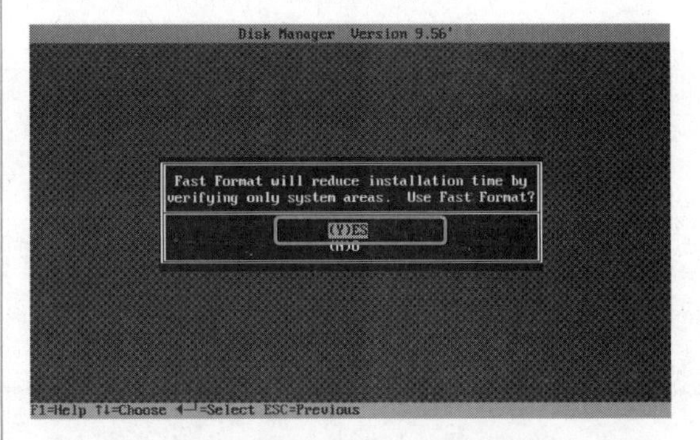

图 4-59　确认是否快速格式化

（12）按 Enter 键进入确认分区是否按照默认簇进行，选择(Y)ES 选项，如图 4-60 所示。

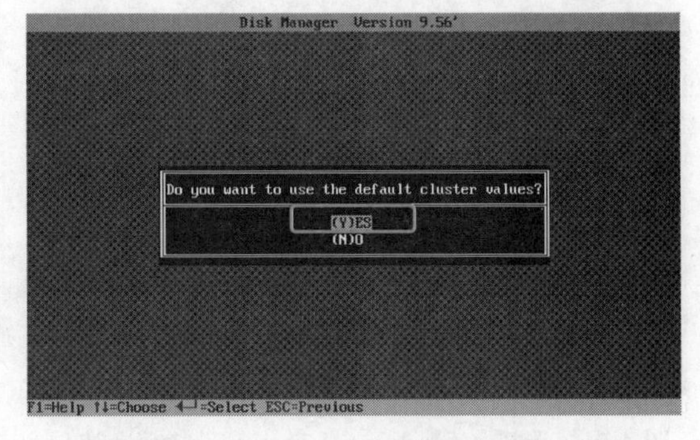

图 4-60　确认分区是否按照默认簇进行

（13）按 Enter 键进入最终确认界面，选择（Y）ES 选项，如图 4-61 所示。

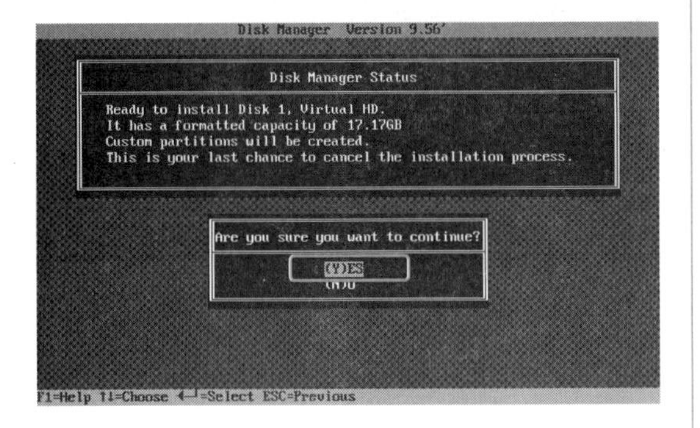

图 4-61　最终确认界面

（14）按 Enter 键开始分区工作，如图 4-62 所示。

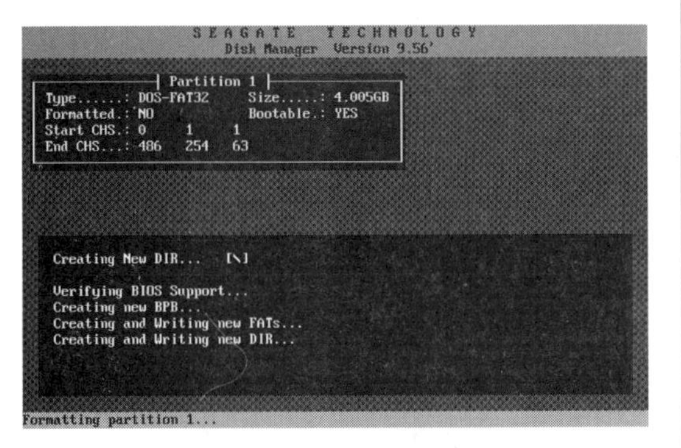

图 4-62　正在进行分区

（15）稍候即可完成分区工作，如图 4-63 所示。

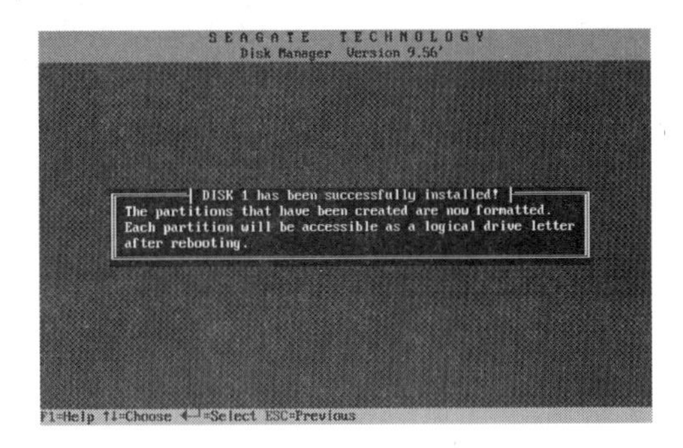

图 4-63　完成分区

（16）按任意键继续，弹出如图 4-64 所示的窗口，提示需要重新启动电脑，按主机上的 Reset 键重启电脑即可。

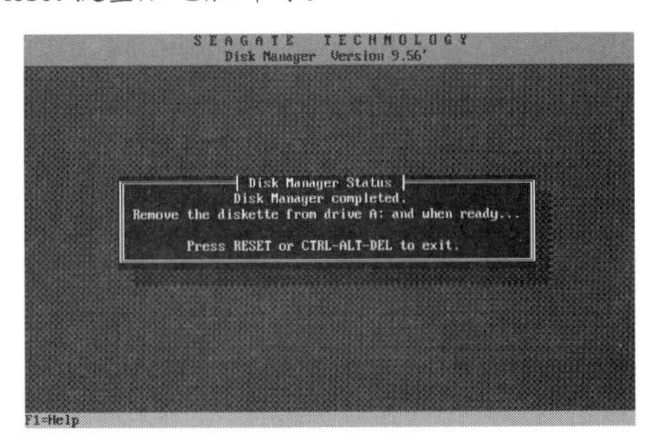

图 4-64　提示重新启动电脑

关于 DM 其他功能的使用，这里不再叙述，读者可以自己进行练习。另外，PartitionMagic 也是一款优秀的分区调整软件，它可以在 Windows 操作系统下使用，并且可以在不损失硬盘中已有数据的前提下对硬盘进行重新分区、格式化分区、调整分区、转换分区格式等。在附录 A.4.2 部分对 PartitionMagic 的使用方法有详细的介绍。

4.8 本日小结

本节内容学习时间为 19:00～19:50

今天首先介绍了 BIOS 设置的相关知识，包括 BIOS 基础知识、BIOS 常规参数设置和常见 BIOS 功能设置；接着介绍了硬盘分区的基础知识以及如何使用 Fdisk 和 DM 对硬盘进行分区。

通过今天的学习，读者应该对 BIOS 设置和硬盘分区有一个基本的认识，能够正确设置 BIOS 和独立完成硬盘分区。

4.9 新手练兵

4.9.1 清除 BIOS 超级用户密码

在前面的学习中，我们在 BIOS 中设置了超级用户密码，下面就来学习如何清除 BIOS 中设置的超级用户密码，在操作完成后保存并退出 BIOS。具体操作步骤如下：

（1）启动电脑，并按住 Delete 键直到进入 BIOS 设置主界面，输入先前设定的超级用户密码后按 Enter 键，如图 4-65 所示。

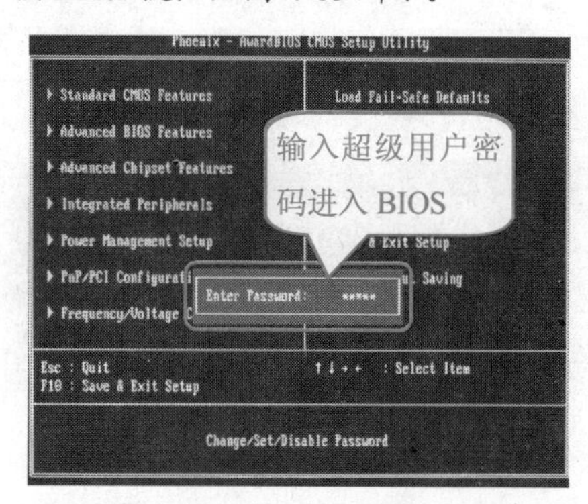

图 4-65 输入密码

（2）选择 Set Supervisor Password 选项，按 Enter 键，打开提示框要求输入密码，直接按 Enter 键，如图 4-66 所示。

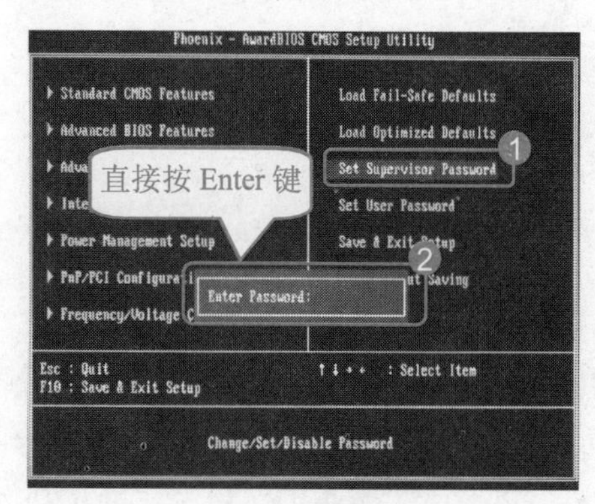

图 4-66 输入空密码

（3）出现提示框，再次按 Enter 键将清除超级用户密码并返回 BIOS 设置主界面，如图 4-67 所示。

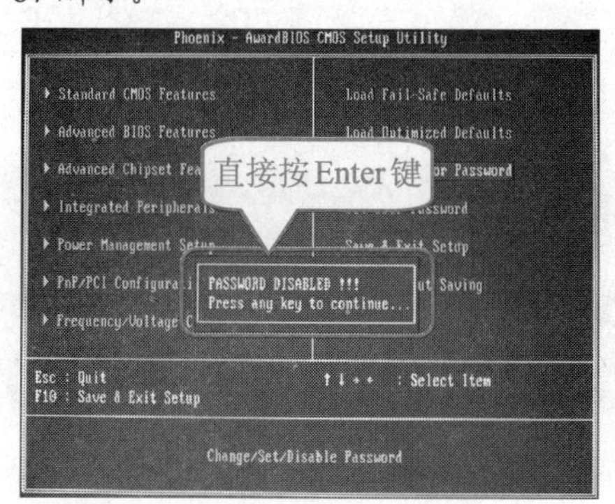

图 4-67 清除密码

（4）选择 Save & Exit Setup 选项，在打开的提示框中输入“Y”后按 Enter 键，电脑将保存 BIOS 设置并重新启动，如图 4-68 所示。

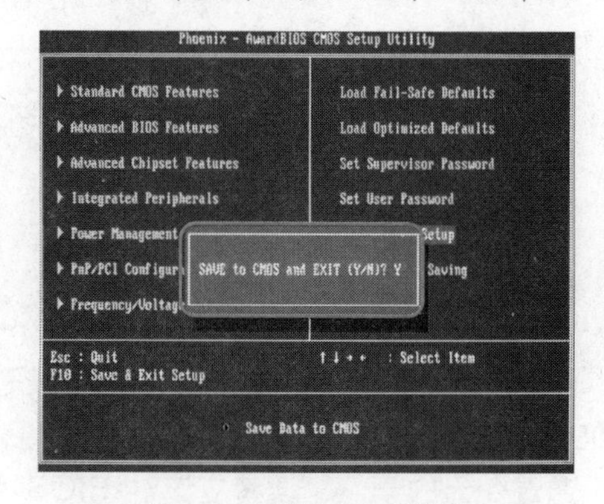

图 4-68 保存 BIOS 设置

4.9.2 分区的删除

当用户需要重新对磁盘进行分区时，需要删除原有的分区。删除磁盘分区的顺序与创建硬盘分区的顺序完全相反，即非 DOS 分区→逻辑分区→扩展分区→主分区。具体操作步骤如下：

（1）在 Fdisk 分区主界面中输入“3”后按 Enter 键，进入删除分区界面，再输入“3”后按 Enter 键，如图 4-69 所示。

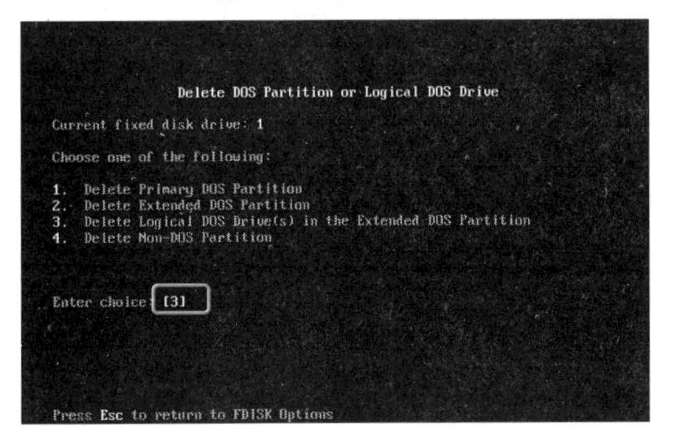

图 4-69　删除分区界面

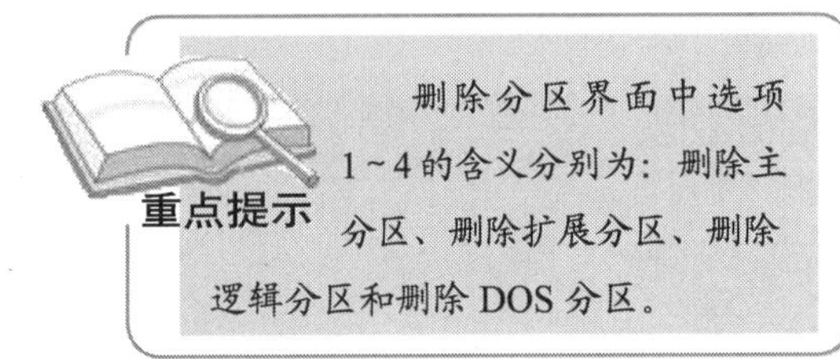

重点提示

删除分区界面中选项 1～4 的含义分别为：删除主分区、删除扩展分区、删除逻辑分区和删除 DOS 分区。

（2）进入选择逻辑分区界面，在下方的数值框中输入要删除的逻辑分区，如“F”，然后输入卷标，如果没有卷标直接按 Enter 键，出现确认删除提示，输入“Y”，如图 4-70 所示。

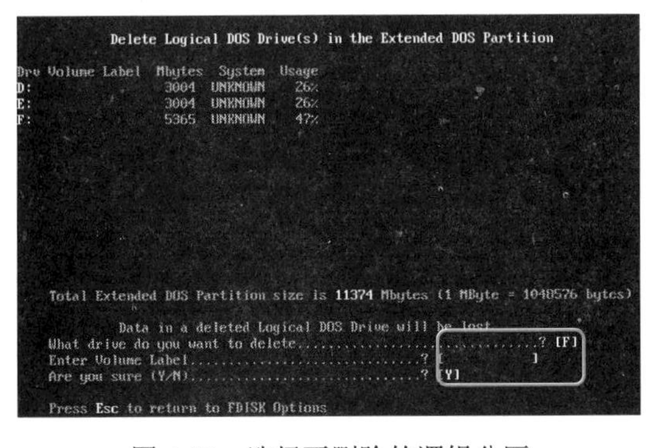

图 4-70　选择要删除的逻辑分区

（3）按 Enter 键即可删除 F 逻辑分区，如图 4-71 所示。

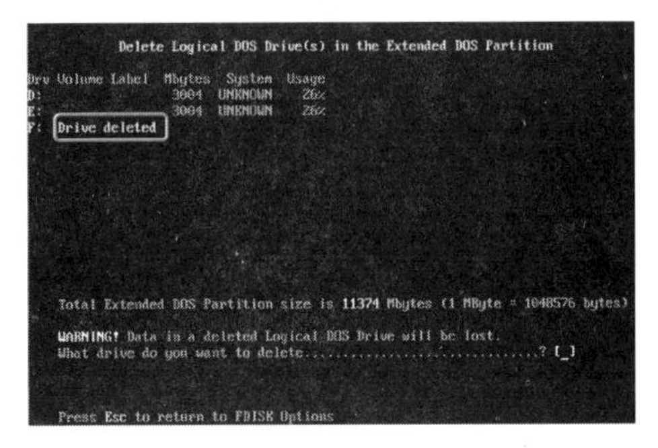

图 4-71　逻辑分区 F 删除成功

（4）根据提示继续删除其他逻辑分区，方法与删除分区 F 相同，完成后如图 4-72 所示。

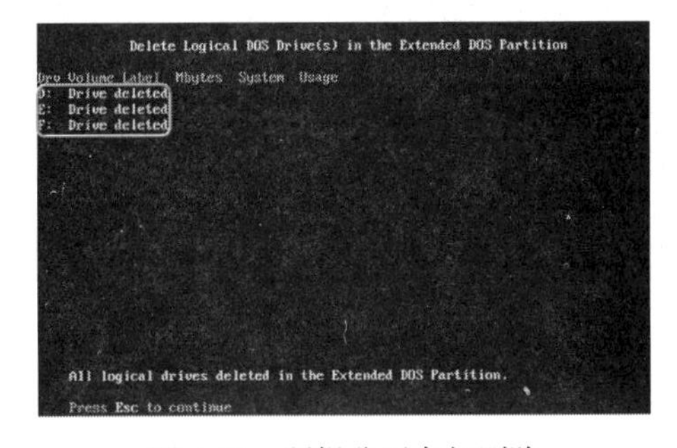

图 4-72　逻辑分区全部删除

（5）删除全部逻辑分区后，按 Esc 键返回，屏幕显示已经没有逻辑分区，如图 4-73 所示。

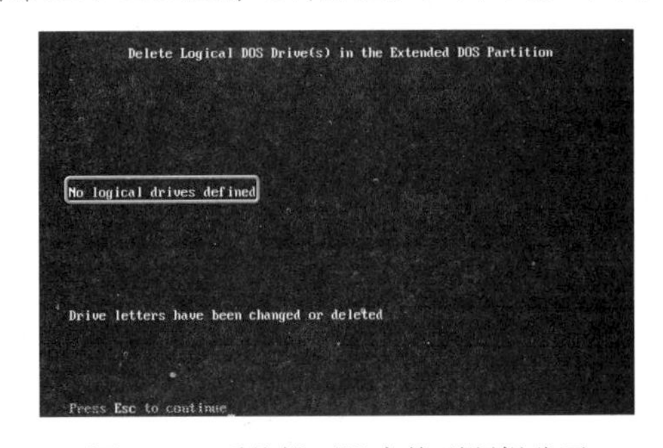

图 4-73　系统提示没有找到逻辑分区

（6）按 Esc 键返回到分区主界面（如图 4-29 所示），输入“3”后按 Enter 键进入选择删除分区界面（如图 4-69 所示），输入“2”后按 Enter 键进入删除扩展分区界面，如图 4-74 所示。

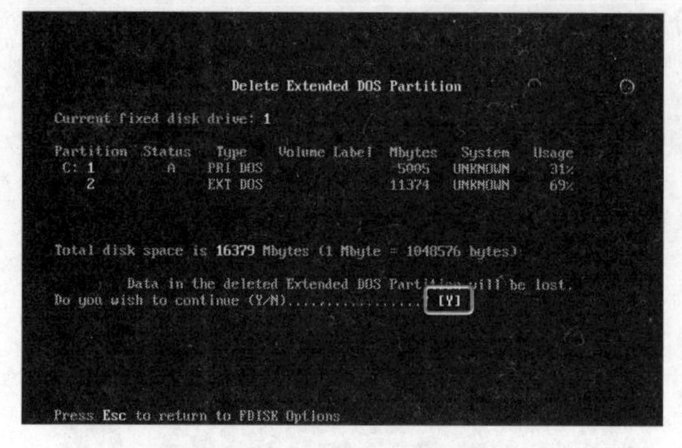

图 4-74 删除扩展分区界面

（7）系统显示了当前硬盘的分区情况，输入“Y”后按 Enter 键，确定删除扩展分区，删除完成后如图 4-75 所示。

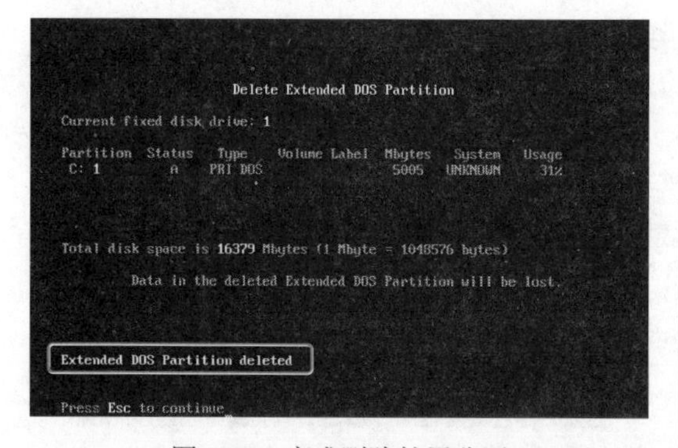

图 4-75 完成删除扩展分区

（8）按 Esc 键返回到分区主界面，输入“3”后按 Enter 键再次进入删除分区的界面，输入“1”后按 Enter 键，进入删除主分区界面。

（9）系统显示了主分区信息，在下方的数值框中输入“1”后按 Enter 键，表示将主分区删除，再在出现的输入卷标文本框中输入主分区卷标，如果没有卷标，则直接按 Enter 键确认，再在出现的删除确认文本框中输入字母“Y”后按 Enter 键确认删除，如图 4-76 所示。

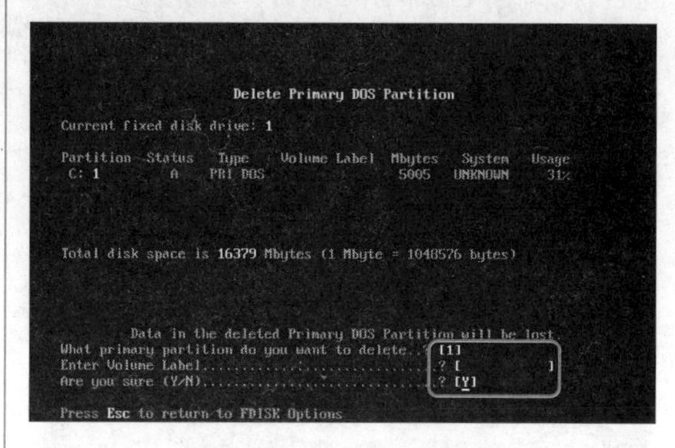

图 4-76 删除主分区界面

（10）删除完主分区后，系统会给出提示，如图 4-77 所示。

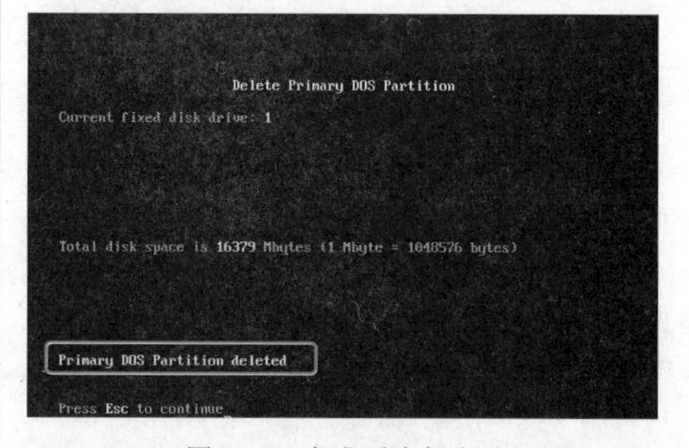

图 4-77 完成删除主分区

第5日

安装操作系统及常用软件

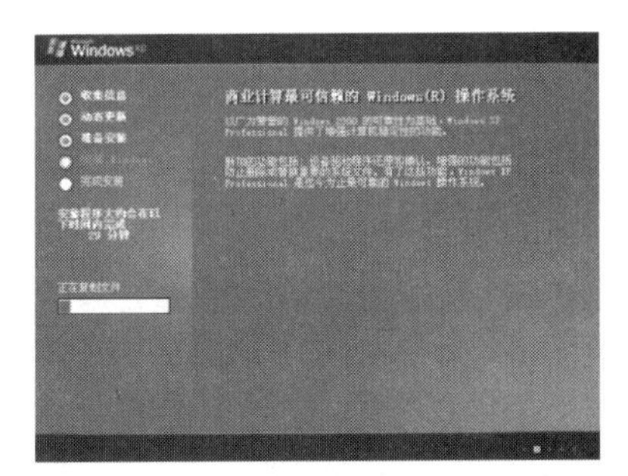

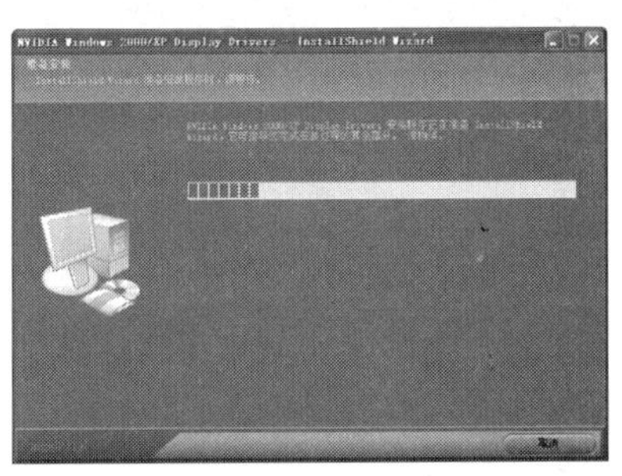

今日学习内容综述

上午：1. Windows XP 操作系统的安装

2. Windows Vista 操作系统的安装

下午：3. 安装驱动程序

4. 安装常用应用软件

越越老师：超超，你的电脑是不是按照前面讲的知识进行分区了？

超超：是呀，老师，今天我们该学习什么了？

越越老师：今天我们学习如何给电脑安装操作系统和软件。

超超：这个会不会很难？

越越老师：很简单的，只要按照提示一步一步操作就行了。

超超：真的吗？那我们快点开始吧！

5.1 Windows XP 操作系统的安装

本节内容学习时间为 8:00～9:50（视频：第 5 日\Windows XP 系统的安装）

在对硬盘进行分区和高级格式化操作之后，即可开始安装操作系统。下面就来介绍 Windows XP 操作系统的安装。

5.1.1 Windows XP 操作系统简介

Windows XP 是微软继 Windows 2000 和 Windows Millennium Edition（Me）后推出的一款“革命性”的操作系统，一经推出就以其稳定的内核、华丽的界面和强大的功能赢得了广大用户的青睐。

与之前其他版本的操作系统相比，Windows XP 操作系统中集成了很多新特性，如系统还原功能，它可以在 Windows XP 操作系统发生故障时将其恢复到以前正常使用时的状态，而不会丢失个人数据；再如快速用户切换功能，它可以在不关闭当前应用程序的前提下切换到另一用户等。也正是由于 Windows XP 操作系统功能的强大，使其成为应用最广泛的操作系统。

5.1.2 Windows XP 的安装条件

Windows XP 对电脑硬件系统提出了更高的要求，如果 CPU、内存、硬盘空间或视频能力达不到最低要求，Windows XP 会拒绝安装。所以在安装 Windows XP 之前，首先应检查是否符合以下安装条件。

❖ 处理器：主频 300MHz 或更高，最低 233MHz。

❖ 内存：128MB 或更高，最低 64MB（可能会影响性能和某些功能）。

❖ 硬盘空间：至少 1.5GB 可用硬盘空间。

❖ 光驱：CD-ROM。

❖ 显示器：800×600 像素，16 位色深。

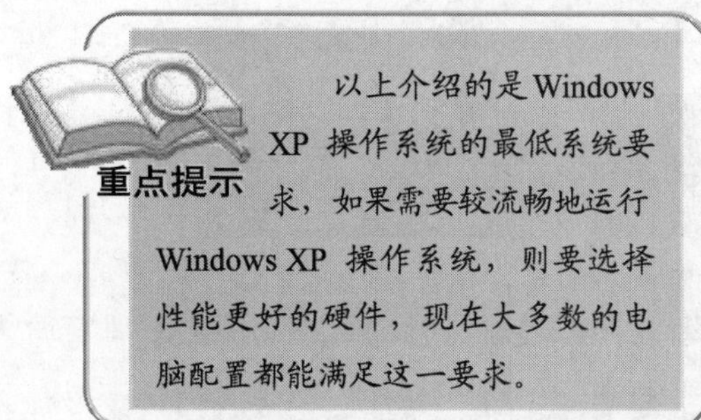

以上介绍的是 Windows XP 操作系统的最低系统要求，如果需要较流畅地运行 Windows XP 操作系统，则要选择性能更好的硬件，现在大多数的电脑配置都能满足这一要求。

5.1.3 全新安装 Windows XP

下面详细介绍全新安装 Windows XP 操作系统的过程。

（1）根据第 4 章的介绍，进入 BIOS 设置，将电脑的启动顺序设置为从光驱启动，然后保存并退出 BIOS 设置。

（2）将 Windows XP 的安装光盘放入光驱中，重新启动电脑。

（3）电脑启动后，出现提示信息“Press any key to boot from CD...”，按任意键继续，如图 5-1 所示。

图 5-1　光盘启动提示

（4）这时系统将自动运行安装程序，并开始加载文件和驱动程序，如图 5-2 所示。

图 5-2　读取安装信息

（5）加载完成后出现“Windows XP Professional 安装程序”界面，根据提示，按 Enter 键进行安装，如图 5-3 所示。

（6）进入“Windows XP 许可协议”界面，根据左下方的提示，按 F8 键同意许可协议，如图 5-4 所示。

（7）进入选择分区和配置界面，用户可以选择系统的安装分区，一般选择安装在 C 分区，然后按 Enter 键继续，如图 5-5 所示。

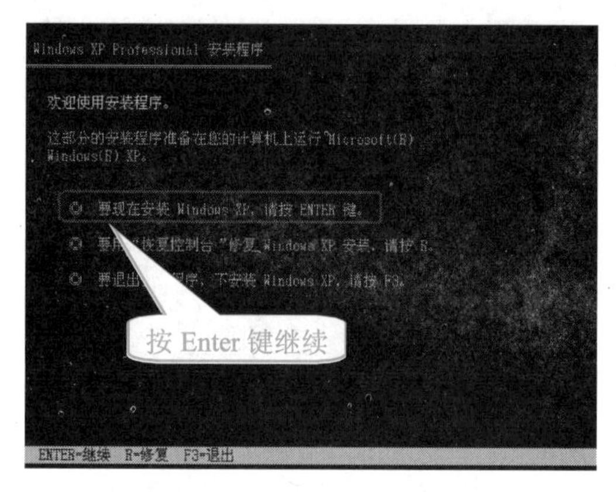

图 5-3　“Windows XP Professional 安装程序”界面

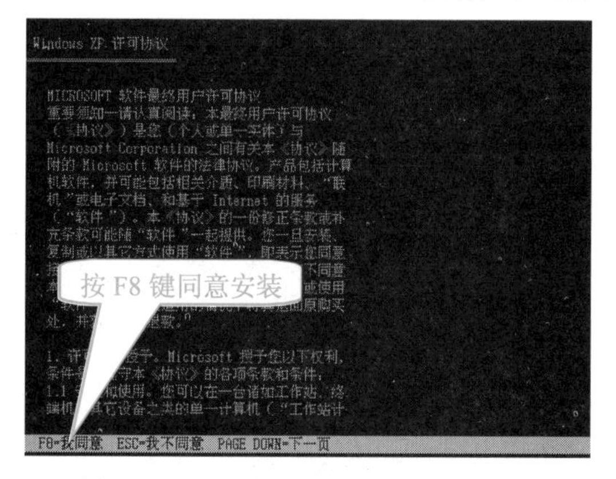

图 5-4　“Windows XP 许可协议”界面

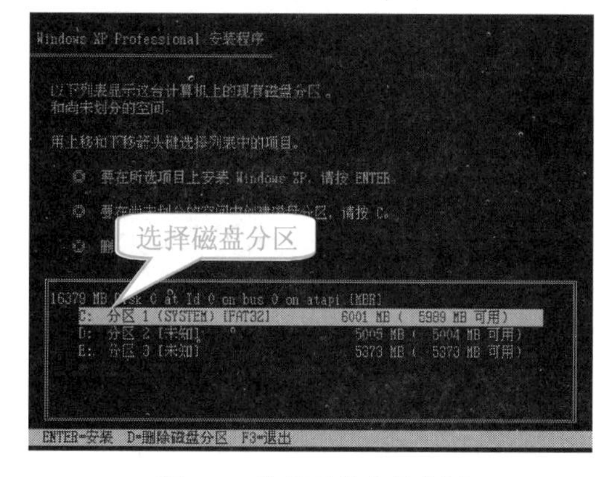

图 5-5　选择系统安装分区

（8）系统提示对分区进行格式化，用户可以根据自己的需要选择合适的文件系统，这里选择“用 NTFS 文件系统格式化磁盘分区（快）”，然后按 Enter 键继续，如图 5-6 所示。

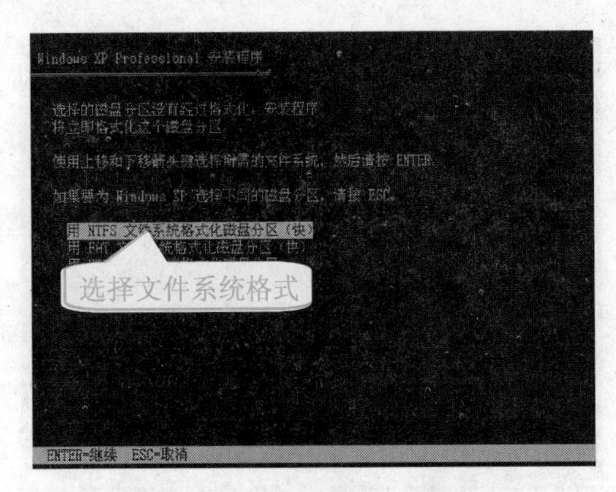

图 5-6 选择合适的文件系统

重点提示

需要注意的是 NTFS 文件系统格式可节约磁盘空间，提高安全性和减小磁盘碎片，但同时存在很多问题，如在 Windows 98/Me 下看不到 NTFS 格式的分区。

（9）安装程序开始按照选择的文件系统格式化系统分区，并显示格式化进度，如图 5-7 所示。

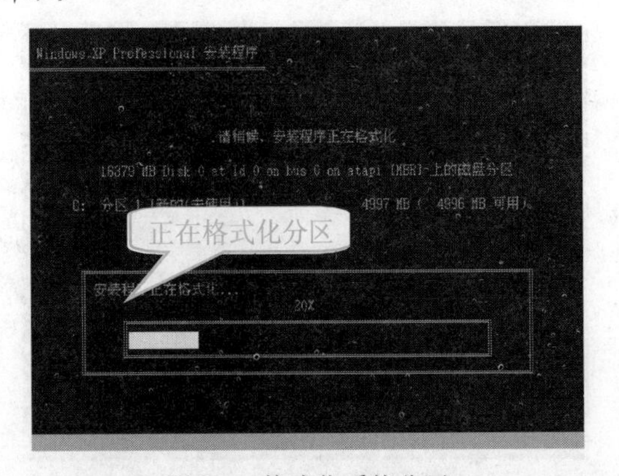

图 5-7 格式化系统分区

（10）格式化完成后，安装程序开始自动将安装文件复制到电脑中，用户需耐心等待，如图 5-8 所示。

（11）安装文件复制完成后，系统提示重启电脑，并开始倒计时，用户也可以直接按 Enter 键重启，如图 5-9 所示。

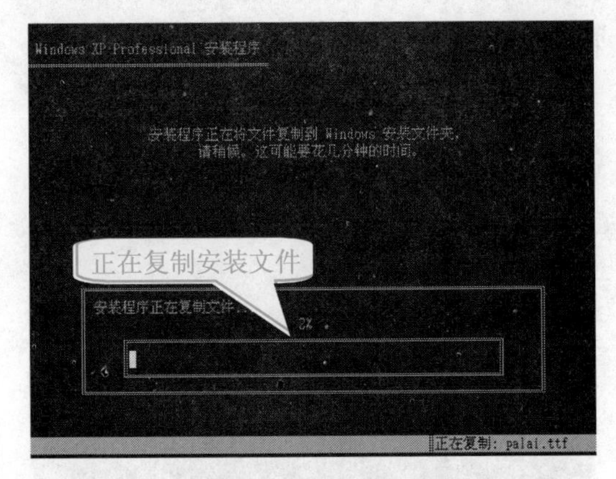

图 5-8 复制安装文件

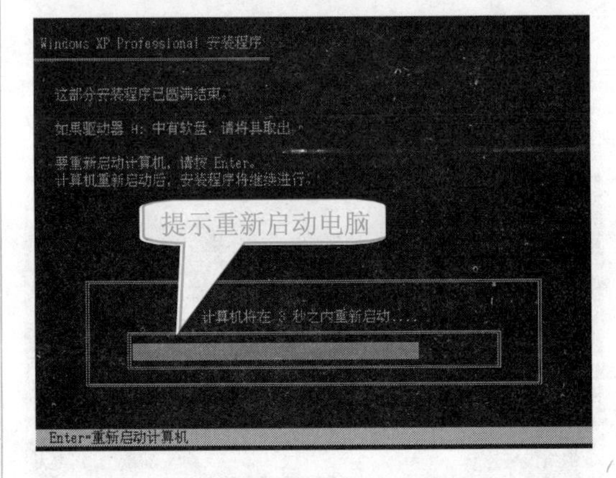

图 5-9 重新启动电脑

（12）重启后进入安装 Windows XP 界面，如图 5-10 所示。

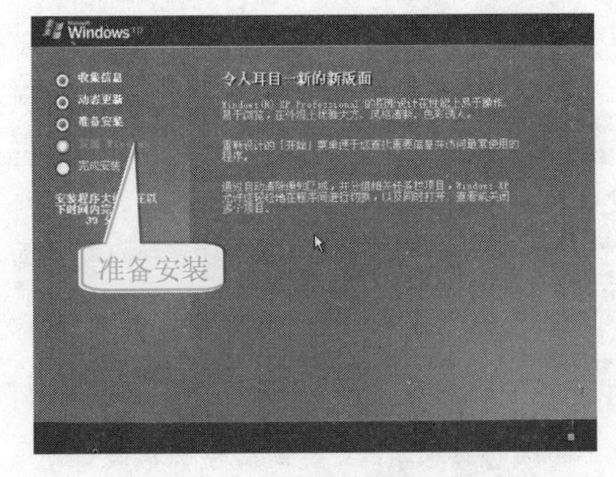

图 5-10 安装 Windows XP 界面

（13）安装一段时间后，系统弹出“区域和语言选项”对话框，选用默认值即可，然后单击下一步(N)>按钮，如图5-11所示。

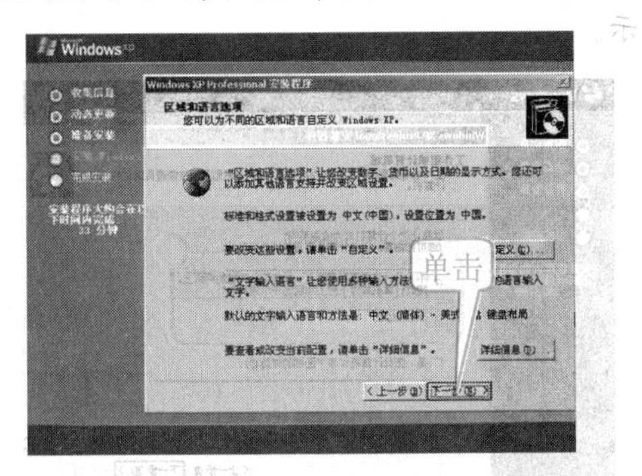

图5-11 “区域和语言选项”对话框

（14）弹出“自定义软件”对话框，输入姓名和单位名称，然后单击下一步(N)>按钮继续，如图5-12所示。

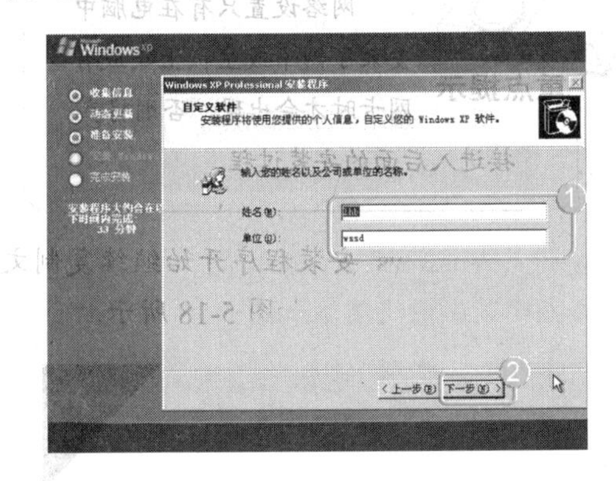

图5-12 “自定义软件”对话框

指点迷津

在图5-12中输入的个人信息会作为身份标识存储在电脑中，当安装应用软件时，安装程序会自动识别个人信息并添加到相应的注册表项目中。

（15）弹出“您的产品密钥”对话框，输入操作系统的产品密钥，单击下一步(N)>按钮，如图5-13所示。

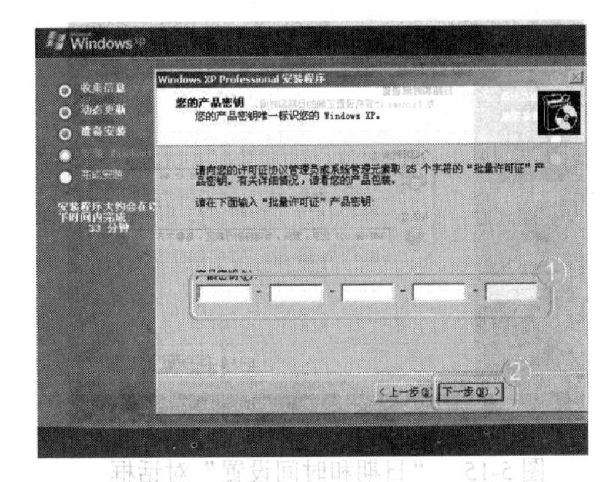

图5-13 “您的产品密钥”对话框

指点迷津

Windows XP的产品密钥就是我们常说的Windows XP操作系统的序列号，一般可以在安装光盘包装的背面找到。只有输入正确的产品密钥，才能安装Windows XP操作系统。

（16）弹出“计算机名和系统管理员密码”对话框，根据需要设置自己喜欢的电脑名称和系统管理员密码后，单击下一步(N)>按钮继续，如图5-14所示。

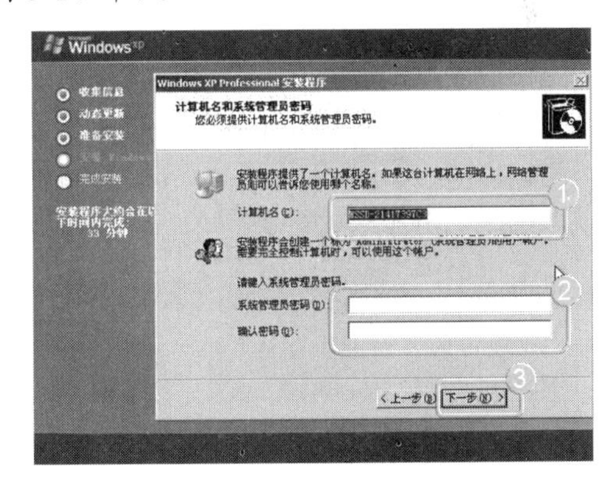

图5-14 “计算机名和系统管理员密码”对话框

（17）弹出“日期和时间设置”对话框，设置好系统的日期、时间和时区，然后单击下一步(N)>按钮，如图5-15所示。

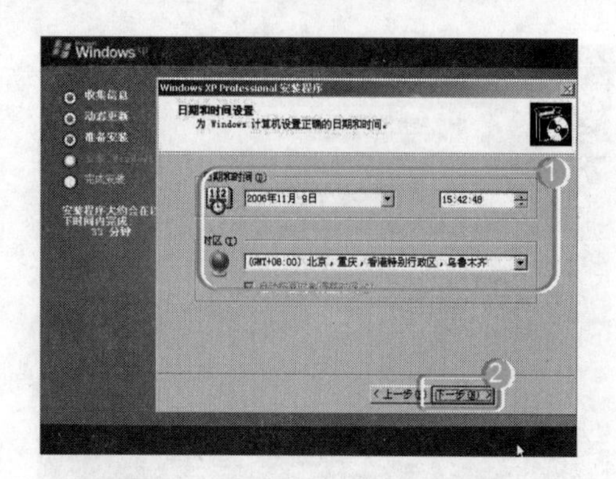

图 5-15 “日期和时间设置”对话框

指点迷津

在设置日期和时间时，安装向导会自动读取 CMOS 中的时间设置，如果 CMOS 中的时间正确，就不需要再进行任何设置。

（18）弹出“网络设置”对话框，按照默认选中“典型设置”单选按钮，然后单击下一步(N) >按钮，如图 5-16 所示。

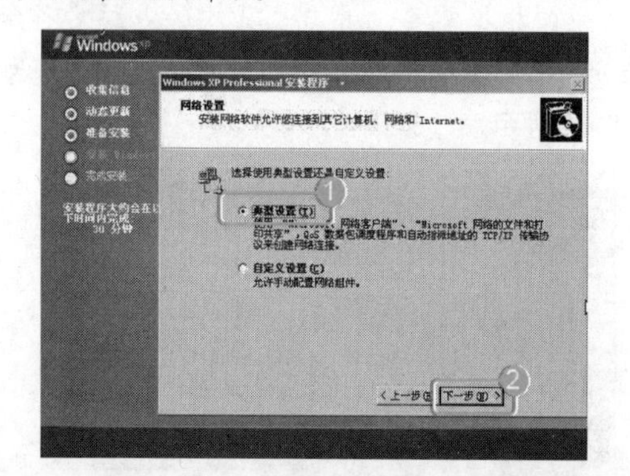

图 5-16 “网络设置”对话框

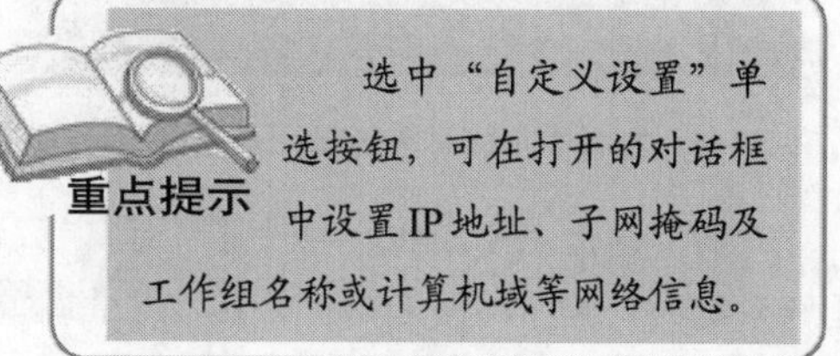

重点提示

选中“自定义设置”单选按钮，可在打开的对话框中设置 IP 地址、子网掩码及工作组名称或计算机域等网络信息。

（19）弹出“工作组或计算机域”对话框，用户可以在此设置电脑的工作组或计算机域，一般保持默认即可，单击下一步(N) >按钮，如图 5-17 所示。

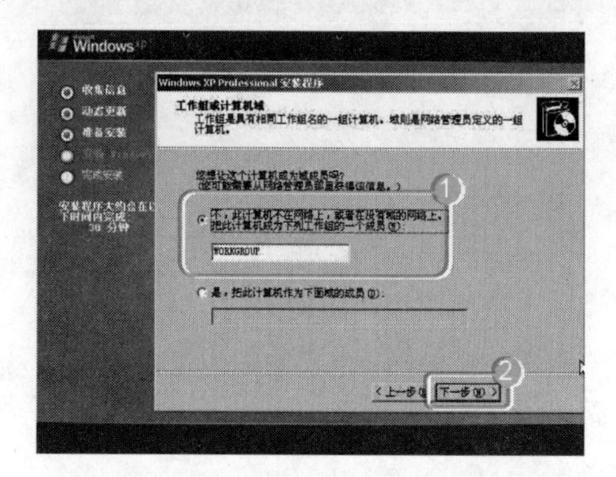

图 5-17 “工作组或计算机域”对话框

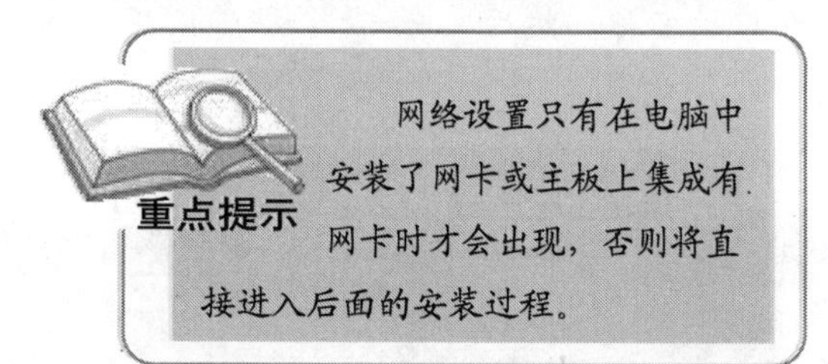

重点提示

网络设置只有在电脑中安装了网卡或主板上集成有网卡时才会出现，否则将直接进入后面的安装过程。

（20）Windows 安装程序开始继续复制文件，并显示复制的进度，如图 5-18 所示。

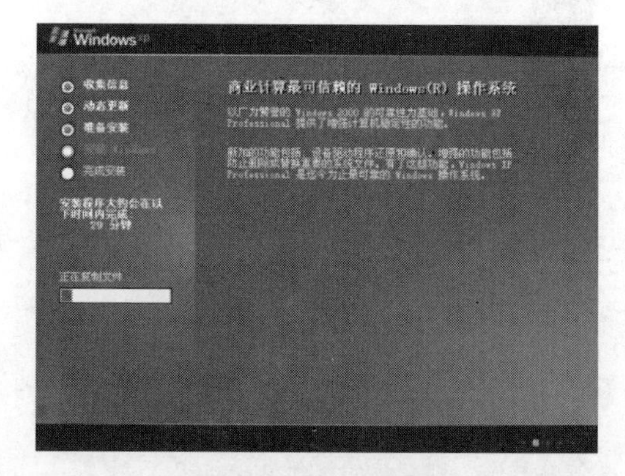

图 5-18 文件复制界面

（21）复制完成后，系统将自动重新启动并进入“欢迎使用 Microsoft Windows”界面，单击下一步(N)按钮，如图 5-19 所示。

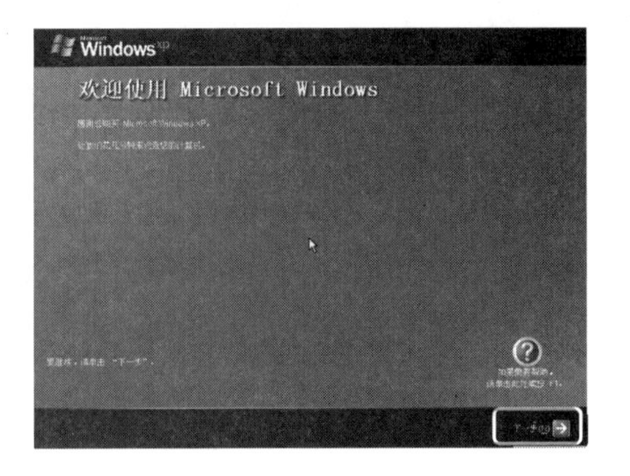

图 5-19 “欢迎使用 Microsoft Windows”界面

（22）进入“帮助保护您的电脑”界面，这里选中“现在不启用”单选按钮，单击下一步(N)按钮，如图 5-20 所示。

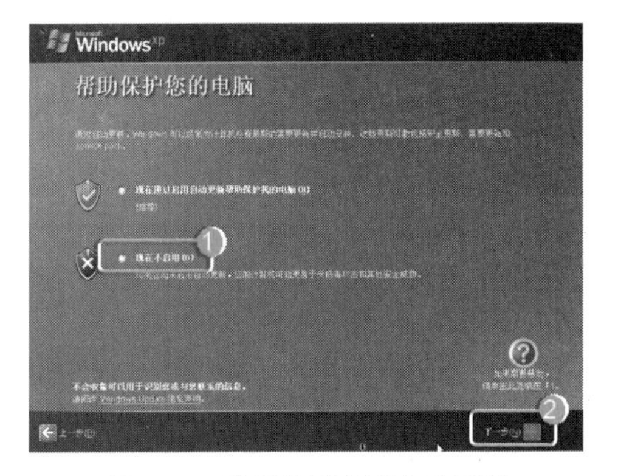

图 5-20 选择是否启用自动更新

（23）进入“现在与 Microsoft 注册吗？”界面，这里选中“否，现在不注册”单选按钮，单击下一步(N)按钮，如图 5-21 所示。

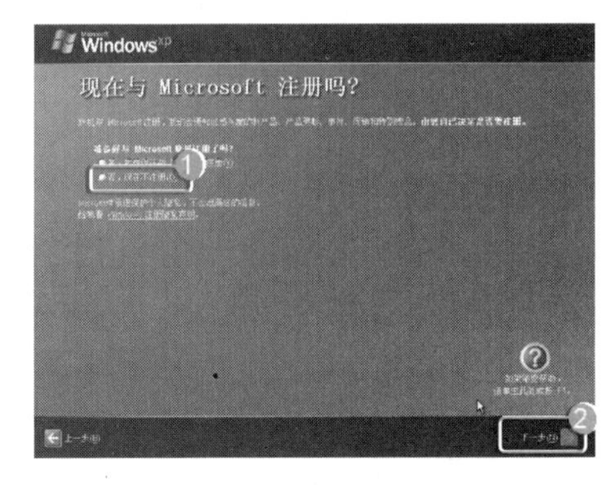

图 5-21 选择是否与 Microsoft 注册

（24）进入“谁会使用这台计算机？”界面，用户可以在此设置用户账户，设置完成后单击下一步(N)按钮，如图 5-22 所示。

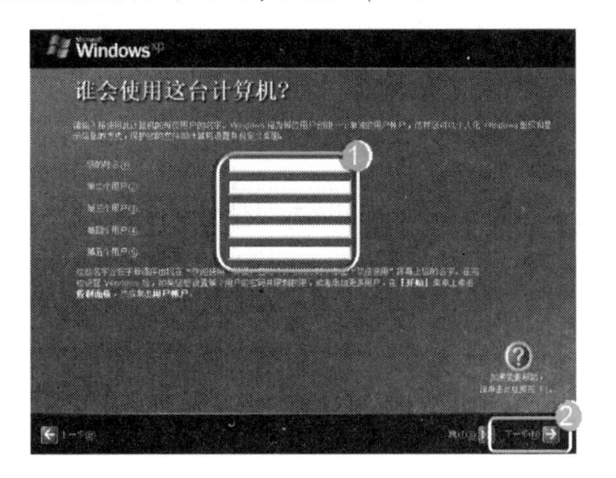

图 5-22 设置用户账户

（25）进入“谢谢！”界面，表示 Windows XP 安装已经完成，单击完成按钮，如图 5-23 所示。

图 5-23 完成安装

（26）稍等片刻，即进入 Windows XP 操作系统界面，如图 5-24 所示。

图 5-24 Windows XP 操作系统界面

5.2 Windows Vista 操作系统的安装

本节内容学习时间为 10:00～12:00（视频：第 5 日\Windows Vista 系统的安装）

Windows Vista 是微软公司最新推出的操作系统，是今后一段时间内的主流操作系统。本节将学习 Windows Vista 操作系统的安装方法。

5.2.1 Windows Vista 简介

Windows Vista 是微软公司最新推出的图形化操作系统，以其令人耳目一新的人性化的界面、前所未有的易用性、令人兴奋的多任务操作及更可靠的安全性等特点，被 Microsoft 公司称为有史以来最具革命性的操作系统。

Windows Vista 使用了全新的用户界面，提供了新颖的边栏，其中包括时钟及一些小配件，旨在帮助用户快速访问信息和链接。此外，Windows Vista 除了具有 Windows XP 操作系统的基本组件外，还加入一些新元素，如具有玻璃效果的 Aero 界面、家长控制等。

另外，针对不同需求的用户，微软公司提供了 5 种不同版本的 Windows Vista，如表 5-1 所示。

表 5-1　Windows Vista 版本

版 本 名 称	适用范围及作用
Windows Vista Business	能够帮助用户很快地完成电脑管理工作，具有较高的安全性和较高的运行速度，可以为用户提供更好的操作环境
Windows Vista Enterprise	可以帮助企业用户更好地完成企业中的各种事务，同时为用户的各种重要数据提供更完善的保护
Windows Vista Home Basic	主要针对只需要使用电脑进行基本操作处理的用户，功能相对其他版本简单一些，不过可靠性、安全性和可用性相同
Windows Vista Home Premium	具有较为全面的功能，可以让普通用户轻松地完成收发电子邮件、网上冲浪、视听娱乐等功能
Windows Vista Ultimate	具有 Windows Vista 所有的功能，能满足绝大多数电脑用户的日常使用需求

5.2.2 Windows Vista 的安装条件

Windows Vista 对电脑硬件和软件的要求较高，安装之前需要查看自己电脑的配置是否符合其安装要求。下面给出两种配置，一种是要安装 Windows Vista 所要求的最低配置，另一种是能够得到运行效果较为流畅的推荐配置。

1. 最低配置

下面给出的是配置安装 Vista 的最低硬件要求，低于该配置的电脑将会提示无法安装 Windows Vista。

- ❖ CPU：800MHz。
- ❖ 内存：512MB。
- ❖ 硬盘：最小容量是 40GB，可用空间不低于 15GB。
- ❖ 光盘驱动器：DVD-ROM 光驱。
- ❖ 显示器：支持 VGA 接口。
- ❖ 显卡：64MB 显存。
- ❖ 输入设备：Windows 兼容键盘、鼠标。

2. 推荐配置

如果想较为流畅地运行 Windows Vista，电脑就应该达到或高于下面给出的硬件配置。

- ❖ CPU：2GHz ，双核以上为佳。
- ❖ 内存：1GB 以上， 2GB 双通道为佳。
- ❖ 硬盘：20GB 以上可用空间，串口硬盘为佳。
- ❖ 光盘驱动器：DVD-ROM 光驱。
- ❖ 显示器：至少支持 VGA 接口。
- ❖ 显卡：128 MB 以上显存，完全支持 DirectX 9 图形，32 位真彩色。

3. 注意事项

在安装 Widows Vista 前，还应注意以下几点：

- ❖ Windows Vista 必须安装在 NTFS 格式的磁盘分区中。
- ❖ 如果将 Windows Vista 安装在已经安装有 Windows 的分区中，原有的 Windows 将被保存在一个名为 Windows.old 的文件夹中，无法实现双系统引导。

5.2.3 全新安装 Windows Vista

全新安装 Windows Vista 的操作方法如下：

（1）设置电脑从光驱启动，然后将 Windows Vista 的安装光盘放入光驱，启动电脑，安装程序将自动加载安装所需的文件，如图 5-25 所示。

图 5-25 加载安装文件

（2）加载文件完毕后，将启动 Windows Vista 的安装向导，开始安装过程，如图 5-26 所示。

图 5-26 启动安装程序

（3）打开“安装 Windows”窗口，要求设置“要安装的语言”、“时间和货币格式”及“键盘和输入方法”3 个选项，这里保持默认设置，单击 下一步(N) 按钮，如图 5-27 所示。

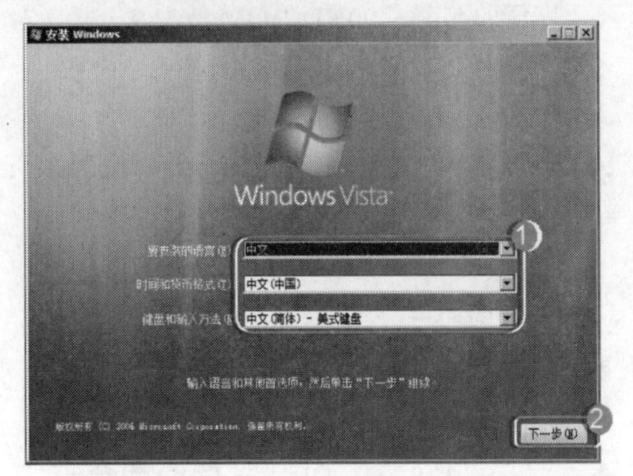

图 5-27 “安装 Windows”窗口

（4）在打开的窗口中单击 现在安装(I) 按钮，如图 5-28 所示。

图 5-28 继续安装

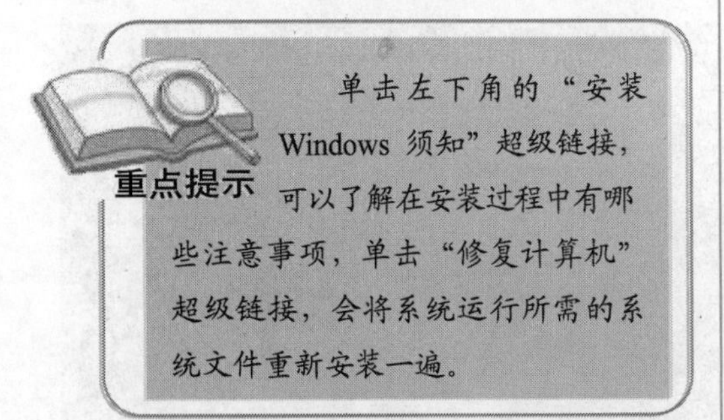

重点提示

单击左下角的“安装 Windows 须知”超级链接，可以了解在安装过程中有哪些注意事项，单击“修复计算机”超级链接，会将系统运行所需的系统文件重新安装一遍。

（5）打开“键入产品密钥进行激活”界面，在“产品密钥”文本框中输入产品密钥，然后单击 下一步(N) 按钮，如图 5-29 所示。

图 5-29 输入密钥

指点迷津

在系统安装过程中，屏幕下方会显示安装的进度条，提示用户当前的安装进度。

（6）打开“选择要安装的操作系统”界面，这里选择 Windows Vista BUSINESS 选项，然后单击 下一步(N) 按钮，如图 5-30 所示。

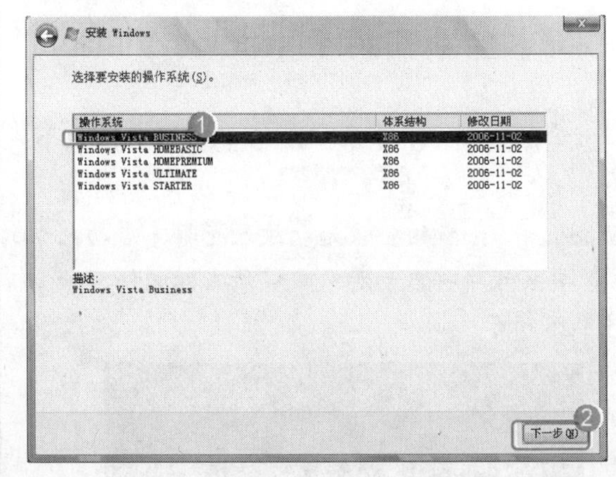

图 5-30 选择 Windows 版本

（7）打开“请阅读许可条款”界面，选中“我接受许可条款”复选框，然后单击 下一步(N) 按钮，如图 5-31 所示。

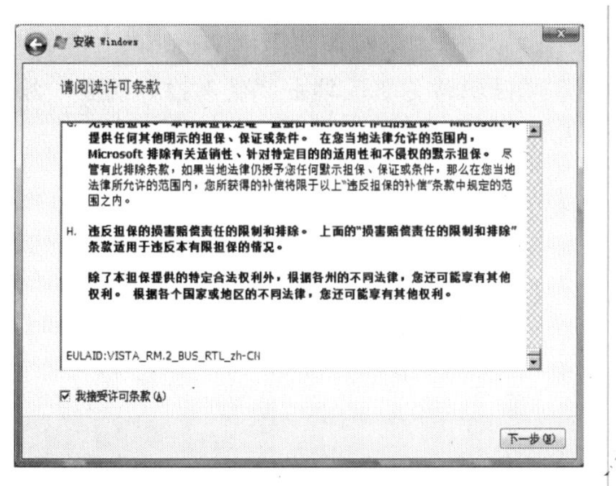

图 5-31　许可条款

（8）打开“您想进行何种类型的安装？”界面，单击“自定义（高级）”按钮，如图 5-32 所示。

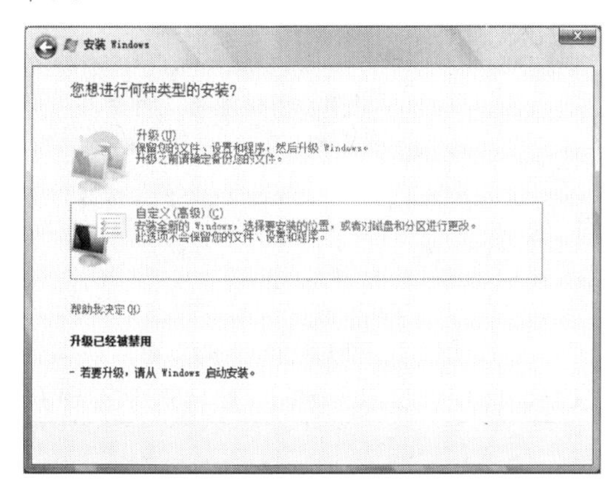

图 5-32　自定义安装

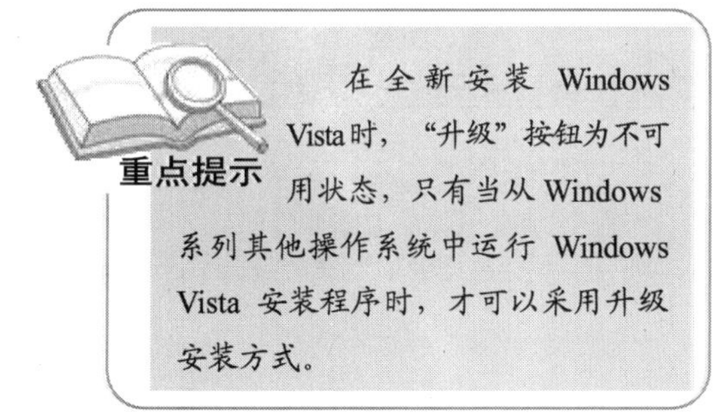

重点提示

在全新安装 Windows Vista 时，“升级”按钮为不可用状态，只有当从 Windows 系列其他操作系统中运行 Windows Vista 安装程序时，才可以采用升级安装方式。

（9）打开“您想将 Windows 安装在何处？”界面，选择“磁盘 0 分区 1（C: ）”选项，然后单击 下一步(N) 按钮，如图 5-33 所示。

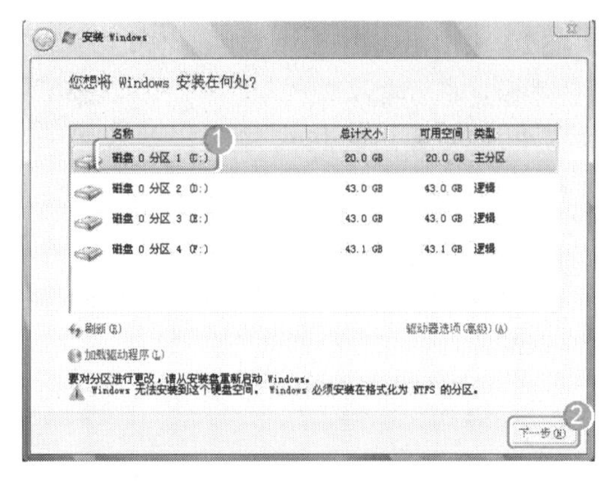

图 5-33　选择安装位置

（10）安装程序开始复制安装所需的文件，同时显示安装进程，如图 5-34 所示。

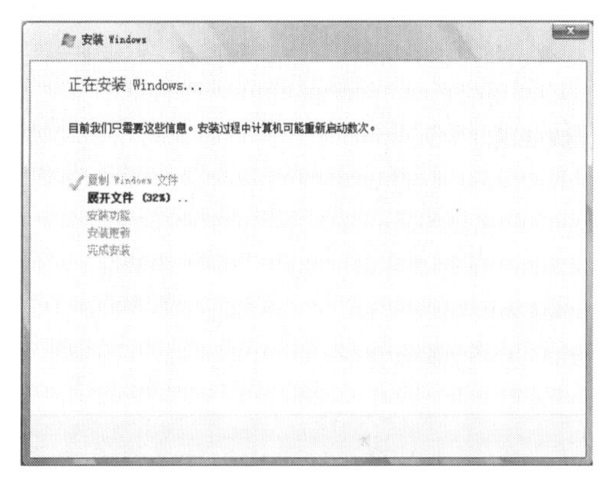

图 5-34　安装进程

（11）安装完成后，电脑将自动重启，如图 5-35 所示。

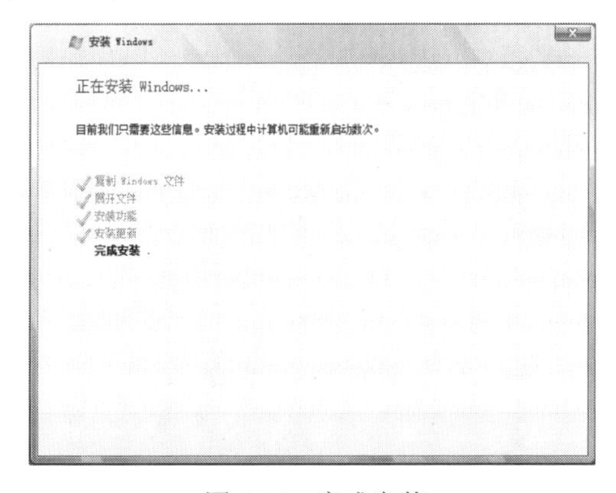

图 5-35　完成安装

（12）重启后，打开“选择一个用户名和图片”界面，在“输入用户名”和“输入密码”文本框中输入用户的相应信息，然后单击下一步(N)按钮，如图 5-36 所示。

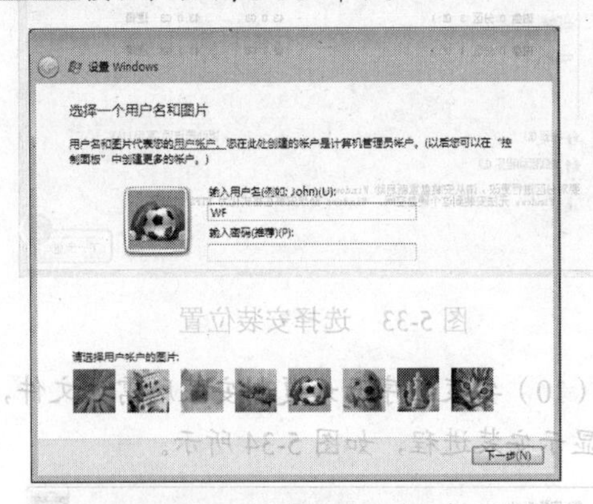

图 5-36　设置用户名和图片

指点迷津

这里设置的用户账户具有管理员权限。用户也可以在系统安装完成后进入“控制面板”进行用户账户的设置和修改。

（13）打开“输入计算机名并选择桌面背景”界面，在“输入计算机名”文本框中输入电脑的名称，在“选择一个桌面背景”选项区域中选择一张图片作为桌面背景，然后单击下一步(N)按钮，如图 5-37 所示。

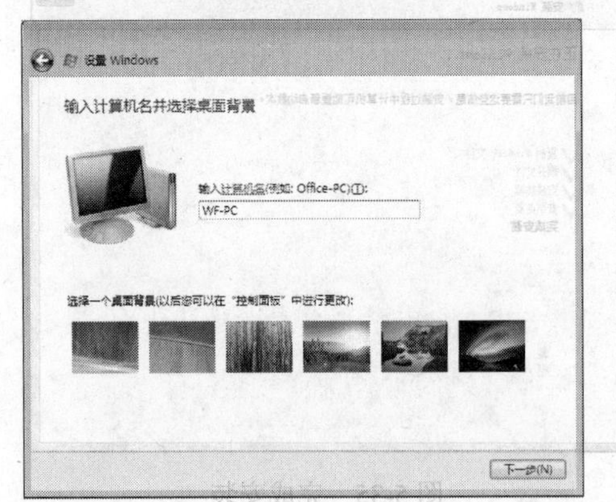

图 5-37　设置计算机名并选择桌面背景

（14）打开“帮助自动保护 Windows”界面，设置系统保护与更新，单击“使用推荐设置”按钮，如图 5-38 所示。

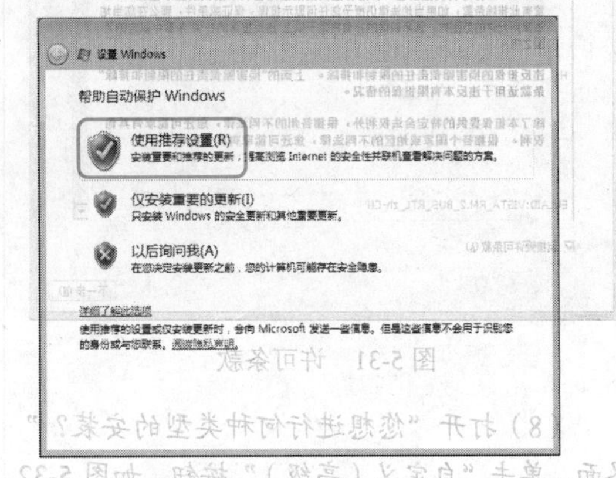

图 5-38　帮助自动保护 Windows

指点迷津

使用推荐设置后，电脑可以在连接到 Internet 时自动从上下载 Windows Vista 的更新程序，并对系统进行基本的维护。

（15）打开“复查时间和日期设置”界面，设置正确的时区、日期和时间，然后单击下一步(N)按钮，如图 5-39 所示。

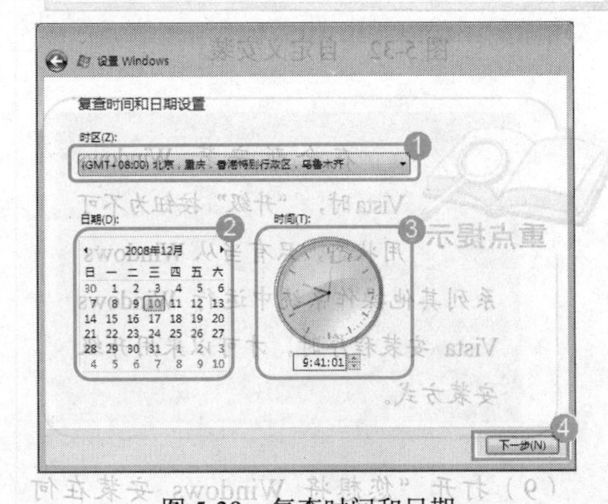

图 5-39　复查时间和日期

（16）打开“请选择计算机当前的位置”界面，单击“公共场所”按钮，如图 5-40 所示。

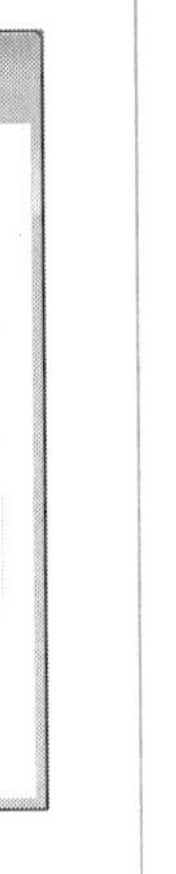

图 5-40　请选择计算机当前的位置

（17）在打开的界面中提示完成对 Windows Vista 的设置，单击“开始(S)”按钮进入 Windows Vista，如图 5-41 所示。

图 5-41　进入 Windows Vista

（18）打开系统欢迎界面，Windows Vista 开始对系统中其他选项进行设置，如图 5-42 所示。

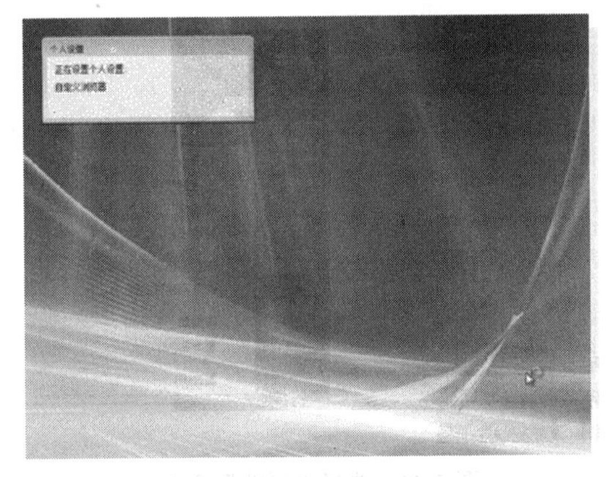

图 5-42　欢迎界面

（19）设置完成后登录 Windows Vista，系统将打开“欢迎中心”窗口，在该窗口中可了解 Windows Vista 的各种功能和操作方法，如图 5-43 所示。

图 5-43　欢迎中心

（20）至此，Windows Vista 操作系统的安装完成。

5.2.4　激活 Windows Vista

安装 Windows Vista 后，如果不进行激活操作，将只有 30 天的使用期限，因此需要尽快激活。下面就来介绍通过 Windows Vista 的激活程序在网上进行激活的操作步骤。

（1）单击“开始”按钮，在打开的“开始”菜单中右击“计算机”选项，在弹出的快捷菜单中选择“属性”命令，如图 5-44 所示。

（2）在打开的窗口中单击“剩余 30 天可以激活，立即激活 Windows”超级链接，如图 5-45 所示。

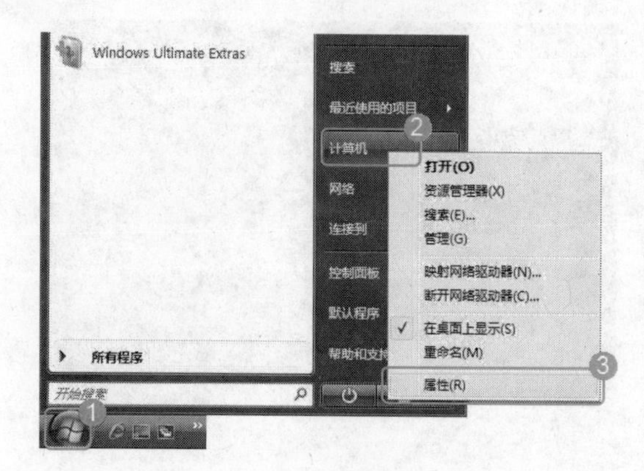

图 5-44　选择“属性”命令

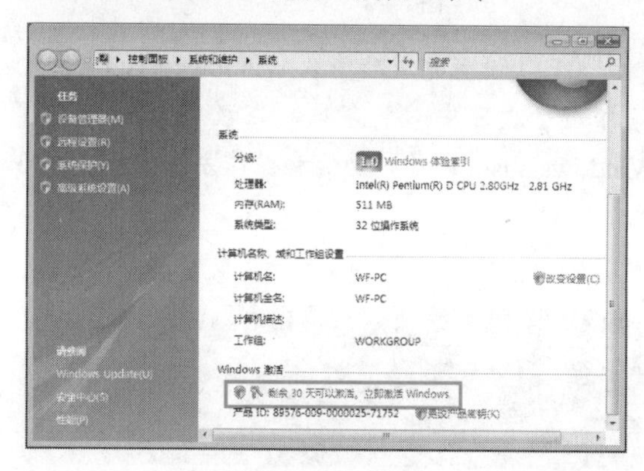

图 5-45　激活窗口

（3）打开“用户账户控制”界面，单击 继续(C) 按钮，如图 5-46 所示。

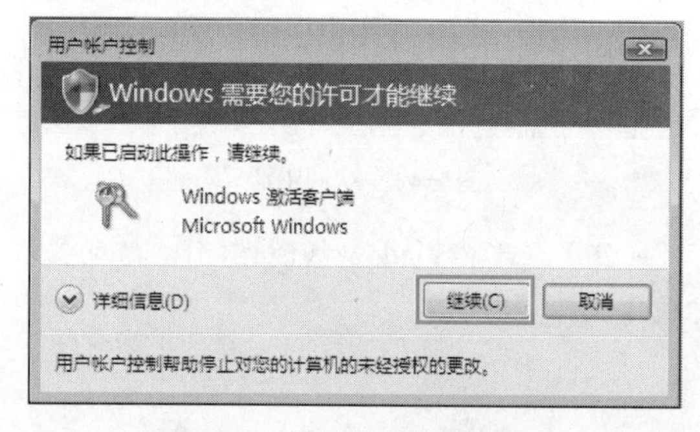

图 5-46　“用户账户控制”界面

（4）打开“现在激活 Windows”界面，单击 现在联机激活 Windows (A) 按钮，如图 5-47 所示。

（5）打开“正在激活 Windows”界面，此时，电脑将连接到 Internet，用户根据提示进行操作即可激活 Windows Vista，如图 5-48 所示。

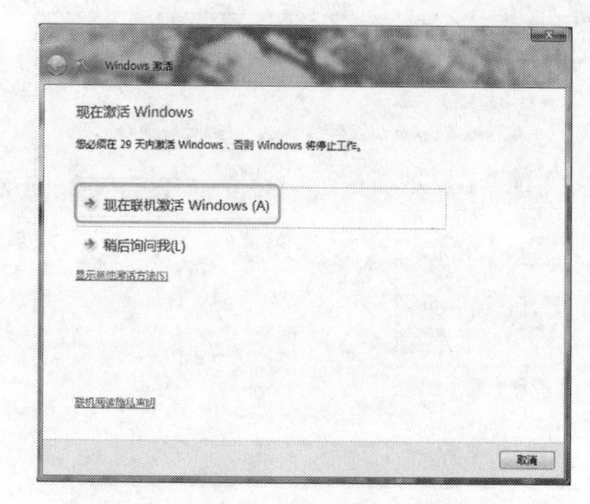

图 5-47　“现在激活 Windows”对话框

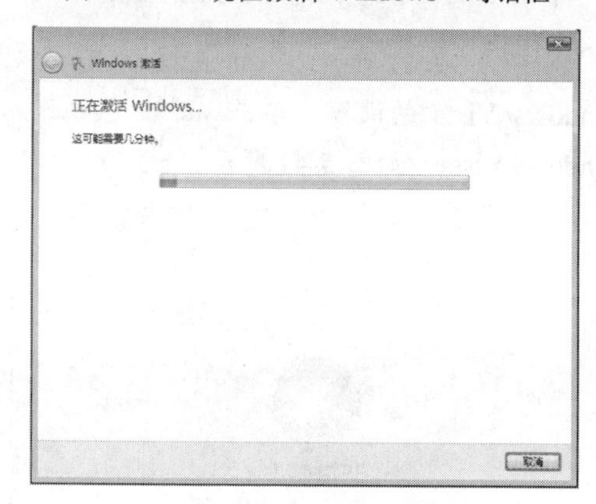

图 5-48　连接 Internet

（6）激活成功后，打开“激活成功”界面，提示完成 Windows Vista 的激活，并打开提示对话框提示“计算机已永久激活”，单击“确定”按钮，然后单击“关闭”按钮，完成激活操作，如图 5-49 所示。

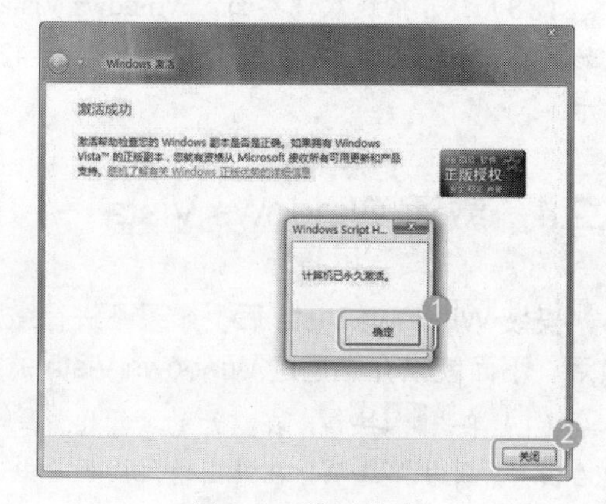

图 5-49　激活成功

5.2.5 升级安装 Windows Vista

对于之前正在使用 Windows XP 操作系统的用户来说，如果想要安装 Windows Vista，除了使用 5.2.3 节介绍的全新安装方法外，还可以直接将 Windows XP 操作系统升级到 Windows Vista 操作系统。

要从 Windows XP 操作系统升级到 Windows Vista 前，需要先确定当前的操作系统是否能够完成升级操作。

升级安装的一般步骤为：启动 Windows XP 操作系统，将 Windows Vista 的安装光盘放入光驱。运行 Windows Vista 的安装程序，选择安装 Windows Vista。按照安装向导的提示一步一步进行设置即可完成升级安装。

（1）启动 Windows XP 操作系统，然后将 Windows Vista 的安装程序放入光驱并运行，在打开的界面中单击现在安装(I)按钮，如图 5-50 所示。

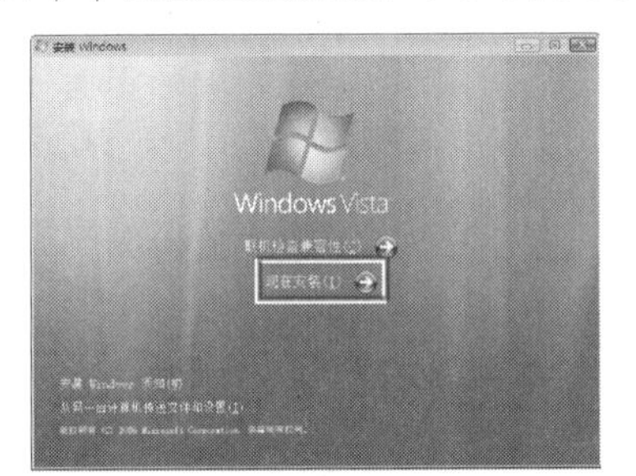

图 5-50 升级安装 Windows Vista

（2）打开“获取安装的重要更新”界面，单击“不获取最新安装更新”按钮，如图 5-51 所示。

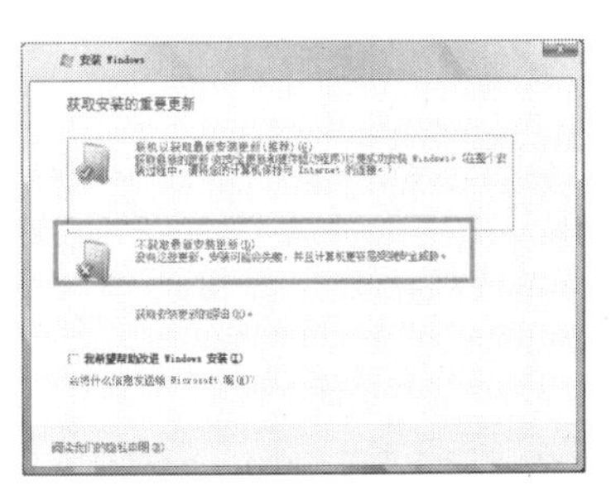

图 5-51 获取安装更新

（3）打开“输入产品密钥”界面，按照提示操作到“您想进行何种类型的安装？”界面（如图 5-32 所示）时，单击“升级”按钮，然后按照前面介绍的流程继续进行安装，即可完成 Windows Vista 的升级安装。

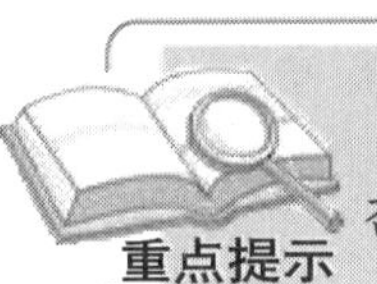

重点提示 在升级安装 Windows Vista 之前，应先确认用户正在使用的 Windows XP 版本是否能够升级到 Windows Vista 的某个版本。具体升级版本可以参照表 5-2。

表 5-2 升级指导表

Windows XP 版本	Windows Vista			
	Home Basic	Home Premium	Business	Ultimate
Windows XP Professional	不能	不能	能升级安装	能升级安装
Windows XP Home	能升级安装	能升级安装	不能	能升级安装
Windows XP Media Center	不能	能升级安装	能升级安装	能升级安装
Windows XP Tablet PC	不能	不能	能升级安装	能升级安装
Windows XP Professional x64	不能	不能	不能	不能

5.3 安装驱动程序

本节内容学习时间为 14:00～16:00（视频：第 5 日\安装驱动程序）

Windows Vista 能够自动识别并安装目前绝大多数硬件设备的驱动程序，但是硬件的更新换代速度极快，学习安装硬件的驱动程序仍然非常必要。本节将具体介绍驱动程序的安装方法。

5.3.1 驱动程序概述

驱动程序（Device Driver）是添加到操作系统中的一小段代码，其中包含有关硬件设备的信息，作用是让操作系统能够正确识别硬件设备，并告诉操作系统硬件所具备的功能，使操作系统能够尽量发挥硬件的作用。因此，硬件设备要正常使用，需要首先安装驱动程序。

1. 安装驱动程序的原因

Windows XP 和 Windows Vista 操作系统能够识别绝大多数硬件，并能够为其自动安装驱动程序，所以在操作系统安装完毕后，一般都可以正常使用。但是默认的驱动程序一般都不能完全发挥硬件的最佳性能，这时就需要为其安装生产厂商提供的驱动程序。

2. 驱动程序安装的原则和顺序

驱动程序的安装有一定的原则和顺序，一般有以下几点。

❖ 安装顺序：安装驱动时，首先应安装主板驱动程序，然后是显卡、声卡和网卡等设备的驱动程序，最后安装打印机、扫描仪等外部设备的驱动程序。

❖ 屏蔽设备：没有找到相应驱动程序的设备应当将其屏蔽掉，这样可以避免发生设备资源冲突的现象。

❖ 版本的选择：一般来说，选择购买硬件时厂商提供的驱动程序，这要优于 Windows 自带的公版驱动。如果厂商没有提供驱动程序或者驱动程序丢失，应优先选择较新的通过 WHQL 认证的版本，一般来说新版驱动比旧版的更好。

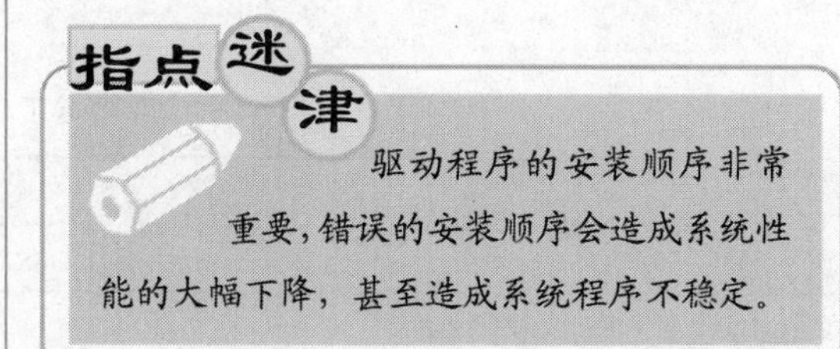

5.3.2 安装主板驱动程序

主板驱动程序是最重要的驱动程序之一，主要用来开启主板芯片组内置功能及特性。

在购买主板时，厂商一般都提供了相应的主板驱动程序，并且安装方法也很简单，只要依次选择安装条即可完成安装。下面以安装华硕 P5PL2 Series 主板为例，介绍主板驱动程序的安装方法。

（1）将主板驱动程序光盘放入光驱中，电脑会自动运行安装程序并打开安装主板驱动程序的主界面，选择 Install Chipset Drivers 选项，即选择安装主板芯片驱动程序选项，如图 5-52 所示。

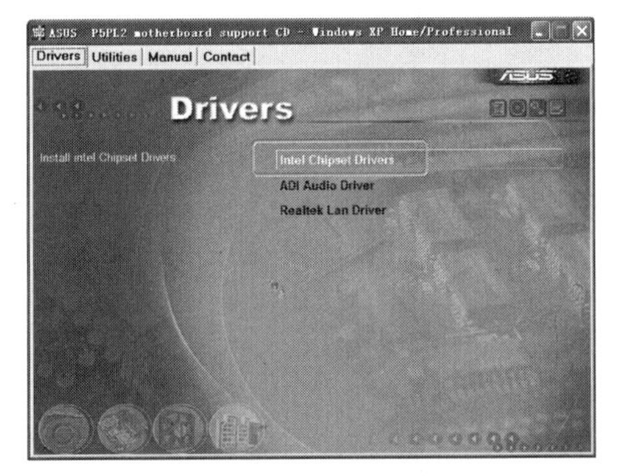

图 5-52　安装主板驱动程序主界面

（2）弹出安装向导界面，提示将为此系统上的 Inter（R）芯片组安装即插即用组件，直接单击[下一步(N) >]按钮，如图 5-53 所示。

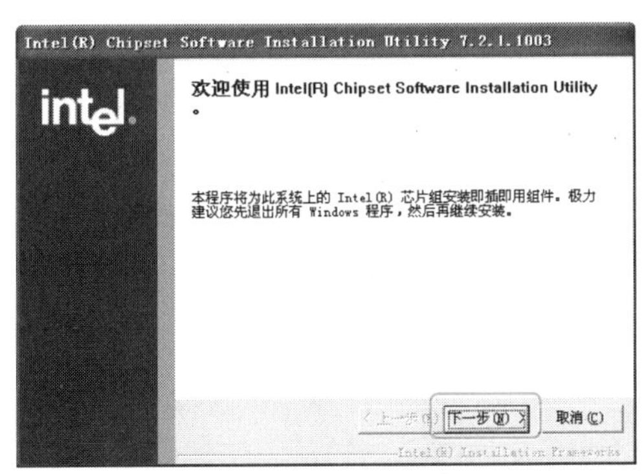

图 5-53　安装向导界面

（3）进入“许可协议”界面，阅读完许可协议后单击[是(Y)]按钮继续，如图 5-54 所示。

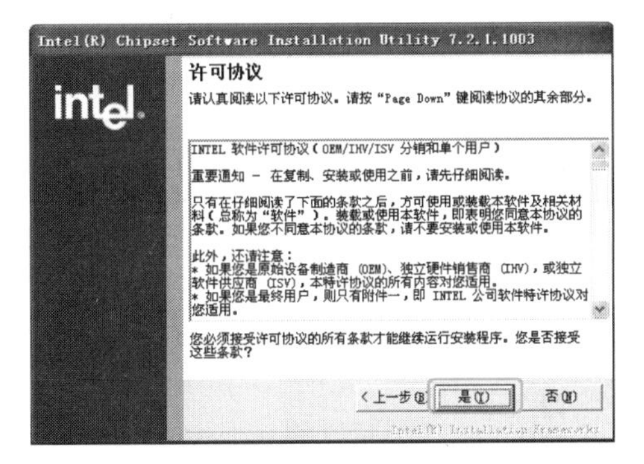

图 5-54　“许可协议”界面

（4）进入“Readme 文件信息”界面，直接单击[下一步(N) >]按钮继续，如图 5-55 所示。

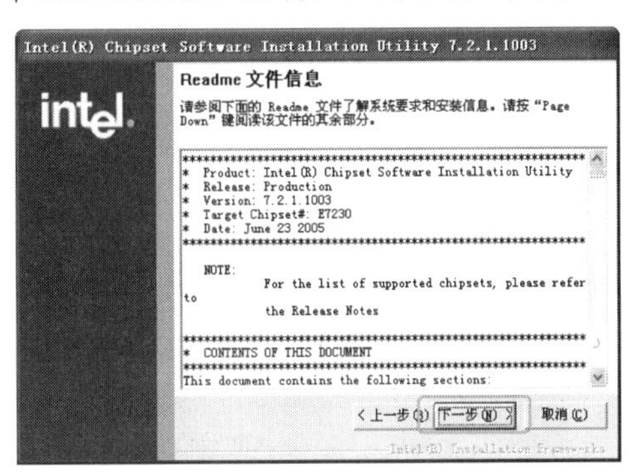

图 5-55　“Readme 文件信息”界面

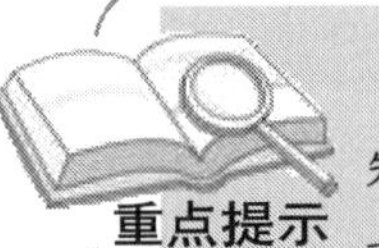

如果主板驱动程序丢失，也可以从主板厂商的官方网站或“驱动之家”网站进行下载。但在下载之前，一定要对照主板说明书认清主板的型号，避免下载错误的驱动安装，导致电脑故障。

（5）弹出“安装进度”界面，提示驱动程序正在安装并显示安装进度，如图 5-56 所示。

图 5-56　“安装进度”界面

（6）安装完成后进入“安装完成”界面，提示重新启动电脑完成安装，将驱动程序光盘从光驱中取出来，选中 是，我要现在就重新启动计算机。单选按钮，然后直接单击 完成(F) 按钮即可，如图 5-57 所示。

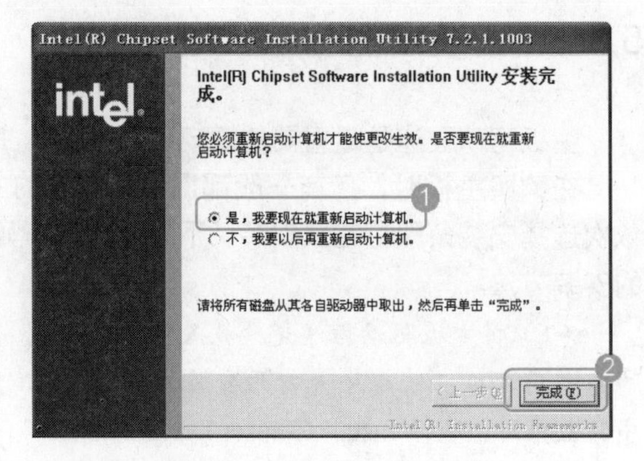

图 5-57　“安装完成”界面

5.3.3　安装显卡驱动程序

显卡是 CPU 处理图形图像最重要的硬件设备，它的性能决定了显示的画面效果。而显卡要正常工作，就必须正确地安装显卡驱动程序。在安装显卡等驱动程序之前，建议安装最新版本的 DirectX 驱动程序，关于 DirectX 驱动程序的安装，读者可以参考附录 A.5.1 小节的介绍。

下面以安装讯景 XFX VGA V7801B 显卡的驱动程序为例进行介绍，具体操作步骤如下：

（1）将显卡驱动程序光盘放入光驱中，电脑会自动运行安装程序并弹出欢迎界面，单击中间的圆形按钮，如图 5-58 所示。

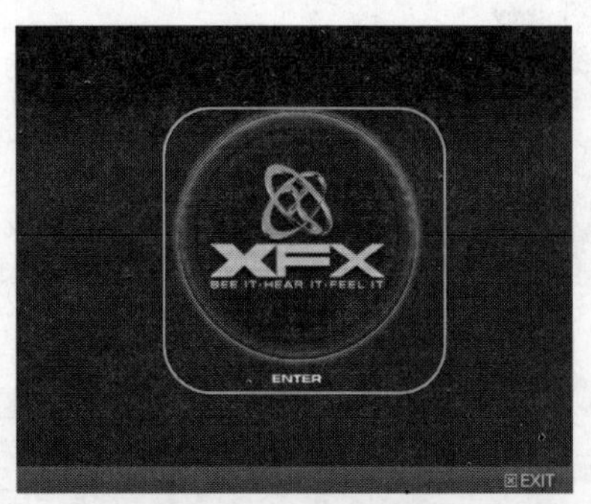

图 5-58　欢迎界面

（2）弹出选择安装程序界面，单击 VIDEO DRIVERS 按钮，即选择安装显卡驱动，如图 5-59 所示。

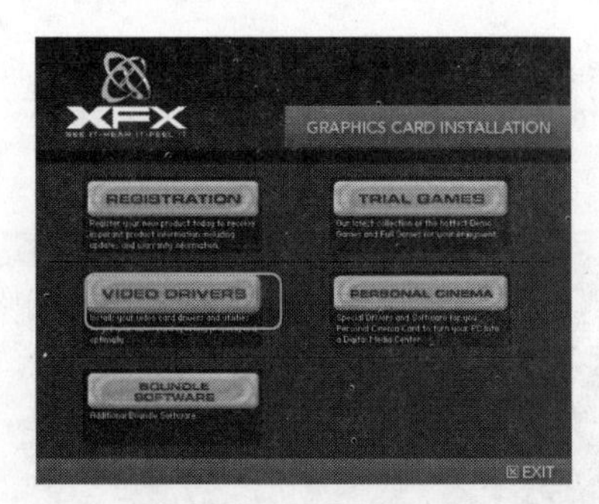

图 5-59　选择安装程序

（3）弹出选择安装类型界面，单击 WINDOWS DRIVER 按钮，即选择安装 Windows 驱动，如图 5-60 所示。

（4）稍等片刻，弹出“准备安装”界面，提示正在准备安装向导，并显示准备进度，如图 5-61 所示。

图 5-60　选择安装类型

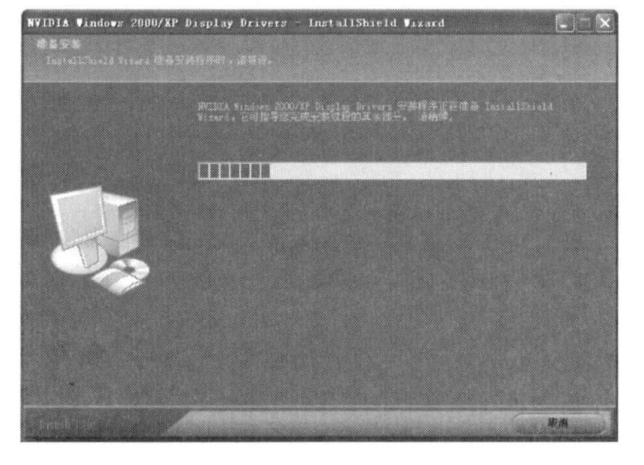

图 5-61　“准备安装”界面

（5）准备完成后，弹出安装向导界面，直接单击下一步(N) >按钮，如图 5-62 所示。

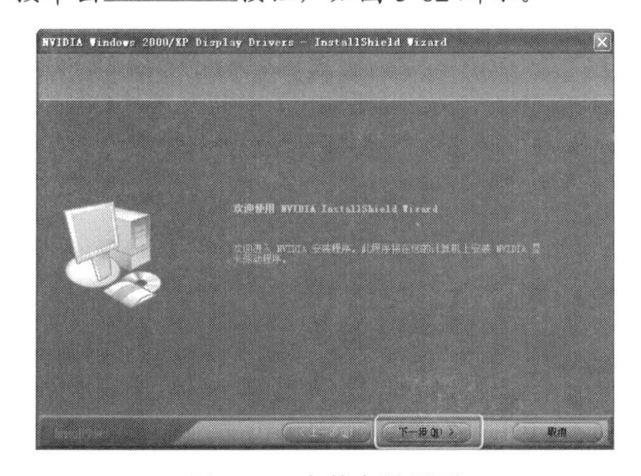

图 5-62　安装向导界面

（6）系统开始安装显卡驱动程序，并显示安装进度，如图 5-63 所示。

图 5-63　正在安装

（7）安装完成后弹出安装完成界面，选中是，立即重新启动计算机。单选按钮，单击完成按钮重新启动电脑即完成显卡驱动程序的安装，如图 5-64 所示。

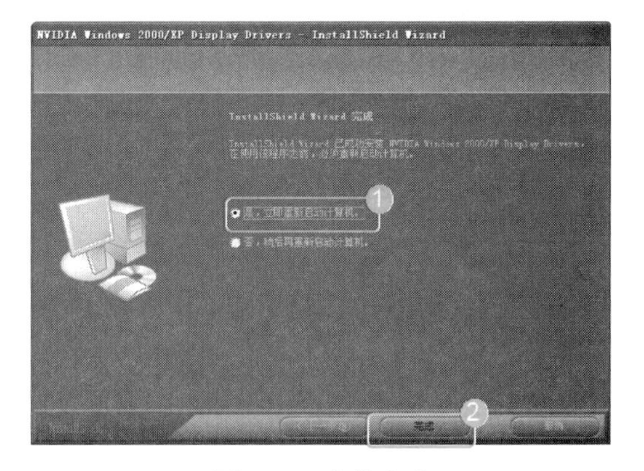

图 5-64　安装完成

5.3.4　安装声卡驱动程序

对于 Windows XP 操作系统来说，它已经能识别绝大部分的声卡和网卡，因此声卡和网卡的驱动程序一般都不需要另外安装。而新版的驱动程序一般可以避免出现一些兼容性问题，以提升该硬件的性能。因此如果有新版的驱动程序，建议更新。

目前很多声卡都是集成在主板上的，因此它们的驱动一般都可以在主板驱动光盘中找到。下面以安装 ADI Audio 集成声卡驱动程序为例进行讲解。

（1）将主板驱动程序光盘放入光驱中，电脑会自动运行安装程序，选择 Drivers 选项卡，再选择 ADI Audio Driver 选项，即选择安装集成声卡的驱动程序选项，如图 5-65 所示。

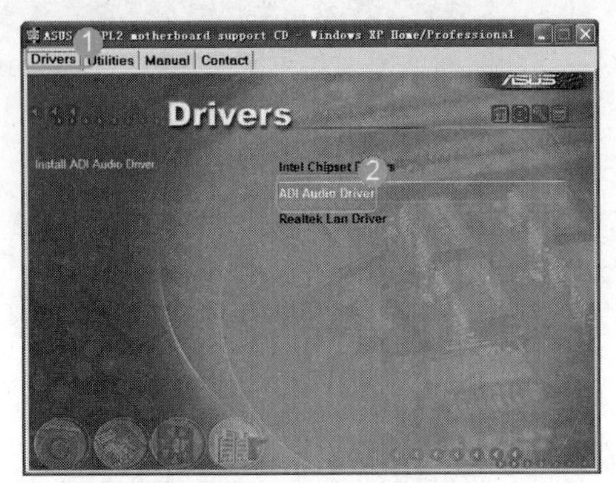

图 5-65　选择 ADI Audio Driver 选项

（2）安装程序自动开始读取驱动文件，并弹出“准备安装”界面，提示正在准备安装向导，如图 5-66 所示。

图 5-66　“准备安装”界面

（3）准备完成后弹出“许可证协议”界面，直接单击 是(Y) 按钮继续，如图 5-67 所示。

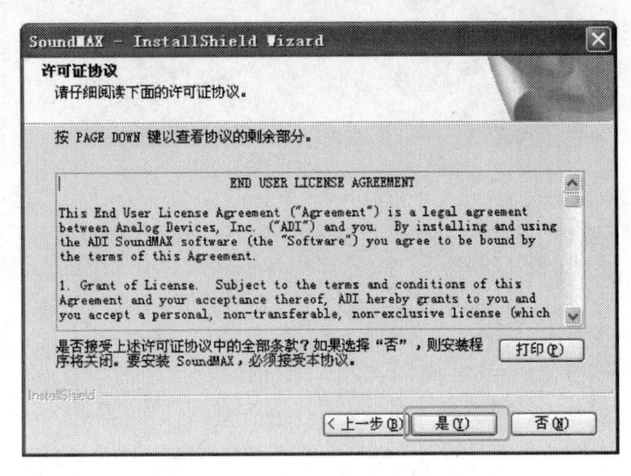

图 5-67　“许可证协议”界面

（4）进入“安装状态”界面，显示安装进度，安装完成后弹出“InstallShield 完成”界面，选中 是，立即重新启动计算机。单选按钮，单击 完成 按钮重新启动电脑即可，如图 5-68 所示。

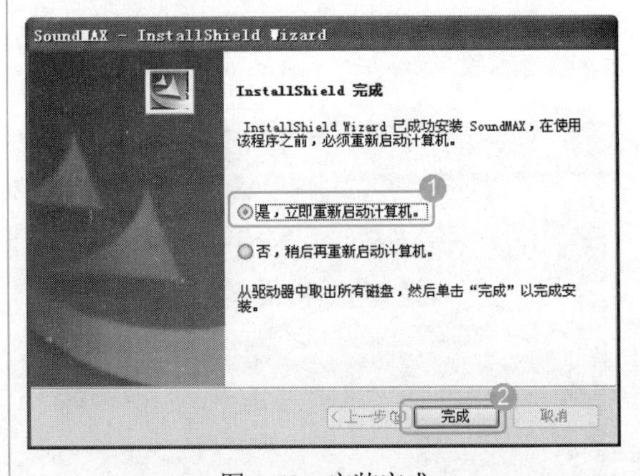

图 5-68　安装完成

5.3.5　更新网卡驱动程序

如果系统自带的驱动程序或之前安装的驱动程序不稳定，用户可以更新此驱动程序。

下面以更新网卡驱动程序为例进行介绍，具体操作步骤如下：

（1）选择“开始”→“控制面板”命令，打开“控制面板”窗口，单击性能和维护图标，如图 5-69 所示。

图 5-69 “控制面板”窗口

（2）打开“性能和维护”窗口，单击系统图标，如图 5-70 所示。

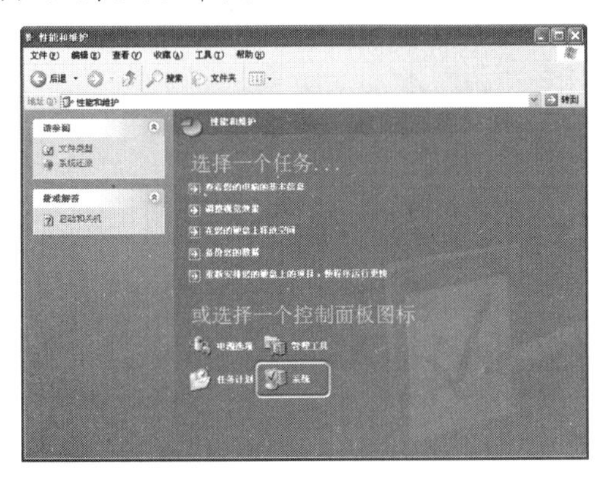

图 5-70 “性能和维护”窗口

（3）打开“系统属性”对话框，选择“硬件”选项卡，单击设备管理器(D)按钮，如图 5-71 所示。

（4）打开“设备管理器”窗口，右击需要更新驱动程序的网卡，在弹出的快捷菜单中选择“更新驱动程序”命令，如图 5-72 所示。

（5）打开“硬件更新向导”界面，选中◎从列表或指定位置安装(高级)(S)单选按钮，单击下一步(N) >按钮继续，如图 5-73 所示。

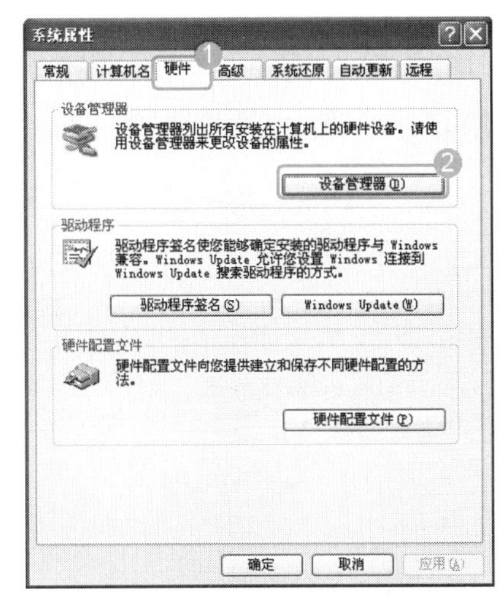

图 5-71 “系统属性”对话框

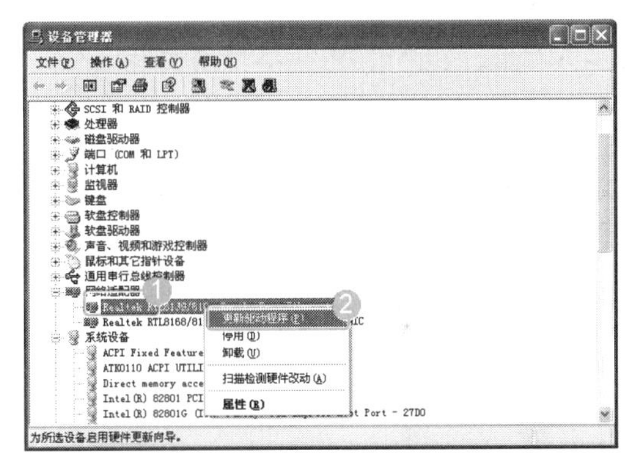

图 5-72 右击需要更新驱动程序的网卡

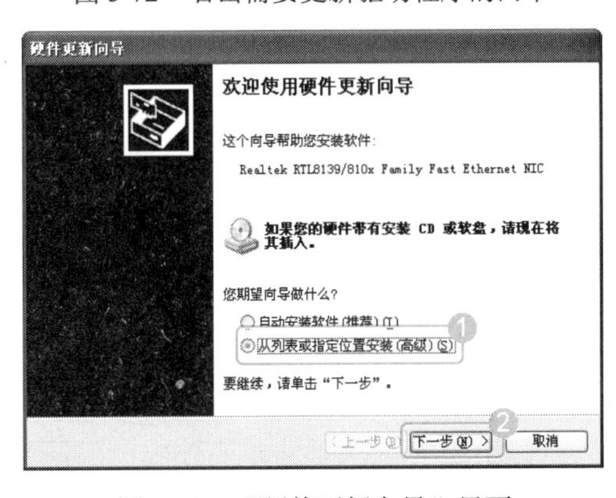

图 5-73 “硬件更新向导”界面

（6）进入“请选择您的搜索和安装选项”界面，这里是通过光盘进行更新，因此按照默认设置即可，直接单击 下一步(N) > 按钮继续，如图 5-74 所示。

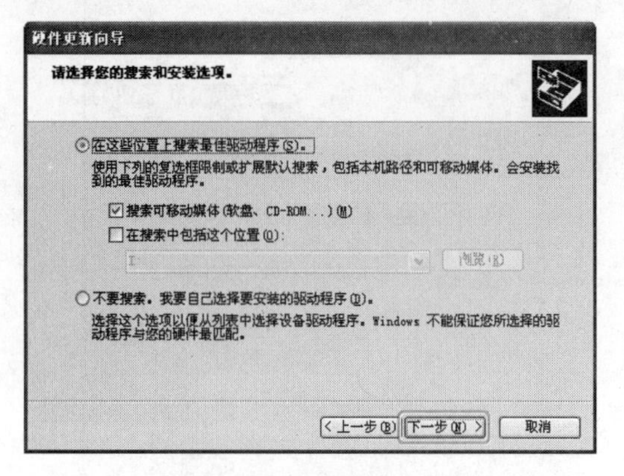

图 5-74　“请选择您的搜索和安装选项”界面

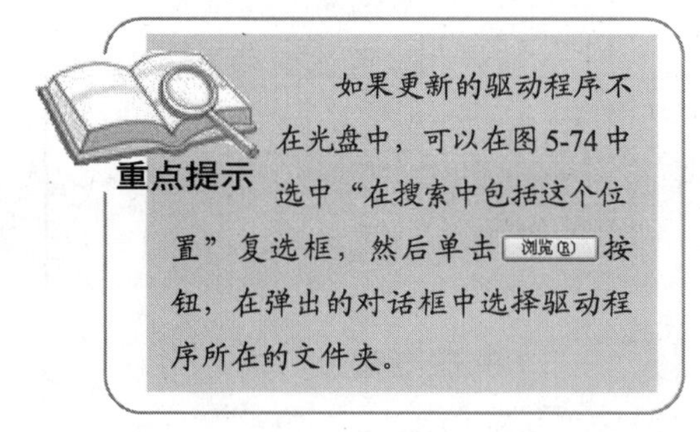

如果更新的驱动程序不在光盘中，可以在图 5-74 中选中“在搜索中包括这个位置”复选框，然后单击 浏览(R) 按钮，在弹出的对话框中选择驱动程序所在的文件夹。

（7）系统即开始搜索新版本的驱动程序，搜索到新版本的驱动程序后，系统将自动进行安装，如图 5-75 所示。

图 5-75　正在安装新版本的驱动程序

（8）安装完成后，弹出“完成硬件更新向导”界面，直接单击 完成 按钮即可，如图 5-76 所示。

图 5-76　安装完成

硬件技术在不断发展，驱动程序也在不断更新，而新版驱动程序一般也要比旧版驱动程序更好。因此，在安装硬件设备后，应经常将其驱动程序升级到最新版本以使硬件获得最佳性能。

5.3.6　安装打印机驱动程序

打印机是经常需要使用的外部设备。而连接好打印机后，要使其正常工作，还必须安装该打印机的驱动程序。

下面以手动安装 HP LasterJet 1022 打印机的驱动程序为例进行介绍，具体操作步骤如下：

（1）将打印机的驱动程序安装光盘（或者进入光盘目录，双击 Setup.exe 文件）放入光驱，系统自动启动安装界面，单击下一步(N)>按钮，如图 5-77 所示。

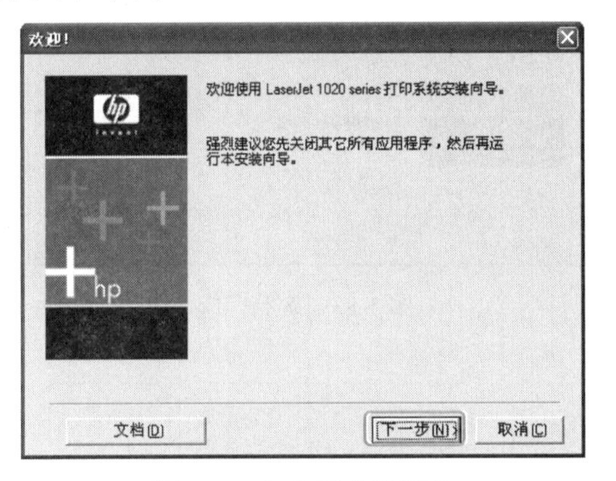

图 5-77　打印机安装界面

（2）弹出“最终用户许可协议”界面，单击是(Y)按钮接受许可协议，如图 5-78 所示。

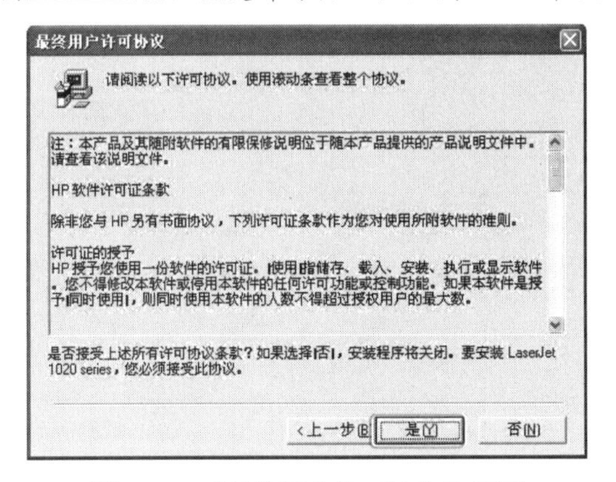

图 5-78　“最终用户许可协议”界面

（3）系统弹出“型号”界面，选择打印机的型号，这里选择 HP LaserJet 1022，单击下一步(N)>按钮，如图 5-79 所示。

（4）系统弹出“开始复制文件”界面，直接单击下一步(N)>按钮，如图 5-80 所示。

（5）系统开始复制系统文件，并显示复制进度，如图 5-81 所示。

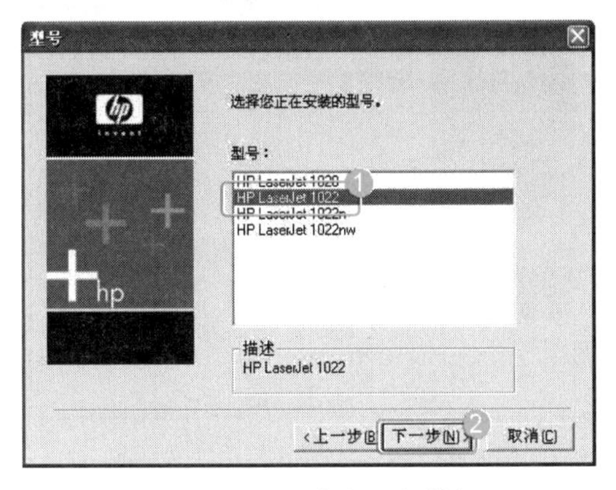

图 5-79　“型号”对话框

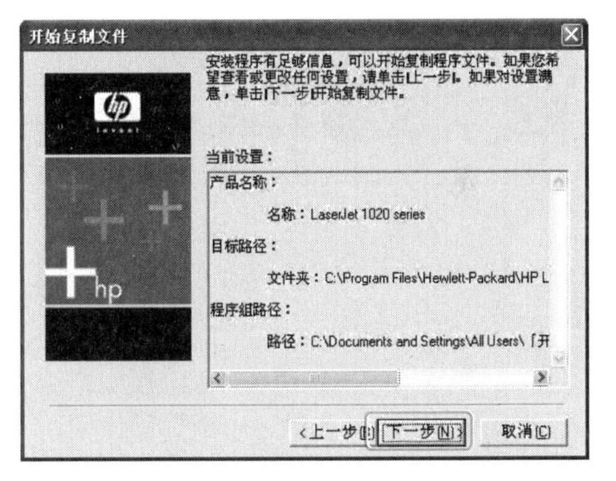

图 5-80　“开始复制文件”界面

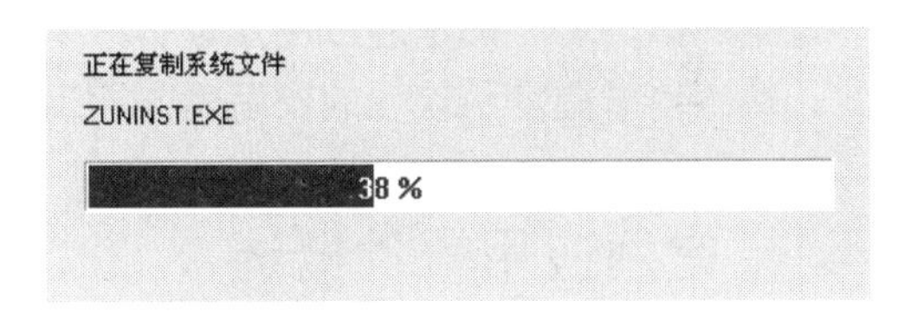

图 5-81　正在复制安装系统

（6）复制完成后弹出如图 5-82 所示的界面，提示接通电缆并打开电源。

（7）连接好打印机并接通电源后，稍等片刻即弹出“安装完成”界面，选中“打印测试页”复选框，然后单击完成(F)按钮，打印机即开始工作，并打印一张测试页，如图 5-83 所示。

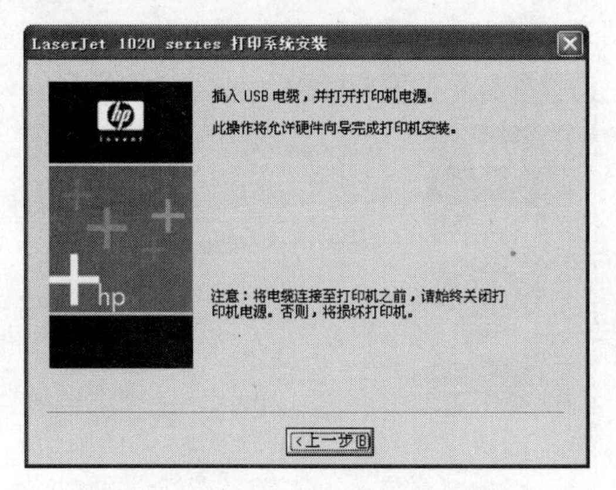

图 5-82　提示接通电缆并打开电源

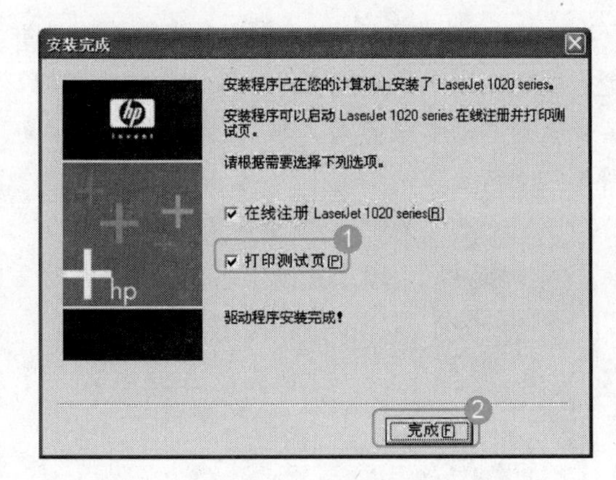

图 5-83　安装完成

通常情况下，连接好打印机后，打开打印机电源开关并启动电脑，操作系统会自动检测到新硬件，并打开安装向导界面，用户根据提示进行安装即可。

5.4　安装应用软件

本节内容学习时间为 16:10～18:00（视频：第 5 日\安装常用应用软件）

电脑的很多功能都是通过应用软件来实现的，使用电脑其实就是使用电脑中的各类软件。因此，熟练地掌握常用软件的安装就显得非常重要。

5.4.1　常用应用软件概述

一台电脑的功能是否完善，性能是否强大，一方面取决于电脑本身的硬件配置，但更主要的是取决于电脑是否安装了版本成熟、性能优秀的应用软件来支持电脑工作。

常用应用软件就是在使用电脑的过程中经常要使用到的完成某些操作、具有某些特定功能的软件，如文字处理软件 Word、图片浏览软件 ACDSee、压缩解压软件 WinRAR 和音频视频播放软件“暴风影音”等。

5.4.2　获取常用应用软件

要获取工具软件可以通过以下几种方式。

❖ 购买软件光盘：可以向软件公司邮购或者在软件专营店、电脑软件市场等地方购买软件的安装光盘，然后使用光驱运行光盘中的安装程序，将软件安装到电脑上即可。

❖ 到下载网站下载：现在有许多专门的下载网站，这些网站将各种类型、各种版本的软件分门别类地放在网站上以供人们下载使用。

❖ 到官方网站下载：登录官方网站下载安装程序是最安全可靠的，同时能够第一时间使用到软件的最新版本，但在官方网站上下载软件使用通常需要支付一定的费用，或者是有试用期限制的。

5.4.3 安装常用应用软件

下面以安装 QQ2008 到本地电脑 D 盘的 Programs Files 文件夹中为例介绍常用应用软件的安装，具体操作步骤如下：

（1）双击 QQ 安装图标，运行 QQ 软件的安装程序，弹出安装向导界面，首先阅读软件许可协议，然后单击 我同意(I) 按钮，如图 5-84 所示。

图 5-84　安装向导界面

（2）进入“选定使用环境”界面，选中“办公、家庭等个人电脑”单选按钮和“每周查杀一次”单选按钮，单击 下一步(N) > 按钮，如图 5-85 所示。

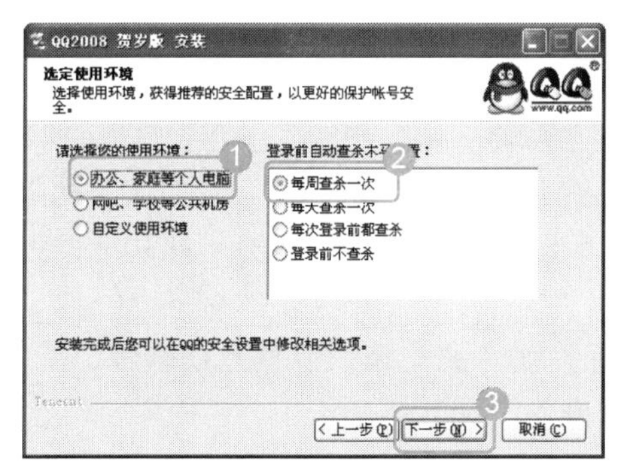

图 5-85　选定使用环境

（3）进入“选定安装位置和组件”界面，这里将安装位置设置为“d:\Program Files\Tencent\QQ\”，然后取消选中所有复选框，单击 下一步(N) > 按钮继续，如图 5-86 所示。

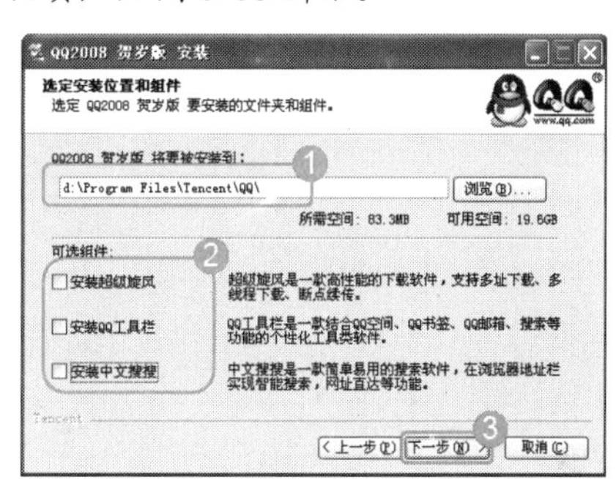

图 5-86　选定安装位置和组件

（4）进入“正在安装”界面，显示 QQ2008 的安装进度，如图 5-87 所示。

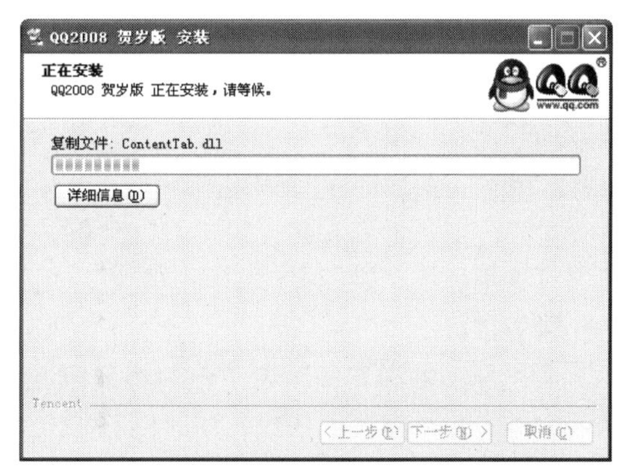

图 5-87　正在安装

（5）安装完成后进入“完成 QQ2008 贺岁版 安装向导”界面，提示完成安装，取消选中所有复选框，然后单击 完成(F) 按钮即可，如图 5-88 所示。

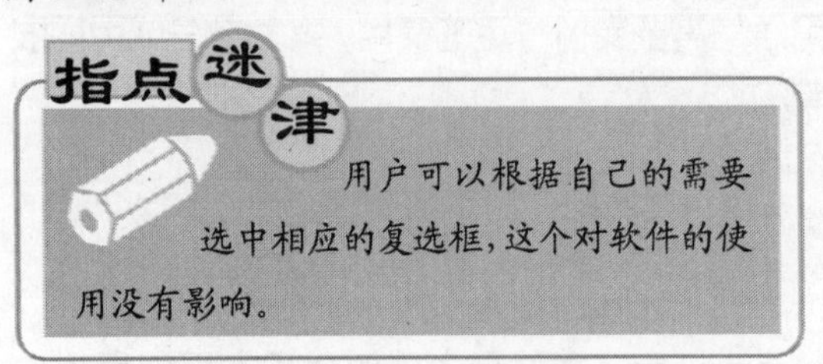

指点迷津

用户可以根据自己的需要选中相应的复选框，这个对软件的使用没有影响。

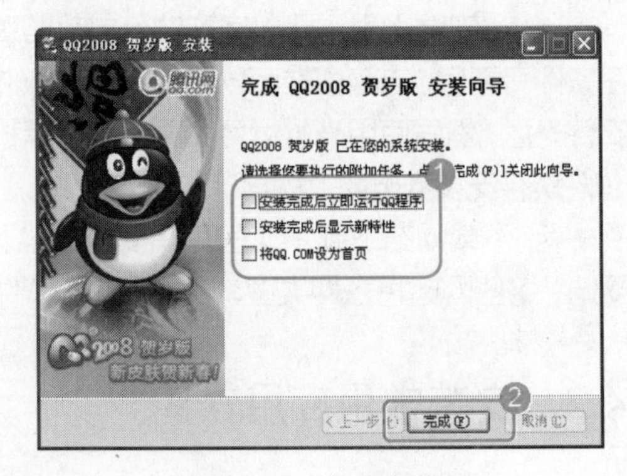

图 5-88　完成安装

重点提示

其他软件的安装方法与 QQ 的安装方法类似，只需要根据提示进行操作即可。另外，安装软件时系统默认将其安装在 C 盘（系统盘），建议用户建立一个专门的软件库文件夹，这样便于软件的管理。

5.5 本日小结

本节内容学习时间为 19:00～19:50

今天介绍了操作系统的安装方法、硬件驱动程序的安装方法以及常用应用软件的安装方法。

操作系统的安装主要介绍了 Windows XP 和 Windows Vista 的安装条件以及安装方法，用户在安装时可以根据需要选择不同的操作系统，但其安装方法基本类似，只要掌握一种即可。需要注意的是，Windows Vista 操作系统必须激活，否则只有一个月的试用时间。另外，读者也可以参考其他书籍学习双操作系统或多操作系统的安装。

硬件驱动程序的安装主要介绍了主板、显卡、声卡的安装方法，还介绍了如何更新网卡的驱动程序和安装打印机的驱动程序。掌握硬件驱动程序的安装方法对以后的电脑中出现的一些故障进行解决时很有帮助。

常用应用软件的安装以安装 QQ 为例进行了简单的介绍，其他软件的安装方法与此类似，读者只需根据提示进行操作即可。掌握应用软件的安装非常重要，它是扩充电脑功能的方法，因此需要掌握。

通过今天的学习，读者应该对组装电脑过程中有关软件的安装，包括系统软件、应用软件的安装有一个清楚的认识，同时能够独立完成这些操作。

5.6 新手练兵

5.6.1 安装“暴风影音”

下面以安装 “暴风影音”为例巩固应用软件的安装方法。

（1）双击安装程序文件，弹出 Installer Language（选择安装语言）对话框，这里选择 Chinese（Simplified），然后单击 OK 按钮，如图 5-89 所示。

图 5-89　Installer Language 对话框

（2）弹出“欢迎使用暴风影音安装向导”窗口，直接单击 下一步(N) > 按钮，如图 5-90 所示。

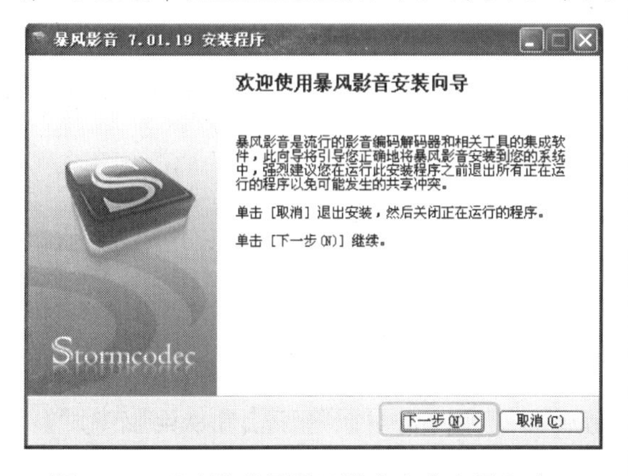

图 5-90　“欢迎使用暴风影音安装向导”窗口

（3）弹出“许可证协议”窗口，单击 我接受(I) 按钮继续，如图 5-91 所示。

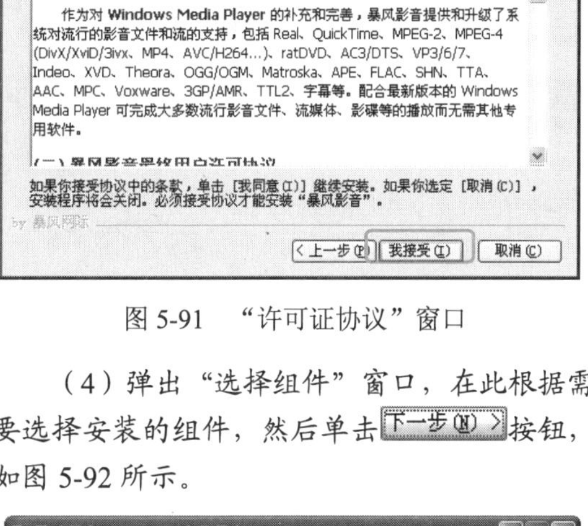

图 5-91　“许可证协议”窗口

（4）弹出“选择组件”窗口，在此根据需要选择安装的组件，然后单击 下一步(N) > 按钮，如图 5-92 所示。

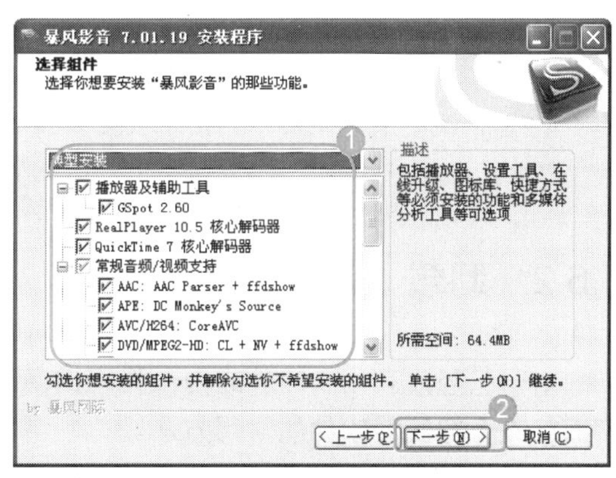

图 5-92　“选择组件”窗口

（5）弹出“选择安装位置”窗口，选择暴风影音安装的目标文件夹，然后单击[下一步(N) >]按钮，如图5-93所示。

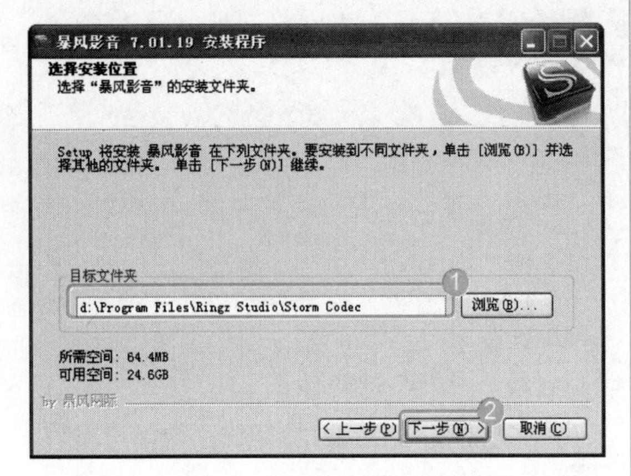

图5-93 “选择安装位置”窗口

（6）弹出“正在安装”窗口，如图5-94所示。

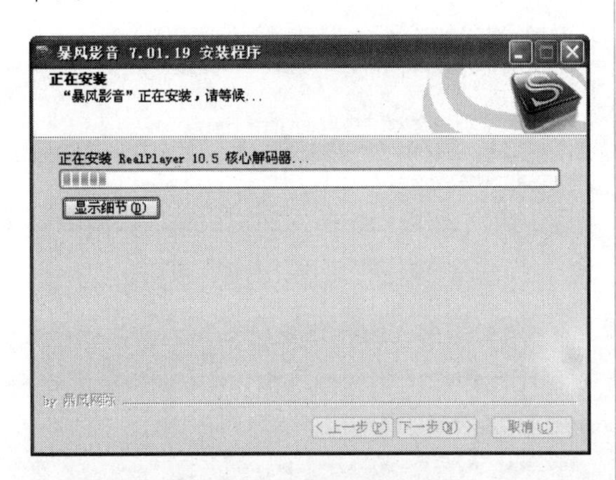

图5-94 “正在安装”窗口

（7）系统安装完毕后，弹出“设置文件关联”窗口，在此可以设置需要关联到MPC或者自定义播放器中的文件格式，设置完成后单击[确定]按钮，如图5-95所示。

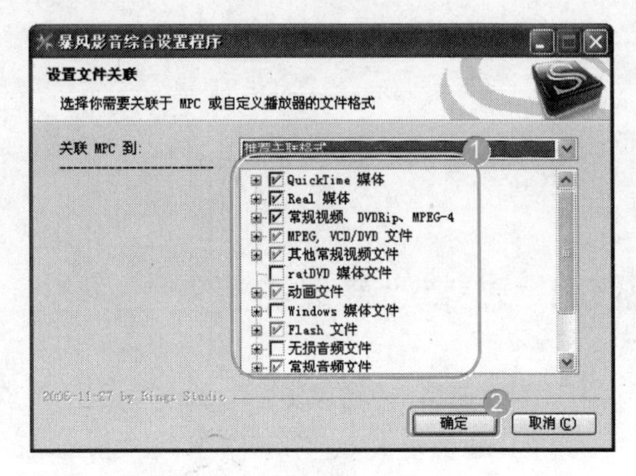

图5-95 “设置文件关联”窗口

（8）弹出“正在完成‘暴风影音’安装向导”窗口，直接单击[完成(F)]按钮，即可完成暴风影音的安装，如图5-96所示。

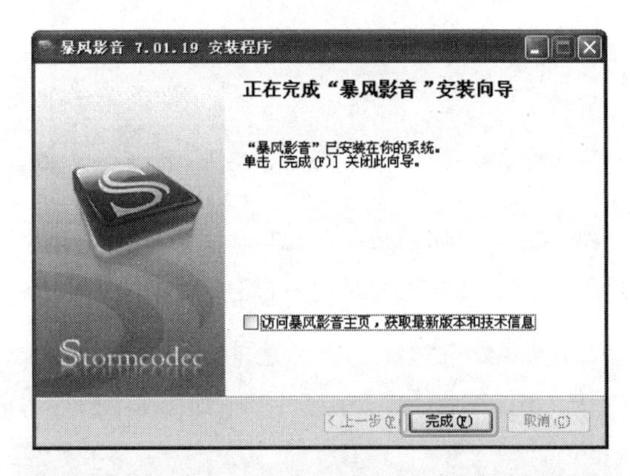

图5-96 “正在完成‘暴风影音’安装向导”窗口

（9）至此，暴风影音便安装完成，可以在“开始”菜单中找到该软件，并且系统桌面上也会出现该软件的启动快捷图标。

5.6.2 卸载“暴风影音”

对于已经没有用的软件或由于程序错误导致软件不可用时，可以将该软件从电脑中卸载。下面就来介绍卸载软件的常用方法。

卸载程序主要有两种方式，即通过“开始”菜单卸载和通过“控制面板”卸载。下面分别进行介绍。

1. 通过“开始”菜单卸载

现在开发的很多软件都带有一个自卸载程序，使用该程序可以比较彻底地删除该软件。下面以卸载软件“暴风影音”为例进行介绍，具体操作步骤如下：

（1）选择“开始”→“所有程序”→“暴风影音”→“卸载暴风影音”命令，如图 5-97 所示。

图 5-97　选择“卸载暴风影音”命令

（2）打开“卸载 暴风影音”窗口，直接单击 移除(U) 按钮，如图 5-98 所示。

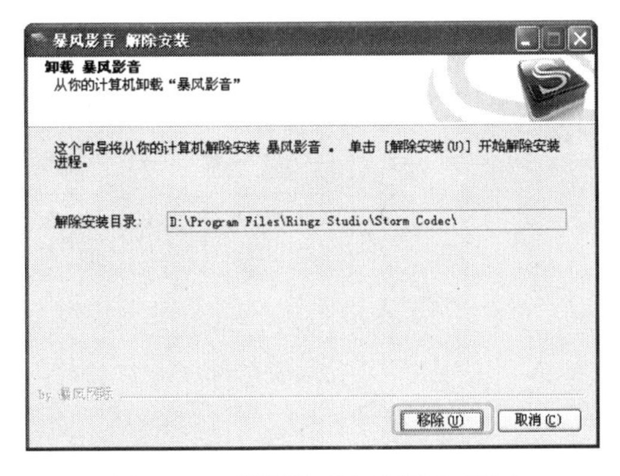

图 5-98　“卸载 暴风影音”窗口

（3）系统开始卸载软件，并同时显示卸载进度，如图 5-99 所示。

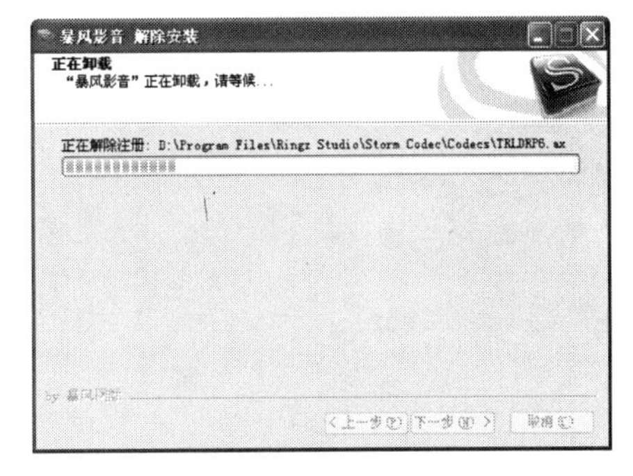

图 5-99　显示卸载进度

（4）卸载完成后弹出如图 5-100 所示的窗口，单击 完成(F) 按钮即可。

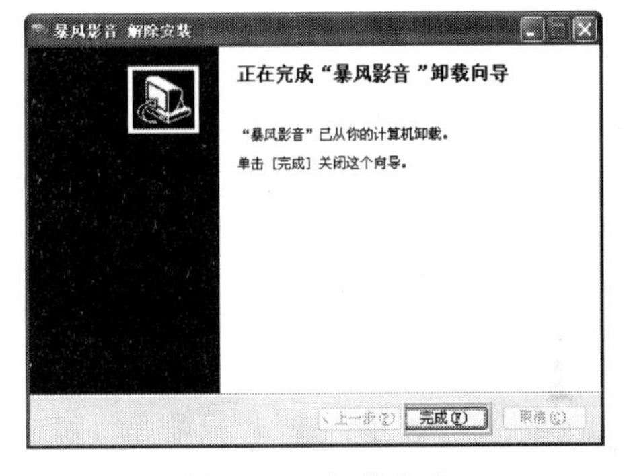

图 5-100　卸载完成

2. 通过“控制面板”卸载

Windows 系统还提供了通过“控制面板”添加/删除软件的方法。虽然很少使用它来添加软件，但却会经常使用它来卸载安装的应用软件。下面通过“控制面板”来卸载“暴风影音”，具体操作步骤如下：

（1）选择“开始”→“控制面板”命令，打开“控制面板”窗口，然后单击图标，如图 5-101 所示。

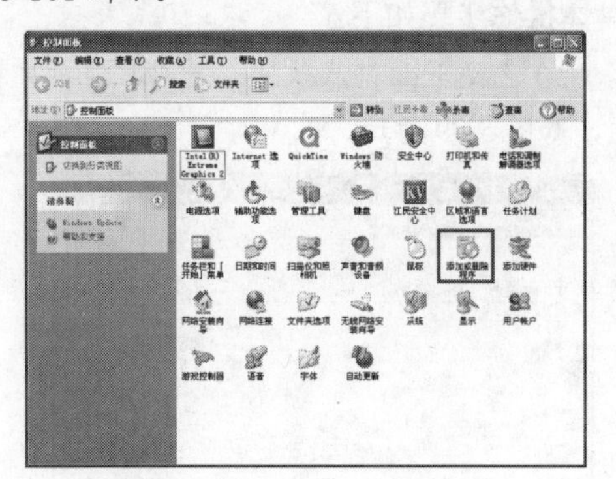

图 5-101　“控制面板”窗口

（2）弹出“添加或删除程序”窗口，在此选择要删除的“暴风影音”软件，然后单击“更改/删除”按钮，如图 5-102 所示。

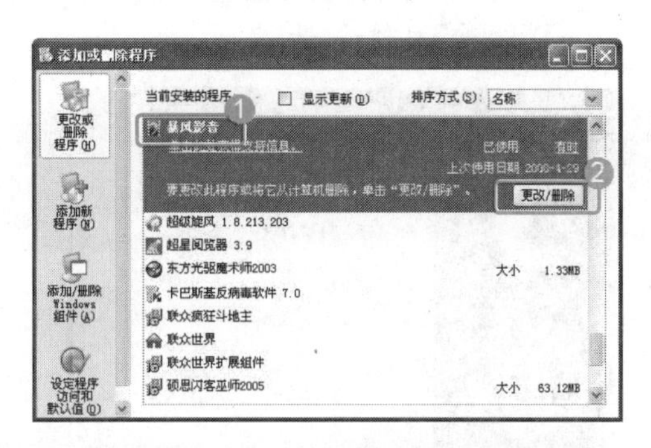

图 5-102　选择要删除的程序

（3）弹出“卸载 暴风影音”窗口，如图 5-103 所示。其后的操作与通过软件自带的卸载程序卸载软件的方法相同。

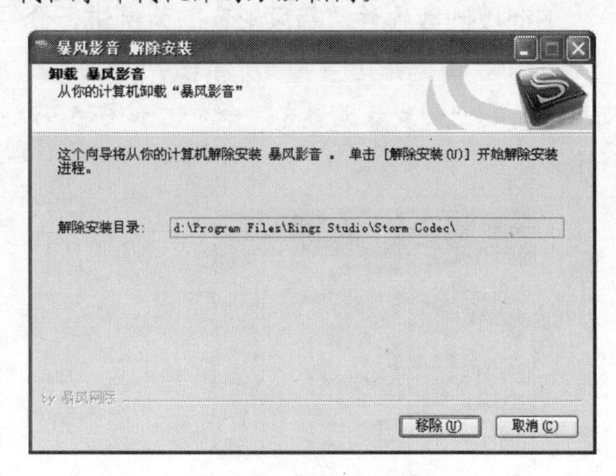

图 5-103　“卸载 暴风影音”窗口

第6日

电脑性能测试及日常维护

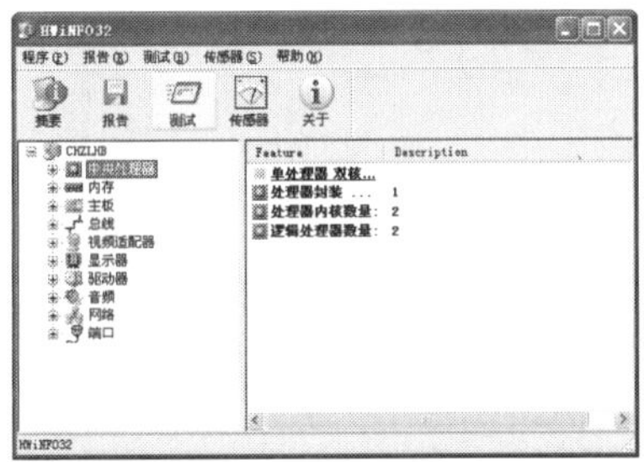

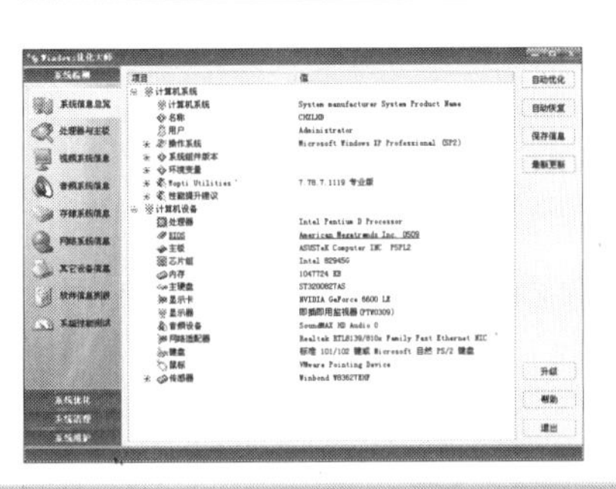

今日学习内容综述

上午：1. 电脑硬件信息检测

2. 评测电脑整体性能

下午：3. 电脑的日常维护与优化

4. 操作系统的维护

超超：老师，我总觉得我的电脑性能不太好，有什么办法可以测试一下吗？

越越老师：当然有了，现在有很多专业的软件可以对电脑的硬件、运行情况等进行测试。

超超：真的吗？那您快给我介绍几种吧！

越越老师：那你可要认真听讲了，我们这就开始吧！

6.1　电脑硬件信息检测

本节内容学习时间为 8:00～10:20（视频：第 6 日\电脑硬件信息检测）

电脑组装完成后，需要确认电脑的硬件是否能够正常工作及验证其各个部件是否与包装相符，这就需要用户掌握检测电脑硬件以及电脑整体性能的工具和方法。本章将介绍电脑硬件的检测、电脑整体性能的检测以及电脑稳定性检测的工具和使用方法。

6.1.1　电脑硬件测试的概述

对于电脑的各个部件，要评价其性能高低以及真伪，就必须要测试其中各个部件的优劣及组装在一起的整体表现。近年来，一些专业评测机构开发了评测软件，这些软件通过大量数据的比较，分析各项测试内容，进而得出相应的数值，这种采用同一款测试软件测试的方法被称为电脑的软件测评。

6.1.2　电脑硬件测试的必要性

对电脑进行性能测试，可以进行 CPU、内存、主板、显卡、显示器、声卡和硬盘等硬件设备的测试，从而获得各个硬件的性能指标，了解硬件的实际参数是否与商家宣传的参数相符。

6.1.3　CPU 测试工具

常用的 CPU 测试工具有 CPU-Z、Intel Processor Identification Utility、WCPUID 以及 CPU Burn 等，其检测的侧重点不同。下面主要介绍使用 CPU-Z 测试 CPU 信息和使用 Intel Processor Identification Utility 检查 CPU 是否被 ReMark 的方法。

1. 使用 CPU-Z 测试 CPU 信息

CPU-Z 软件是一款集 CPU、主板、内存等信息查询为一体的免费软件，该软件可以提供全面的 CPU 相关信息报告，包括处理器的名称、厂商、时钟频率、核心电压、超频检测、CPU 所支持的多媒体指令集，并且还可以显示出关于 CPU 的 L1、L2 的资料（大小、速度、技术），支持双处理器。目前的版本已经不仅可以侦测 CPU 的信息，包括主板、内存等信息的检测 CPU-Z 同样可以胜任。新版本还增加了对 AMD64 处理器在 64 位 Windows 操作系统下的支持，增加了对新处理器 Celeron M、Pentium 4 Prescott 的支持。下面就来介绍 CPU-Z 的具体使用方法。

（1）启动 CPU-Z，打开 CPU-Z 窗口，默认显示 CPU 选项卡，其中显示了 CPU 的主要信息，包括时钟和缓存的基本信息，如图 6-1 所示。

图 6-1 CPU 信息

（2）选择"缓存"选项卡，可以检测到电脑一级缓存和二级缓存等信息，包括缓存的大小、描述等信息，如图 6-2 所示。

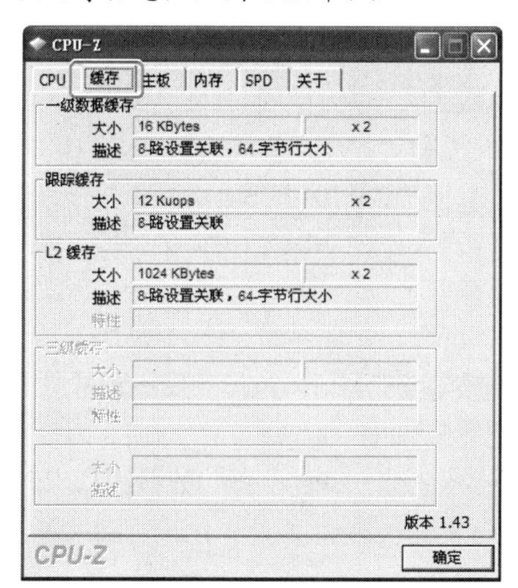

图 6-2 缓存信息

（3）选择"主板"选项卡，可以检测到主板的基本信息，包括生产厂商、型号、芯片组信息，以及 BIOS 和图形接口的有关信息，如图 6-3 所示。

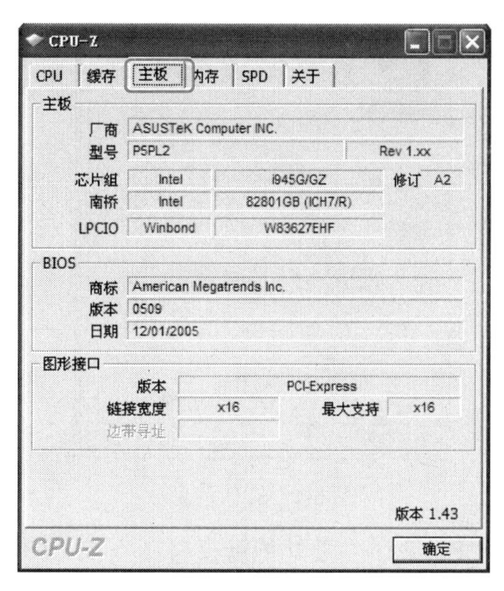

图 6-3 主板信息

（4）选择"内存"选项卡，可以检测到内存的基本信息，包括内存类型、大小、通道数以及时钟频率等信息，如图 6-4 所示。

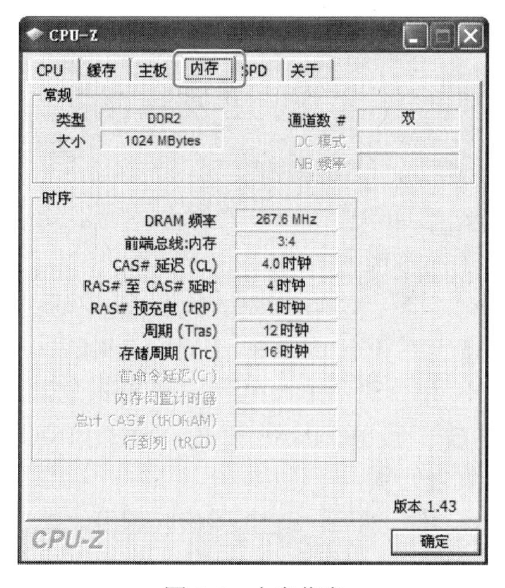

图 6-4 内存信息

（5）选择 SPD 选项卡，可以检测到 SPD 的基本信息，在"内存插槽选择"下拉列表框中选择插槽，可以查看每个插槽中内存的有关信息，包括内存类型、大小、最大带宽以及时钟频率等信息，如图 6-5 所示。

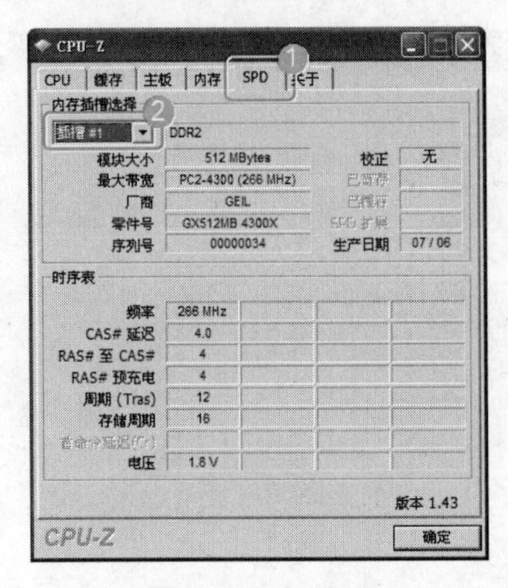

图 6-5　SPD 信息

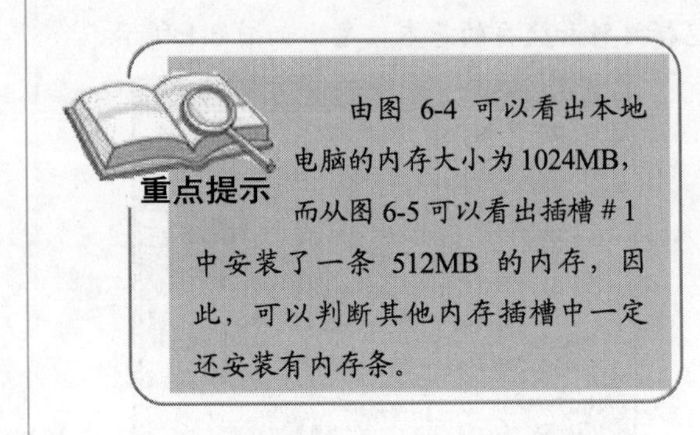

CPU-Z 的主要功能就是查看当前 CPU 的信息，所以应对 CPU 选项卡中的参数重点进行了解。下面给出了部分重要参数的含义，读者可以参照图 6-1 进行理解。

❖ 名称：CPU 的名称。如这块 CPU 名称为 Intel Pentium D820。

❖ 代号：CPU 所采用的核心。如这块 CPU 所采用的核心为 SmithField。

❖ 封装：CPU 的封装形式。如这块 CPU 采用的是 Socket 775 LGA 接口形式封装。

❖ 工艺：CPU 的制造工艺。如这块 CPU 采用的是 90nm 制造工艺。

❖ 核心电压：CPU 的核心电压。如这块 CPU 的核心电压为 1.312V。

❖ 规格：CPU 的制造规格。如这块 CPU 为 Intel（R）Pentium（R）D CPU 2.80GHz。

❖ 指令集：CPU 所支持的扩展指令集。如这块 CPU 支持 MMX、SSE、SSE2、SSE3 和 EM64T 指令集。

❖ 核心速度：CPU 的核心速度。如这块 CPU 的核心速度为 2810.0MHz。

❖ 倍频：当前 CPU 使用的倍频。如这块 CPU 使用的倍频为 × 14.0。

❖ 总线速度：CPU 的总线速度。如这块 CPU 的总线速度为 200.7MHz。

❖ 额定 FSB：当前 CPU 的额定 FSB。如这块 CPU 的额定 FSB 为 802.9MHz。

❖ 一级数据：一级数据缓存。如这块 CPU 的一级数据缓存大小为 2 × 16KB。

❖ 二级：二级高速缓存。如这块 CPU 的二级缓存大小为 2 × 1024KB。

❖ 三级：三级高速缓存。如这块 CPU 没有三级缓存。

❖ 选择：如果在该下拉列表框中有选项，则表明该电脑有多个 CPU，选择不同的选项，可以查看每个 CPU 的信息。

❖ 核心数：CPU 的核心数量。如这块 CPU 是双核 CPU。

2. 使用 Intel Processor Identification Utility 进行 ReMark 检查

ReMark 即重新标记之意，也叫打磨。经过重新标记后，低档产品被作为高档产品销售，商家从中赚取差价。目前市场中 ReMark 过的 CPU 产品最多，这其中不仅有 Intel 的 Pentium 和 Celeron 系列，也有 AMD 的 Atnlon XP 系列。

而使用由 Intel 公司提供的 Intel Processor Identification Utility，则可以使客户检测到 IntelCPU 的品牌、特性、包装、设计频率和实际操作频率，从而辨别 Intel CPU 是否超出英特尔额定的频率在操作。下面将介绍 Intel Processor Identification Utility 的具体使用方法。

（1）启动 Intel Processor Identification Utility，打开“英特尔（R）处理器标识实用程序”界面，默认显示“频率测试”选项卡，在此可以检查处理器中的内部数据（包括速度、系统总线、L2 高速缓存内存），并将此数据与检测到的操作频率进行比较，如图 6-6 所示。

图 6-6　处理器频率检测

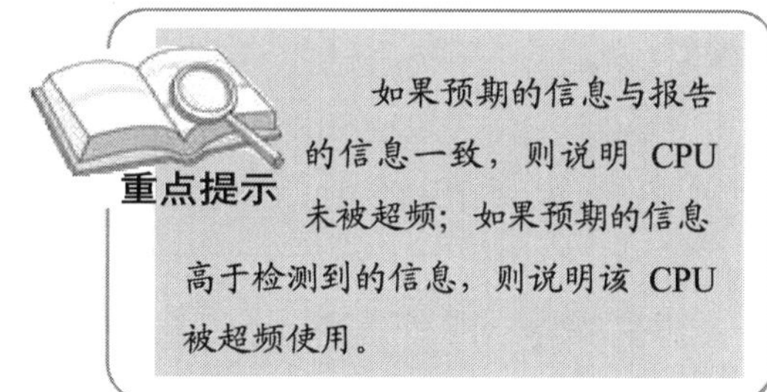

重点提示

如果预期的信息与报告的信息一致，则说明 CPU 未被超频；如果预期的信息高于检测到的信息，则说明该 CPU 被超频使用。

（2）选择“CPU 技术”选项卡，可以查看该款 CPU 支持哪些高级处理器技术，如超线程技术、64 位扩展技术、动态节能技术等，如图 6-7 所示。

指点迷津

该软件使用频率确定算法来确定 CPU 的运行频率，然后检查 CPU 内部数据，并将其与运行频率进行比较，最终将系统总体状态作为结果通知用户。

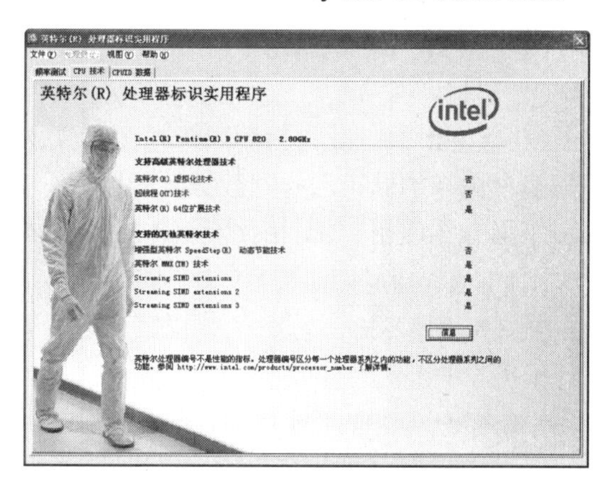

图 6-7　CPU 技术检测

重点提示

如果商家声称卖给你的是一款 Pentium Extreme Edition 处理器（该处理器支持超线程技术），而检测结果说明处理器不支持超线程技术，则很可能是商家在拿 Pentium D 处理器冒充 Pentium Extreme Edition 处理器。

（3）选择“CPUID 数据”选项卡，查看 CPU 的类型、系列、型号、封装形式、平台兼容性等详细的规格参数，如图 6-8 所示。

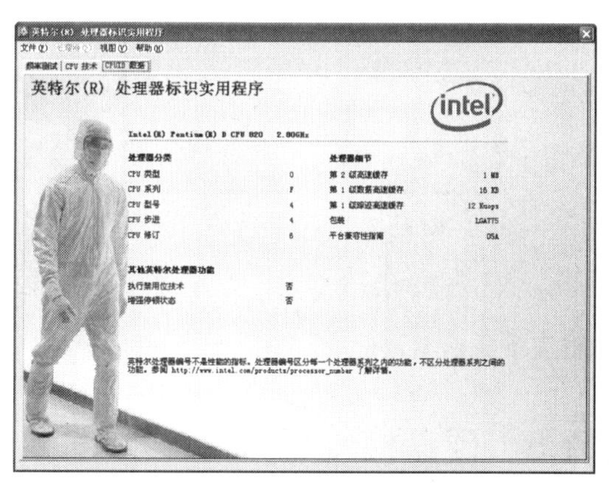

图 6-8　CPUID 检测

6.1.4 内存测试工具

MemTest 是一款常用的内存检测工具，它通过长时间的运行来检测内存的稳定性，同时可以测试内存的储存和检索数据的能力。

下面介绍使用 MemTest 测试内存的具体操作步骤。

（1）启动 MemTest，弹出“欢迎，新的 MemTest 用户”界面，直接单击 确定 按钮继续，如图 6-9 所示。

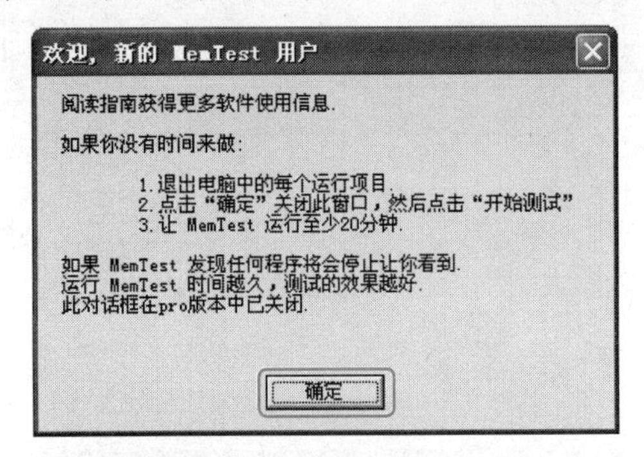

图 6-9 “欢迎，新的 MemTest 用户”界面

（2）弹出具体设置窗口，在“输入内存兆字节进行测试”文本框中输入测试内存大小，然后单击 开始测试 按钮进行测试，如图 6-10 所示。

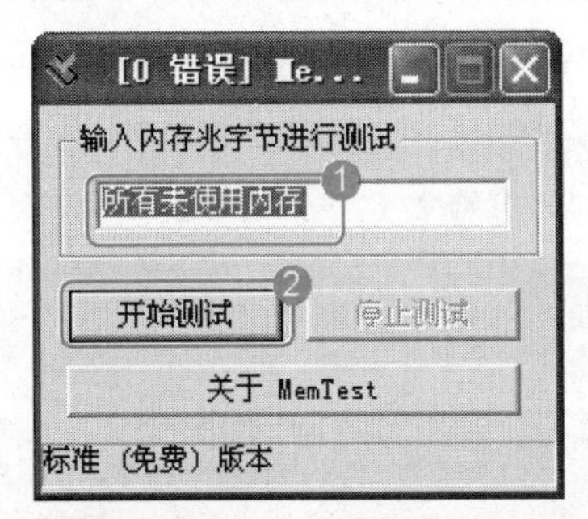

图 6-10 具体设置窗口

（3）软件即开始运行测试，同时界面下方有进度条显示测试进度，如图 6-11 所示。

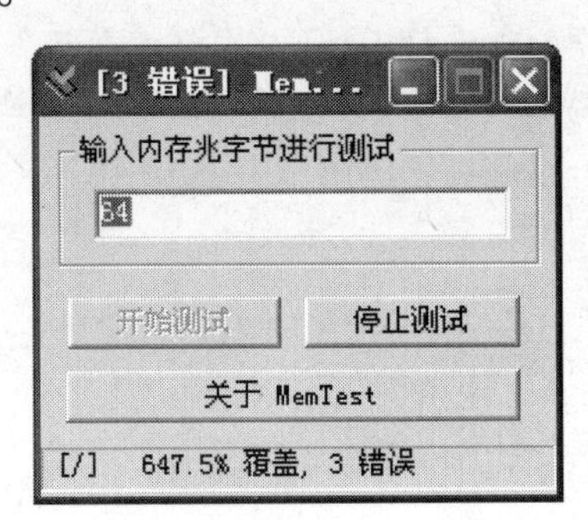

图 6-11 测试进度

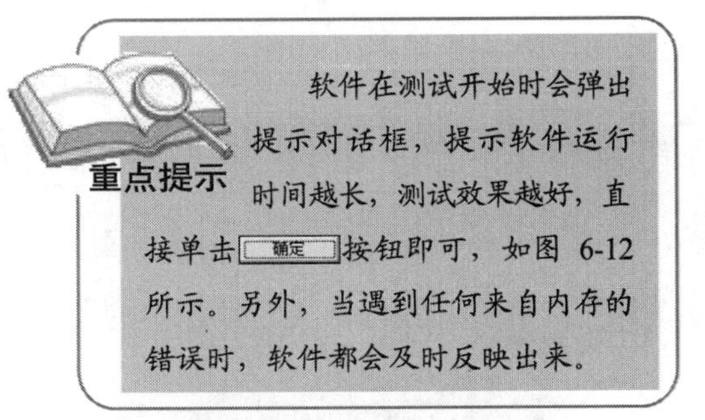

软件在测试开始时会弹出提示对话框，提示软件运行时间越长，测试效果越好，直接单击 确定 按钮即可，如图 6-12 所示。另外，当遇到任何来自内存的错误时，软件都会及时反映出来。

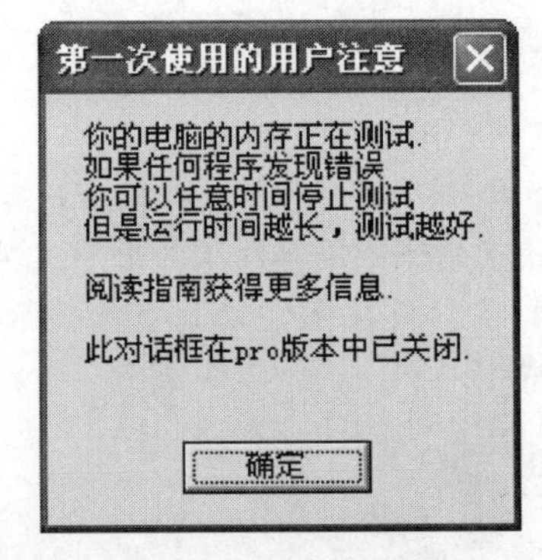

图 6-12 提示对话框

6.1.5 硬盘检测工具

HD Tune 是一款小巧易用的硬盘工具软件，它可以检测出硬盘的固件版本、序列号、容量、缓存大小以及当前的 Ultra DMA 模式等，也可以检测硬盘传输速率、健康状态、温度检测等。

下面就来介绍使用 HD Tune 测试硬盘的具体操作步骤。

（1）启动 HD Tune，弹出 HD Tune 窗口，默认选择“基准”选项卡，单击 开始 按钮即可开始检测，完成后将以图示以及数字的方式列出硬盘传输速率、存取时间以及突发传输速率等信息，如图 6-13 所示。

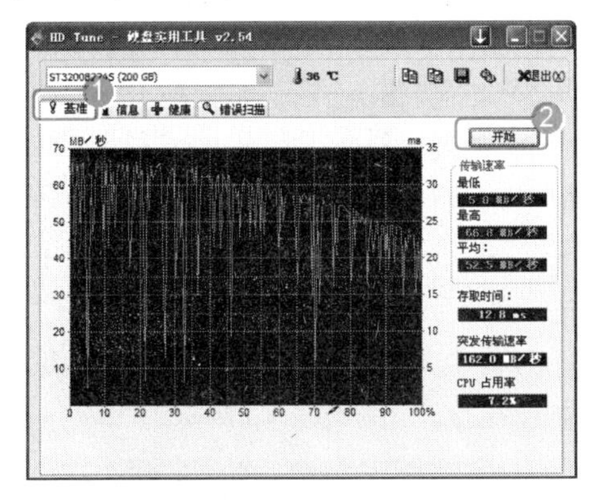

图 6-13　“基准”选项卡

（2）选择“信息”选项卡，可以查看当前硬盘的分区、固件版本、序列号、容量、缓存大小以及 UDMA 模式等信息，如图 6-14 所示。

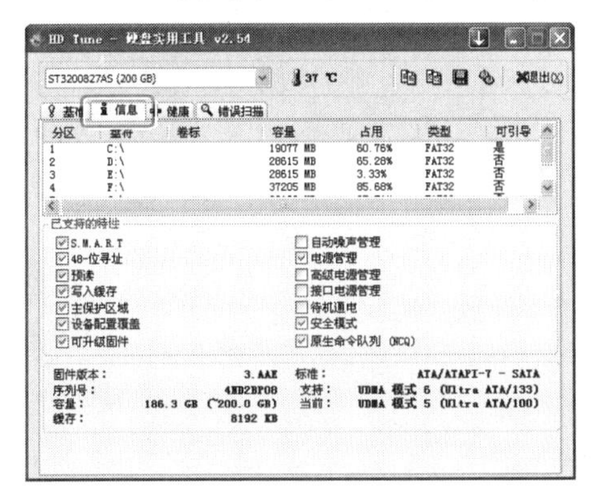

图 6-14　“信息”选项卡

重点提示

如果安装有多个硬盘，可以在左上角的下拉列表框中选择要检测的硬盘，在该下拉列表框后面显示的是该硬盘当前的温度。

（3）选择“健康”选项卡，可以查看当前硬盘的健康状态，如图 6-15 所示。

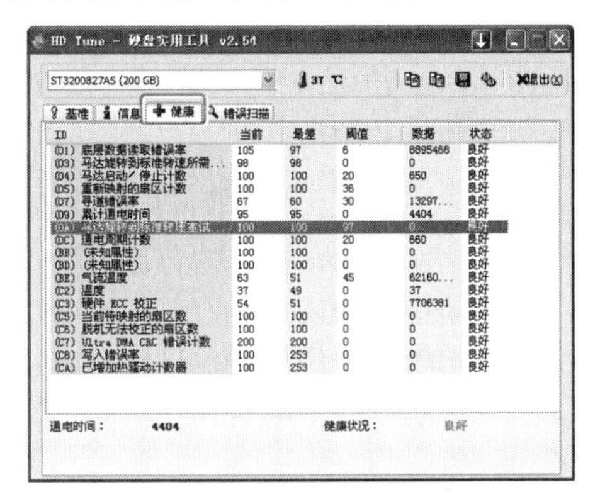

图 6-15　“健康”选项卡

（4）选择“错误扫描”选项卡，单击 开始 按钮，软件将开始对当前硬盘进行扫描，以检查是否存在坏块，如图 6-16 所示。

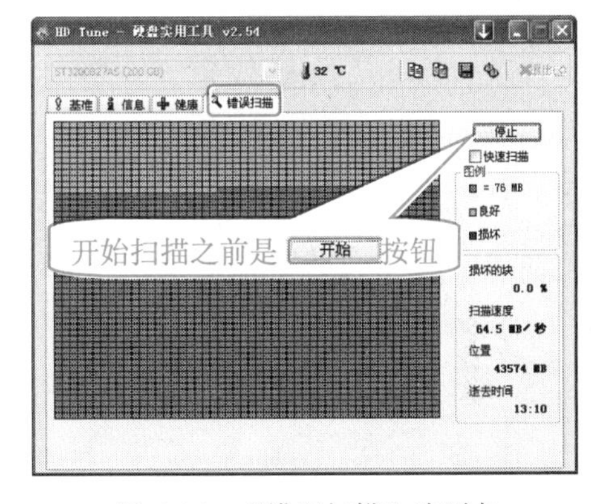

图 6-16　“错误扫描”选项卡

重点提示

HD Tach 也是一款专门测试硬盘底层性能的软件，使用它可以测试硬盘的连续数据传输率、随机存取时间和突发数据传输率。另外，该软件还可以用于软驱和 ZIP 驱动器测试。

6.1.6 显示器检测工具

DisplayX 是一款非常适合于测试液晶显示器的测试软件，使用它可以评测显示器的显示能力。液晶显示器的检测不同于普通的 CRT 显示器，除了色彩等常规检测之外，还需要用各种纯色画面来帮助找出坏点这一液晶显示器最主要的瑕疵。另外，还需要具备快速移动的画面，帮助用户直观地了解该液晶显示器的延迟是否严重。

下面就来介绍使用 DisplayX 检测液晶显示器的具体操作步骤。

（1）启动 DisplayX，弹出 DisplayX 窗口，其上方的菜单栏中显示了该软件可以检测的项目，如选择“常规单项测试”→“纯色”命令，如图 6-17 所示。

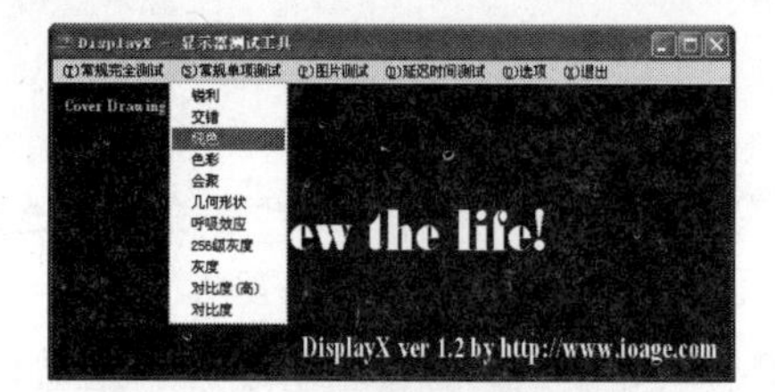

图 6-17 DisplayX 窗口

（2）软件将附加多个不同颜色的纯色画面，在纯色画面下可以很容易地找出总是不变的亮点、暗点等坏点，如图 6-18 所示。

图 6-18 “纯色”测试

（3）选择“延迟时间测试”选项，弹出延迟时间测试窗口，其中有 4 个快速移动的小方块，每一个小方块旁有一个响应时间，指出其中响应速度最快并且能够支持显示、轨迹正常并且无拖尾的小方块，其对应的响应时间就是显示器的最高响应时间，如图 6-19 所示。

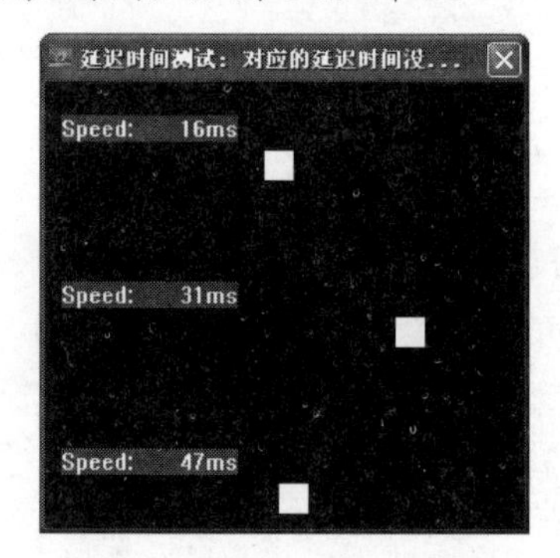

图 6-19 延迟时间测试

重点提示

另外，Nokia Monitor Test 也是一款显示器测试专业软件，由 NOKIA 公司开发，使用它可以测试显示器的几何失真度、分辨率和文本清晰度等性能参数。其使用方法也很简单，这里就不过多介绍。

6.1.7 其他硬件检测工具

下面介绍几款常用的测试其他硬件的软件。

1. 显卡测试工具——3D Mark

3D Mark 是一款经典的显卡测试软件，通过长时间的运行游戏，以获得显卡的性能参数。3D Mark 目前最新版本为 3D Mark 2006 版，对电脑的硬件要求较高，用户可以根据电脑的实际情况选择不同的版本，对显卡进行测试。

2. 声卡测试工具——RightMark Audio Analyzer

RightMark Audio Analyzer 是一款对声卡和音频设备进行评测的软件。它可以测试出频率响应、本底噪声、动态范围、总谐波失真+噪声、立体声分离度和互调失真等性能参数。

3. BIOS 测试软件——eSupport BIOS Agent

eSupport BIOS Agent 是一款绿色软件，对主板相关信息的检测相当详细，它包括对厂商、BIOS 出厂日期、类型、主板芯片组、CPU 类型、频率和物理内存等信息的检测。

4. 光驱测试软件——Nero CD-DVD Speed

Nero CD-DVD Speed 是一款光驱测试软件，使用它可以测试刻录机的刻录速度、刻录机或者光驱的传输方式、光盘的读取与模拟刻录测试、光盘刻录之后的品质，并且可以显示刻录机或光驱的寻道时间即 CPU 占用率等。

6.2 评测电脑整体性能

本节内容学习时间为 10:30～12:00（视频：第 6 日\评测电脑整体性能）

除了对电脑配置的硬件信息有所了解外，用户最关心的就是电脑的整体性能。下面就来介绍两款专业的评测软件，使用它们可以对系统进行比较全面的评测，并给出对比结果。

6.2.1 使用 SiSoftware Sandra 进行测试

SiSoftware Sandra 是一款功能强大的系统综合分析评测工具，拥有超过 30 种以上的测试项目，主要包括 CPU、内存、驱动器、显卡、鼠标、键盘、网络、主板及打印机等。

1. 综合性能测试

利用 SiSoftware Sandra 的向导模块，可以轻松地帮助用户对电脑进行一次全面的硬件测试并生成测试报告。通过该报告，即可对硬件的型号、性能和配置中存在的问题有一个清晰的了解。

下面介绍使用 SiSoftware Sandra 的向导模块测试整机性能的步骤。

（1）启动 SiSoftware Sandra，双击“向导模块”列表中的“综合性能指标向导”选项，如图 6-20 所示。

图 6-20　SiSoftware Sandra 主界面

（2）打开“综合性能指标向导”对话框，单击✓按钮继续，如图 6-21 所示。

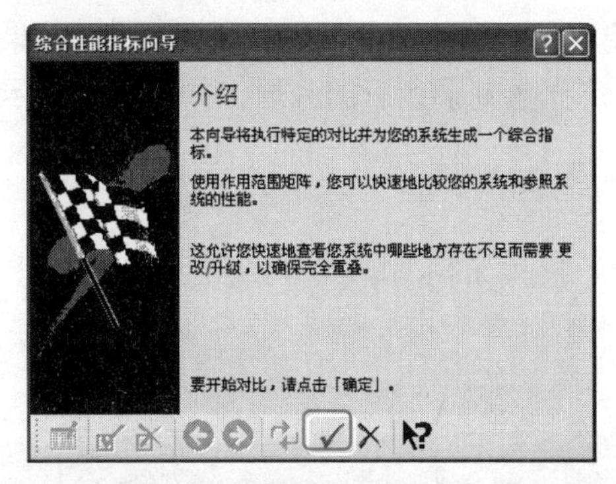

图 6-21　“综合性能指标向导”对话框

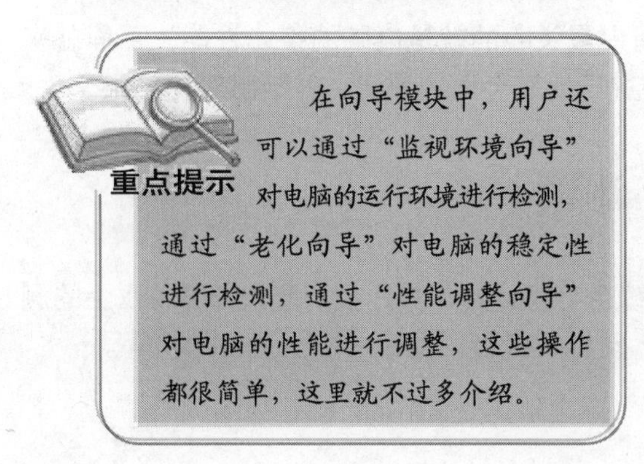

重点提示

在向导模块中，用户还可以通过“监视环境向导”对电脑的运行环境进行检测，通过“老化向导”对电脑的稳定性进行检测，通过“性能调整向导”对电脑的性能进行调整，这些操作都很简单，这里就不过多介绍。

（3）系统开始自动进行分析并打开性能测试对话框，分析项目包括 CPU 运算对比、CPU 多媒体对比、内存带宽对比、文件系统对比等，如图 6-22 所示。

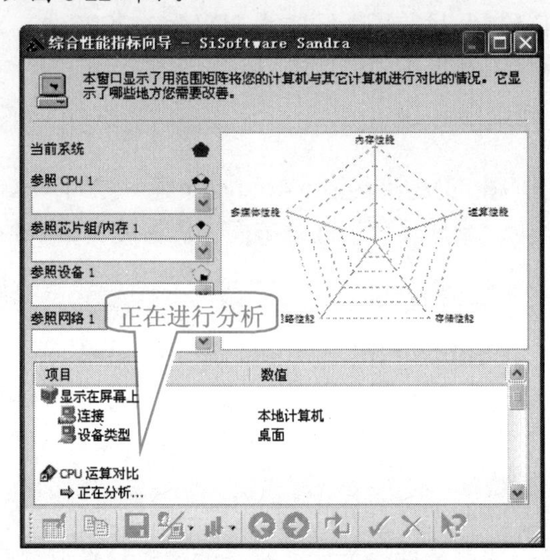

图 6-22　正在分析系统性能

（4）分析完成后，在窗口左侧将显示当前系统的分析结果，窗口右侧为参照的系统配置，如图 6-23 所示。

图 6-23　分析结果

2. 硬件信息检测

通过 SiSoftware Sandra 的信息模块，也可以方便地对系统硬件和软件进行分析检测，并给出测试报告，包括主板、CPU、电源、驱动器、显示系统、声音系统等硬件，以及 Winsock、DirectX 和 OpenGL 等软件信息。

下面以查看系统概况为例进行介绍，具体操作步骤如下：

（1）在 SiSoftware Sandra 主界面中双击"信息模块"列表中的"系统概况"选项，如图 6-24 所示。

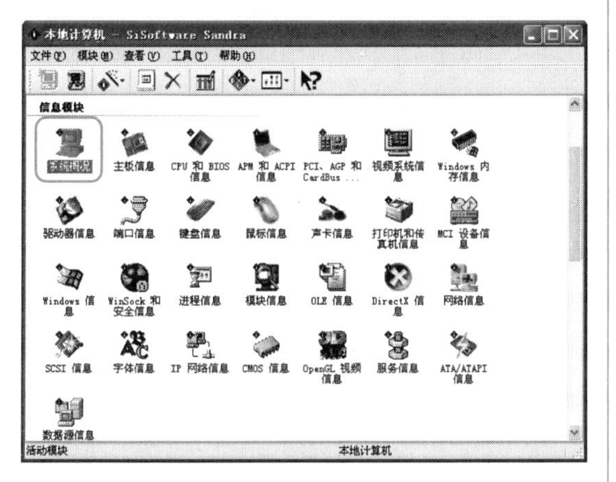

图 6-24 双击"系统概况"选项

（2）经过短暂检测之后，打开"系统概况"窗口，在此可以看到主机名称、登录用户、CPU 有关信息、主板有关信息等，如图 6-25 所示。

图 6-25 系统概况

3. 对比电脑性能差异

通过 SiSoftware Sandra 的对比模块，可以对多个重要项目进行测试，并把测试数据与其他基准系统（如 Atlon、Pentium 等系统）的测试数据进行比较，从而可以判断当前系统的性能优劣。

下面以对比系统缓存与内存为例进行介绍，具体操作步骤如下：

（1）在 SiSoftware Sandra 主界面中双击"对比模块"列表中的"缓存和内存对比"选项，如图 6-26 所示。

（2）打开"缓存和内存对比"窗口，在其左边显示了 SiSoft Sandra 自动挑选的 4 个与当前 CPU/芯片组性能相近的 CPU/芯片组，单击按钮，软件即开始对电脑的文件系统进行测试，测试完毕后，软件将在窗口下方的列表框中显示测试的结果，如图 6-27 所示。

图 6-26 双击"缓存和内存对比"选项

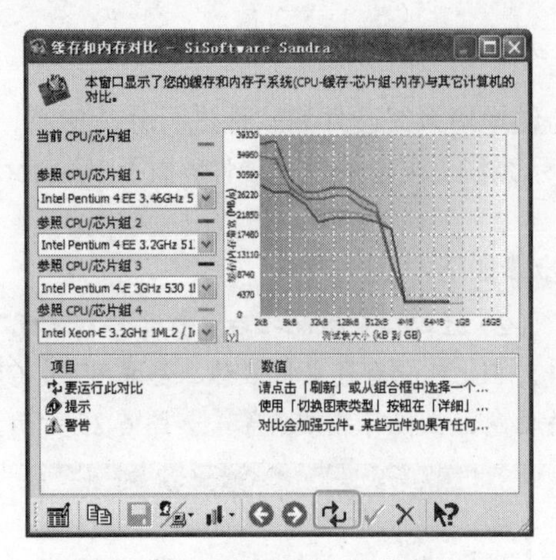

图 6-27 “缓存和内存对比”窗口

重点提示

如果电脑的内存容量较小，那么内存在这个测试中就会成为瓶颈，妨碍电脑的性能。如果测试结果与其他配置差距较大，那么就需要考虑升级内存以改善电脑性能。另外，在等待测试结果的过程中，不要移动鼠标和按键盘，也不要运行任何程序。

在 SiSoftware Sandra 的对比模块中，还包括以下几个重要项目的测试，其测试方法与对比系统缓存和内存类似，这里不再赘述。

❖ CPU 运算对比：主要测试 CPU 的运算能力，在对比项目中不考虑其他硬件配置对 CPU 的影响，完全依靠 CPU 自身的运算能力进行对比测试。

❖ CPU 多媒体对比：主要通过 CPU 的运算能力来判断电脑显示系统的性能，主要是测试 CPU 和显卡的协同运算能力。在测试完成后可通过参照 CPU 来判断这台电脑的 CPU 和显卡的运算能力处于什么档次。CPU 多媒体对比不仅要测试 CPU 的运算能力，而且还要考察显卡和显示器的性能，这两个系统的运算能力都会直接影响到最后得分。

❖ 文件系统对比：测试的是硬盘的读写性能，主要是考察硬盘的实际读写能力及不同分区的读写能力。在测试完成后可通过对比结果来判断这台电脑硬盘读写性能的高低。如 SATA 接口硬盘明显要比 IDE 接口硬盘读写性能更高。。

❖ 缓存和内存对比：主要考察 CPU 缓存-芯片组-内存之间的数据传输能力，这一测试结果也能最直观地反映系统的实际数据传输能力。在测试完成后可通过当前 CPU/芯片组来判断缓存和内存的数据传输能力。

重点提示

在 SiSoftware Sandra 主界面中，还有一个“测试模块”，主要用来检查各种硬件资源的分配和使用情况，如硬件中断请求设置、保护模式下的中断请求处理情况、实模式下的中断请求处理情况、内存资源、即插即用设备详细信息

6.2.2 用 HWiNFO 进行整机测试

HWiNFO 也是一款功能强大的硬件测试工具，可以检测系统、CPU、内存、主板、显示卡、显示器等信息，还可以对 CPU、内存、硬盘等进行基准测试。

下面主要介绍使用 HWiNFO 测试硬件性能的操作方法，具体操作步骤如下：

（1）启动 HWiNFO，单击工具栏中的“测试”按钮，如图 6-28 所示。

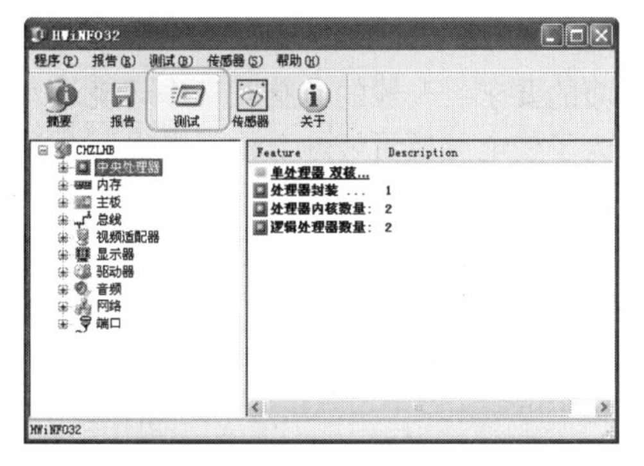

图 6-28 单击 “测试”按钮

（2）弹出“选择要执行的测试”对话框，根据选择要测试的项目，这里选中全部复选框，然后单击开始(S)按钮，如图 6-29 所示。

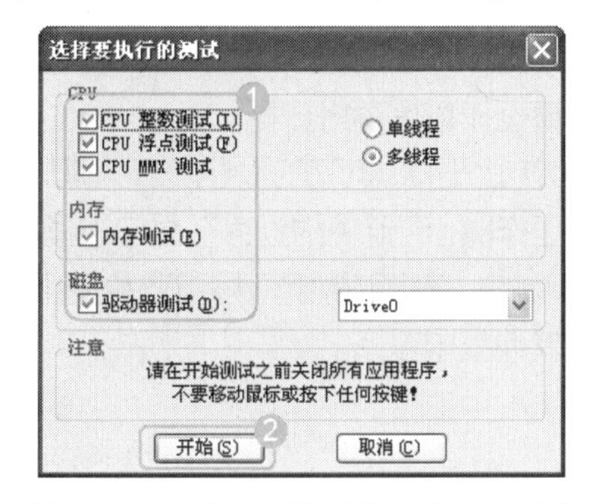

图 6-29 “选择要执行的测试”对话框

（3）软件即开始进行检测，检测完毕后弹出“HWiNFO32 测试结果”对话框，显示了处理器、内存和磁盘的性能得分，如图 6-30 所示。

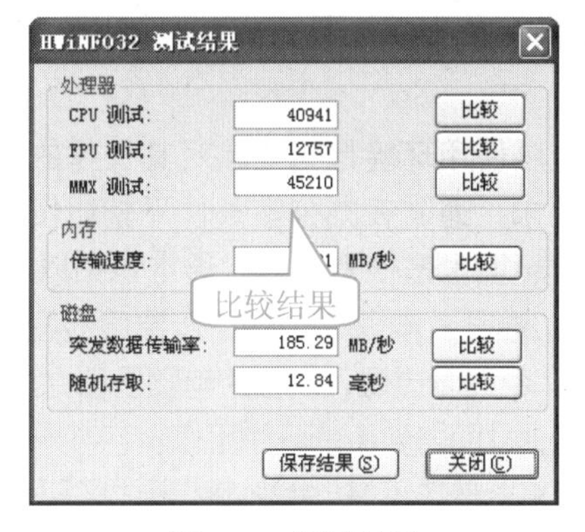

图 6-30 测试结果

（4）如果感觉这些数字表示过于抽象，可以单击每个得分后面的比较按钮，如单击“CPU 测试”文本框后面的“比较“按钮，将弹出“CPU 测试比较”对话框，其中用红色的色条表示了本地电脑的得分，这样就可以清楚、直观地了解该设备的性能，如图 6-31 所示。

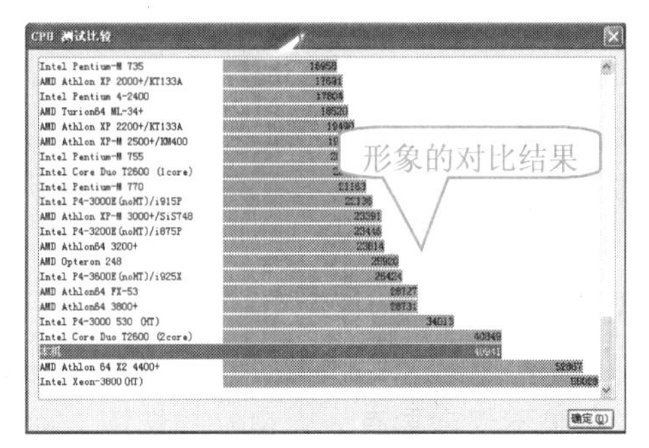

图 6-31 CPU 测试比较

6.3 电脑的日常维护与优化

本节内容学习时间为 14:00～15:50

电脑的日常维护主要是指电脑使用环境的管理、个人的使用习惯以及常用部件的日常维护。下面分别进行介绍。

6.3.1 电脑使用环境的管理

电脑使用环境是指电脑对其工作的物理环境方面的要求。一般的电脑对工作环境没有特殊的要求，通常在办公室条件下就能使用。但是，为了使电脑能更好地工作，提供一个良好的工作环境也是很重要的，通常包括以下几个方面。

❖ 温度：电脑理想的工作温度应在 10℃~35℃。若温度过低，则会使电脑各部件之间接触不良，从而导致不能正常工作；若高于 35℃，则由于机器散热不好，会影响机器内各部件的正常工作。所以在条件允许的情况下，最好将电脑放置在有空调的房间内。

❖ 湿度：在放置电脑的房间内，其相对湿度最高不能超过 80%，否则会由于结露使电脑内的元器件遭受腐蚀，加速氧化，甚至会发生短路损坏机器。相对湿度也不能低于 20%，否则会由于过份干燥而产生静电干扰，引起电脑的错误动作。

❖ 洁净要求：通常应保持电脑所在空间洁净。如果放置电脑的空间内灰尘过多，灰尘附落在磁盘或磁头上，不仅会造成读写错误，而且也会缩短电脑的寿命；灰尘也会堵塞电脑的散热系统以及容易引起内部零件之间的短路而使电脑的使用性能下降甚至损坏。

❖ 电源要求：电脑对电源有两个基本要求，一是电压要稳定，二是在机器工作时供电不能间断。电压不稳不仅会造成磁盘驱动器运行不稳定而引起读写数据错误，而且对显示器和打印机也会有影响。为了获得稳定的电压，可以使用交流稳压电源。为防止突然断电对电脑工作的影响，最好装备不间断供电电源（UPS），以便能使断电后继续工作一小段时间，使操作人员能及时处理完计算工作或保存好数据。

❖ 防止干扰：电脑的附近应避免磁场干扰，在电脑工作时，应避免附近存在强电设备的开关动作。因此，在电脑附近应尽量避免使用电炉、电视或其他强电设备。

6.3.2 注意使用习惯

电脑不仅需要有一个良好的环境，而且我们平时的使用习惯也会对电脑有很大的影响。在电脑的使用过程中，要注意以下几项。

❖ 在打开电脑之前，要对电脑的运行环境情况进行查看，确保无误后再打开电脑。

❖ 不要频繁地开关电脑，这样对电脑各种配件的冲击很大，特别是对硬盘有更大的损坏。

❖ 按照正确的方法和顺序开关电脑。开机时，先打开音箱、打印机、显示器等外接的设备，最后打开主机，这样可以避免因电压的不稳带给主板的冲击。关机时正好相反，首先用电脑中的关机程序关闭主机，然后关闭显示器等外设。

❖ 当电脑正在工作时，应避免震动和干扰，否则可能会造成电脑中部件的损坏（如硬盘的损坏或数据的丢失等）。

❖ 对电脑硬件设备及其他设备定期进行保养。

❖ 给电脑安装防病毒软件，防止受到病毒的危害。

❖ 关闭电脑之前，要先关闭所有应用程序，然后正常退出电脑，避免应用程序受到破坏。

重点提示

一般关机后距离下次开机的时间至少应有 10 秒钟。在电脑工作时，尽量避免进行开关机操作。因为此时电脑正在读写数据，突然关机后，对驱动器有很大损害。

6.3.3 磁盘的维护

电脑在使用一段时间后，硬盘上会产生很多碎片或临时文件，导致程序运行空间不足、文件打开变慢等情况发生。因此，需要定期对磁盘进行管理，以使电脑始终处于较好的状态。下面就来介绍使用 Windows 操作系统自带的磁盘维护工具来维护磁盘系统的方法。

1. 磁盘扫描程序

使用 Windows 操作系统自带的磁盘扫描程序对硬盘进行扫描，可以恢复丢失的文件和磁盘空间。具体操作步骤如下：

（1）双击桌面上的“我的电脑”图标，打开“我的电脑”窗口，右击要进行磁盘扫描的磁盘，如 C 盘，在弹出的快捷菜单中选择“属性”命令，如图 6-32 所示。

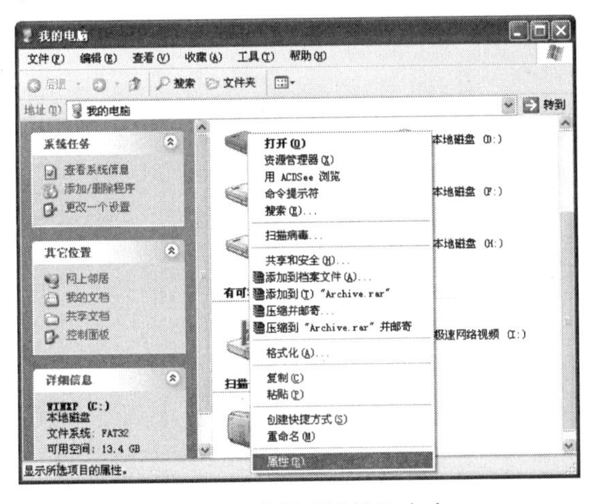

图 6-32 选择“属性”命令

（2）弹出“WINXP（C: ）属性”对话框，选择“工具”选项卡，如图 6-33 所示。

（3）在“查错”选项区域中单击开始检查(C)...按钮，打开“检查磁盘 WINXP（C: ）”对话框，如图 6-34 所示。

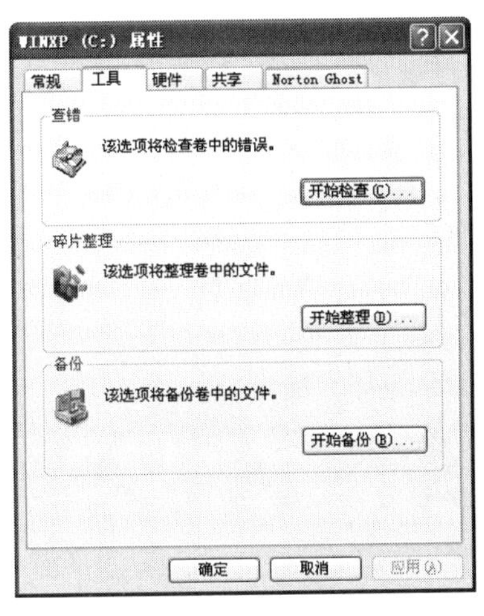

图 6-33 “工具”选项卡

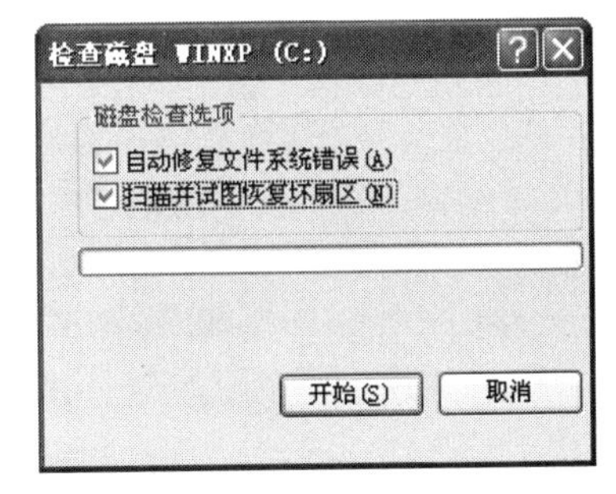

图 6-34 “检查磁盘 WINXP（C: ）”对话框

（4）根据需要选择相应的选项，单击 开始(S) 按钮，系统即开始检查磁盘中的错误。

（5）检查完毕后，弹出如图 6-35 所示的对话框，提示磁盘检查结束，单击 确定 按钮即可。

图 6-35　完成检查

重点提示

选中“自动修复文件系统错误”复选框，可自动修复磁盘上的文件系统错误（逻辑错误）；选中“扫描并试图恢复坏扇区”复选框，不仅可以修复磁盘上文件系统的逻辑错误，还可检查磁盘的物理错误、标记损坏的扇区，并尽量将坏扇区上的数据移到好的扇区上。

2. 磁盘清理程序

当磁盘空间不够时，电脑的运行速度就会受到影响，这时可用 Windows XP 操作系统自带的磁盘管理程序清理磁盘中的垃圾文件和临时文件，以提高磁盘的运行速度。具体操作步骤如下：

（1）选择“开始”→“所有程序”→“附件”→“系统工具”→“磁盘清理”命令，打开“选择驱动器”对话框，在“驱动器”下拉列表框中选择要进行清理的磁盘，如 C 盘，然后单击 确定 按钮，如图 6-36 所示。

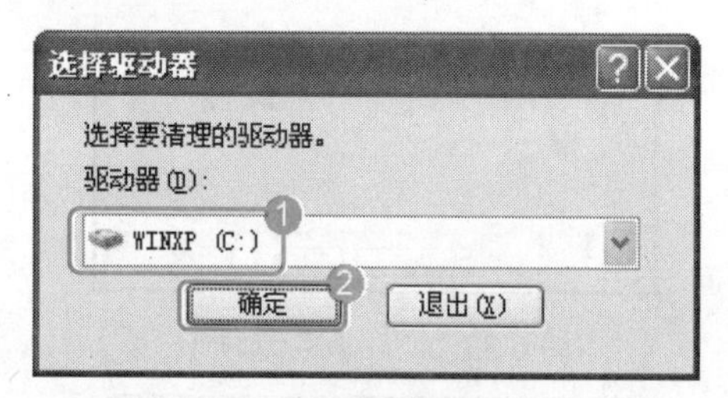

图 6-36　选择驱动器

（2）系统弹出“磁盘清理”对话框，提示正在扫描，如图 6-37 所示。

图 6-37　“磁盘清理”对话框

（3）扫描结束后打开“WINXP（C:）的磁盘清理”对话框，在“要删除的文件”列表框中选择要删除的文件，单击 确定 按钮，如图 6-38 所示。

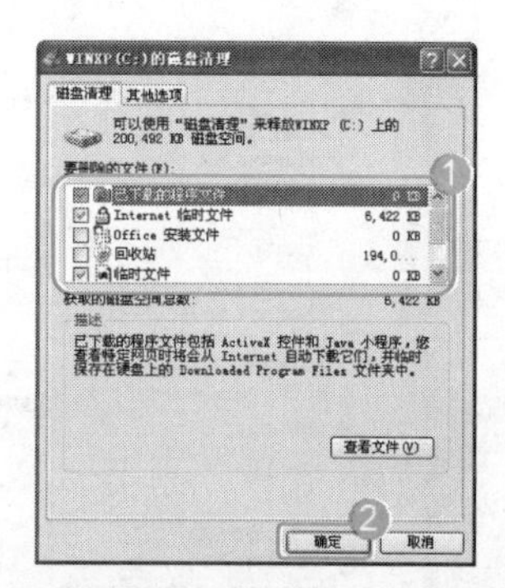

图 6-38　选择要删除的文件类型

（4）弹出确认删除对话框，单击 是(Y) 按钮即可开始删除选中的文件类型，如图 6-39 所示。

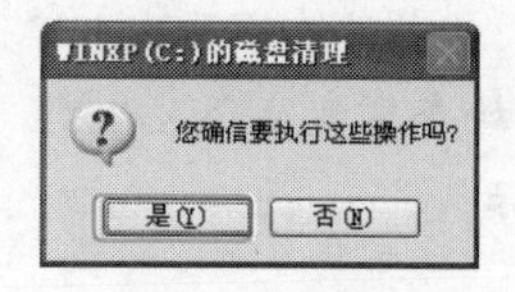

图 6-39　确认删除

指点迷津

在进行磁盘清理时，如果选择的磁盘驱动器不同，可供选择的删除文件的类型也不同。例如，只有在清理系统盘（C盘）时，才会有“Internet临时文件”和“临时文件”等文件选项。

3. 磁盘碎片整理程序

当磁盘碎片过多时，会大大降低硬盘的工作效率。使用Windows XP自带的磁盘碎片整理程序可以较好地解决这类问题。具体操作步骤如下：

（1）选择“开始”→“所有程序”→“附件”→“系统工具”→“磁盘碎片整理程序”命令，打开“磁盘碎片整理程序”对话框，选择需要整理的磁盘，单击 碎片整理(D) 按钮，如图6-40所示。

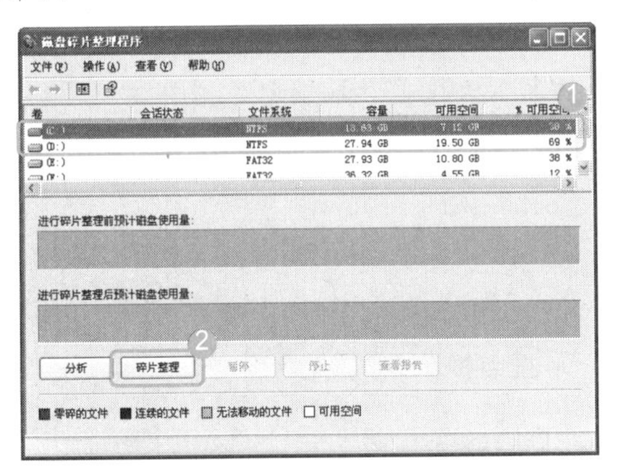

图6-40 “磁盘碎片整理程序”对话框

重点提示

在图6-40中单击 分析 按钮，可以让系统自动分析该磁盘是否需要进行磁盘整理。

（2）系统即开始磁盘碎片整理程序，并以不同的颜色条来显示文件的零碎程度及碎片整理进度，如图6-41所示。

图6-41 整理磁盘碎片

（3）整理完毕后，会弹出提示对话框，提示磁盘整理程序已完成，单击 关闭(C) 按钮即可结束该磁盘的碎片整理程序，如图6-42所示。

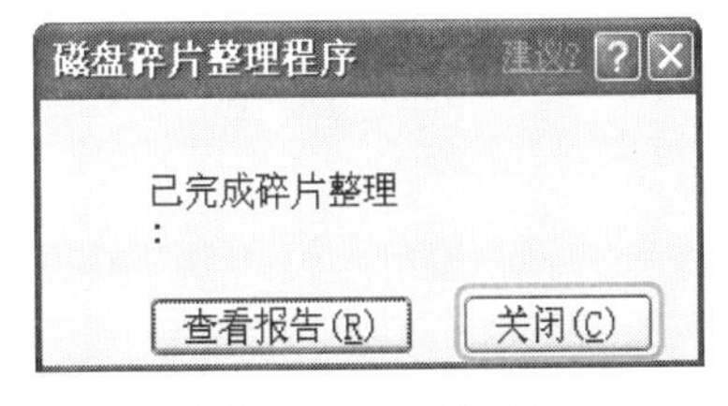

图6-42 整理完毕

重点提示

磁盘碎片整理程序对磁盘进行碎片整理所花费的时间取决于卷的大小、卷上零碎的文件数及可用的系统资源等几个因素。

6.3.4 升级操作系统

在使用电脑的过程中 经常会遇到各种奇怪的问题，这些问题有时并不都是因为操作不当造成的，而是因为操作系统本身的缺陷所致。因此，如果想让自己的电脑运行得更加稳定、更加安全，就需要不断地对系统进行升级。 具体操作步骤如下：

（1）在“控制面板”窗口中单击“安全中心”图标，打开“Windows 安全中心”窗口，然后单击自动更新图标，如图 6-43 所示。

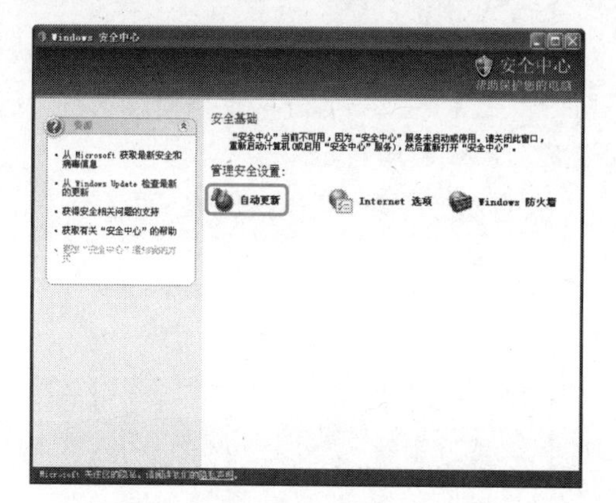

图 6-43 “Windows 安全中心”窗口

（2）打开“自动更新”对话框，在此可以设置系统的更新方式，这里选中“自动”单选按钮，然后在下方的下拉列表框中选择时间，单击 确定 按钮即可，如图 6-44 所示。

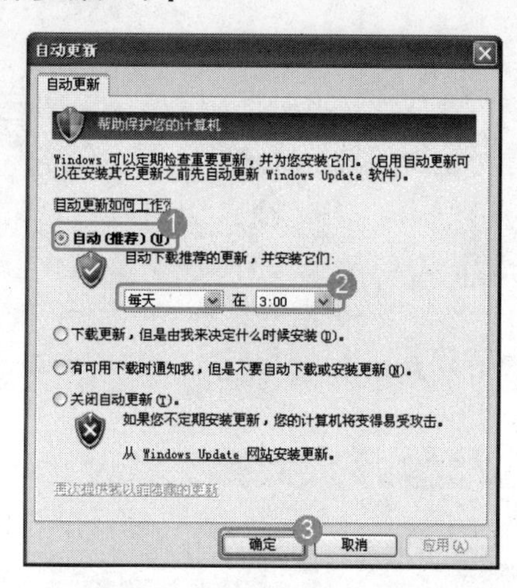

图 6-44 “自动更新”对话框

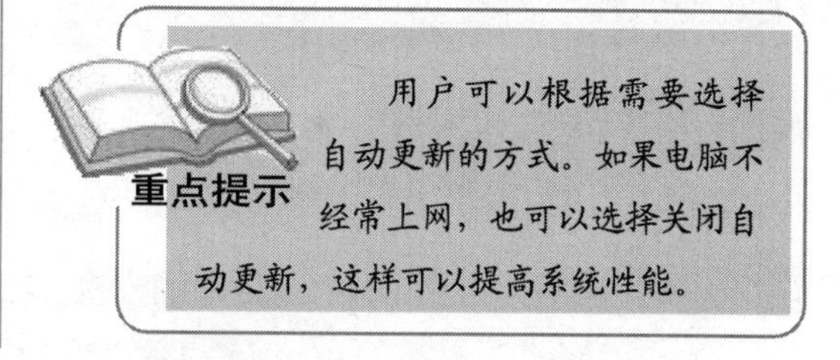

重点提示

用户可以根据需要选择自动更新的方式。如果电脑不经常上网，也可以选择关闭自动更新，这样可以提高系统性能。

6.4 操作系统的维护

本节内容学习时间为 16:00～18:00（视频：第 6 日\操作系统的维护）

在电脑的使用过程中，还应注意系统的维护，这样可以提高系统的运行速度等。下面就来介绍几种系统维护的方法。

重点提示

电脑的日常维护和优化还包括很多方面的知识，如电脑硬件设备和常用外设的维护，有兴趣的读者可以参考本书附录部分 A.6 节的内容进行学习。

6.4.1 使用 Windows 优化大师优化系统

Windows 优化大师是一款系统综合设置优化软件，可以提供从桌面到网络、从注册表清理到垃圾文件清理、从黑客搜索到系统检测等比较全面的解决方案。主要功能包括系统信息检测、系统性能测试和系统清理维护等。

本节主要介绍如何使用 Windows 优化大师来优化磁盘缓存和清理垃圾文件。

1. 磁盘缓存优化

磁盘缓存对系统运行起着至关重要的作用。一般情况下，Windows 系统会自动设定使用最多的内存作为磁盘缓存，当其他程序向 Windows 申请内存空间时，才会释放部分内存给其他程序来运行，所以有必要对磁盘缓存空间进行设定。下面就来介绍磁盘缓存优化的方法。

（1）启动 Windows 优化大师，并选择程序界面左侧的“磁盘缓存优化”模块，然后单击 设置向导 按钮，如图 6-45 所示。

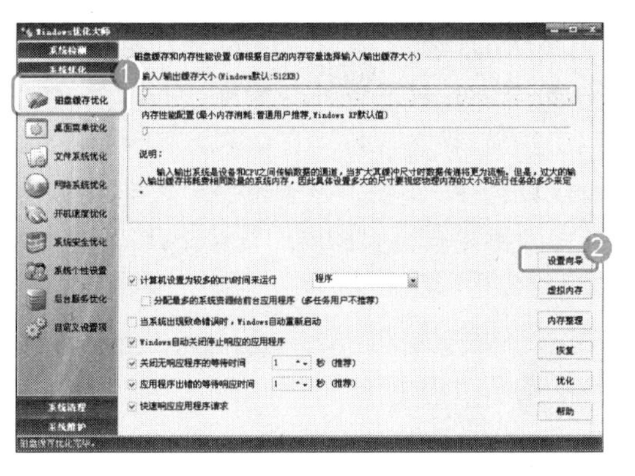

图 6-45 “磁盘缓存优化”模块

（2）打开“欢迎使用磁盘缓存设置向导！”界面，直接单击 下一步 按钮继续，如图 6-46 所示。

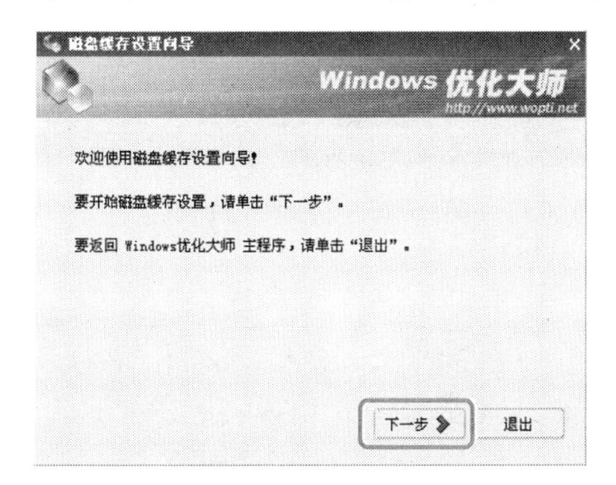

图 6-46 “欢迎使用磁盘缓存设置向导！”界面

（3）进入“请选择计算机类型”界面，选择计算机的类型，这里选中“Windows 标准用户”单选按钮，然后单击 下一步 按钮，如图 6-47 所示。

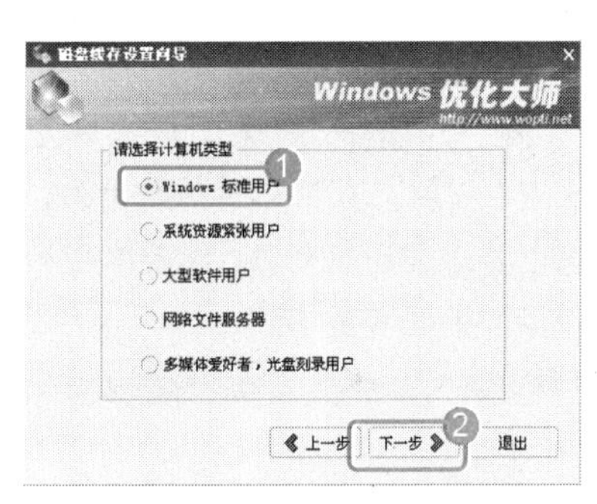

图 6-47 选择计算机类型

（4）进入优化说明界面，直接单击 下一步 按钮，如图 6-48 所示。

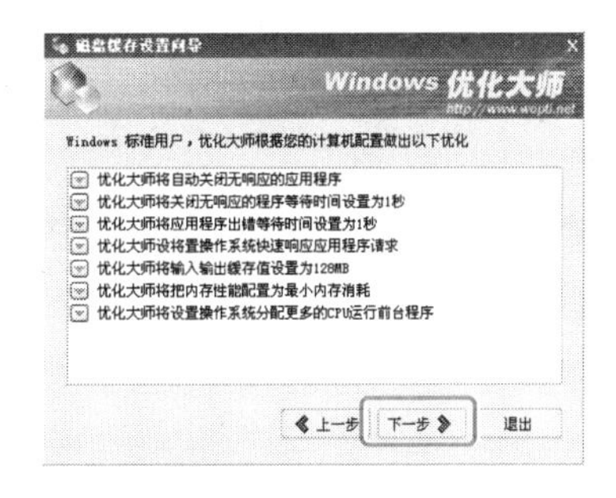

图 6-48 优化说明

（5）进入磁盘缓存向导完成界面，提示单击 完成 按钮，系统将自动完成设置工作，单击 完成

第1日 第2日 第3日 第4日 第5日 第6日 第7日 附录A

按钮继续，如图 6-49 所示。

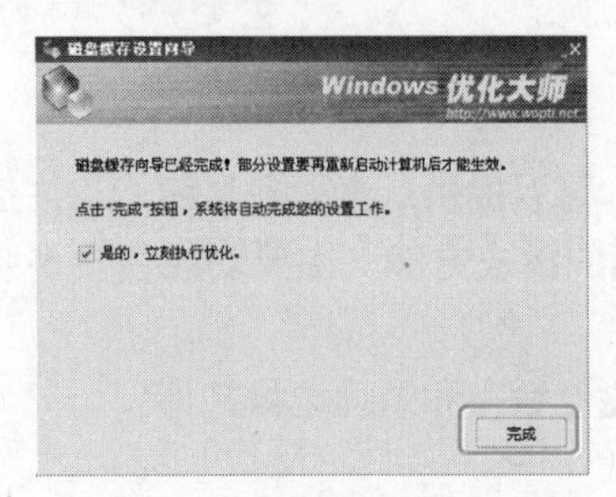

图 6-49　磁盘缓存向导完成

（6）弹出提示对话框，提示设置成功，单击 确定 按钮，然后重启电脑即可，如图 6-50 所示。

图 6-50　设置成功

重点提示

桌面菜单优化、文件系统优化和网络系统优化的方法和磁盘缓存优化的方法类似，都可以在对应的界面中单击 设置向导 按钮，然后根据提示进行操作即可。

2. 清除垃圾文件

使用 Windows 系统一段时间后，电脑中就会累积大量的垃圾文件，包括不必要的文件、坏掉的快捷方式、多余的副本文件等，严重地影响着系统的性能。使用 Windows 优化大师可以很轻松地扫描硬盘上的垃圾文件并清除，而且不容易出错。具体操作步骤如下：

（1）在 Windows 优化大师窗口左侧选择"系统清理"模块，单击 磁盘文件管理 按钮，在右侧窗口中选中要清理的驱动器，然后单击 扫描 按钮开始扫描，如图 6-51 所示。

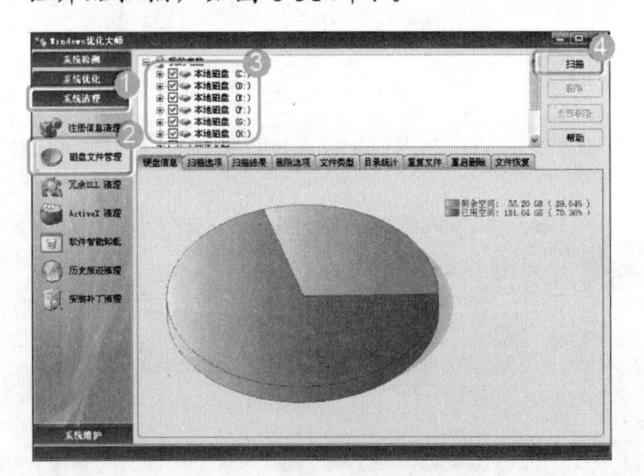

图 6-51　"磁盘文件管理"项目

（2）扫描完毕后，窗口下面显示扫描到的所有垃圾文件，单击 全部删除 按钮，然后根据提示操作即可删除扫描到的所有垃圾文件，如图 6-52 所示。

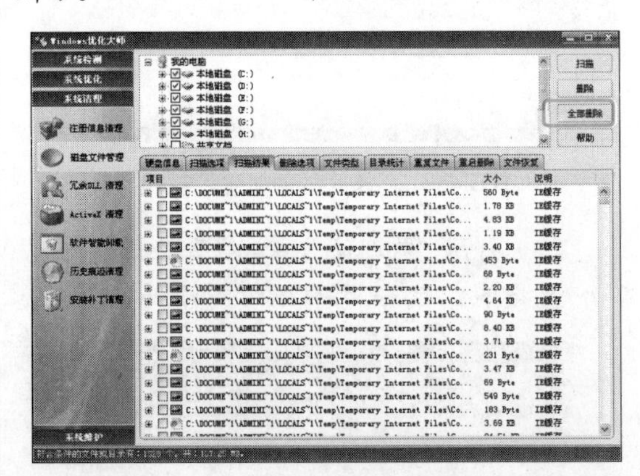

图 6-52　删除垃圾文件

重点提示

垃圾文件通常包括临时文件（如*.tmp、*._mp）、日志文件（*.log）、临时帮助文件（*.gid）、磁盘检查文件（*.chk）、临时备份文件（如*.old、*.bak）以及 IE 的临时文件夹等。

6.4.2 使用 Ghost 备份系统

当安装好操作系统之后，为了避免因意外造成需重装系统和软件带来的麻烦，可以通过备份工具将整个系统盘下的数据进行备份，当系统出现问题时再恢复系统即可。本节将介绍使用 Ghost 备份和还原系统的具体操作步骤。

1. 使用 Ghost 备份系统

要使用 Ghost 强大的映像文件恢复功能，必须首先备份分区为映像文件。操作系统一般都安装在 C 分区，下面就以备份 C 分区为例介绍 Ghost 的使用方法。具体操作步骤如下：

（1）将电脑启动到 DOS 操作系统，并进入 Ghost 软件所在目录，然后运行 Ghost，弹出 Ghost 程序说明对话框，单击 OK 按钮，如图 6-53 所示。

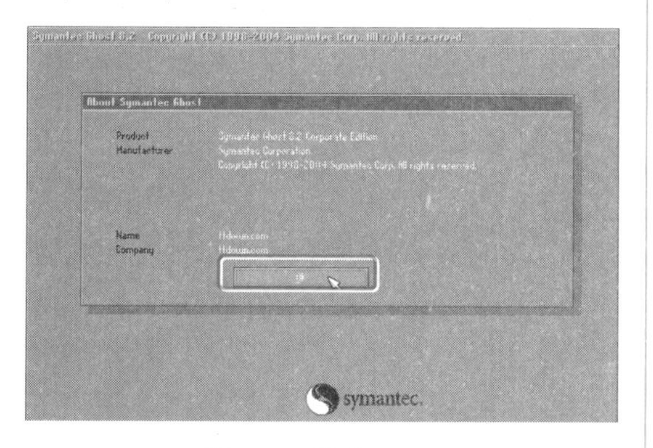

图 6-53　启动 Ghost

（2）进入 Ghost 主界面，选择 Local→Partition→To Image 命令，如图 6-54 所示。

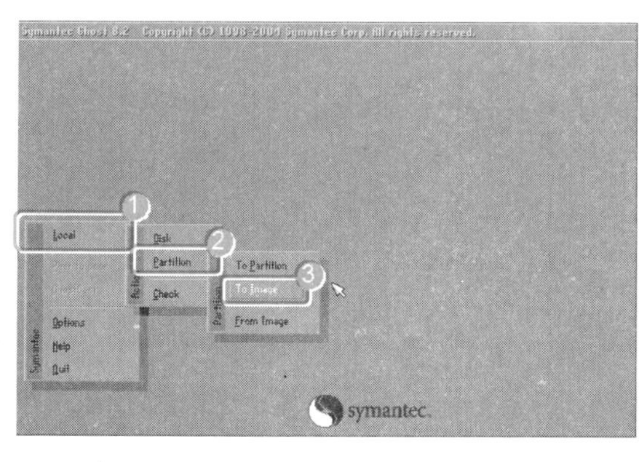

图 6-54　选择备份选项

（3）弹出“硬盘选择”界面，要求用户选择要进行备份的硬盘，这里只有一个硬盘，选择后直接单击 OK 按钮即可，如图 6-55 所示。

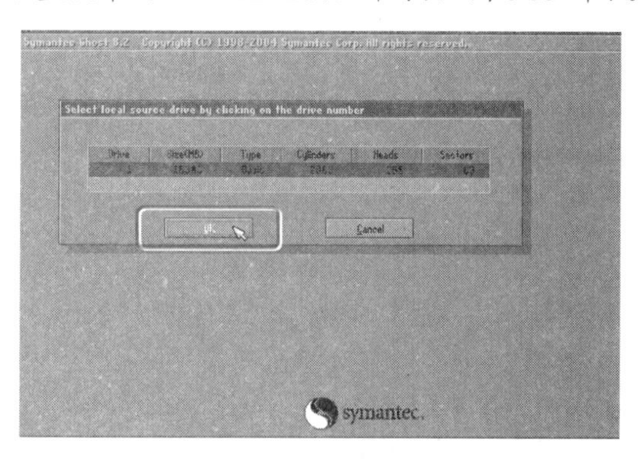

图 6-55　选择需要备份的硬盘

（4）弹出“选择硬盘备份分区”界面，这里备份 C 分区，所以选择 Primary 选项，按 Enter 键确认后单击 OK 按钮，如图 6-56 所示。

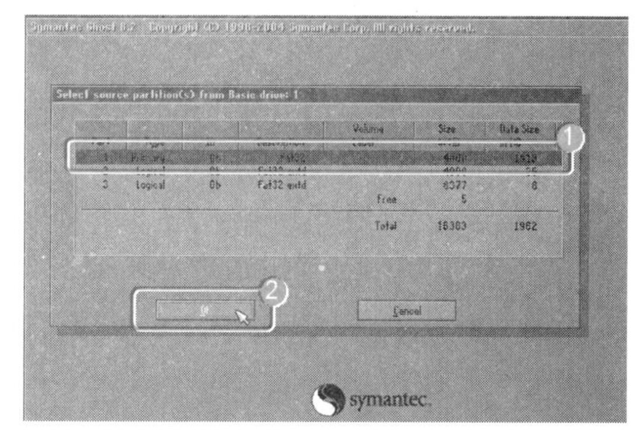

图 6-56　选择需要备份的分区

（5）弹出“映像文件备份目标”界面，要求设置备份后文件的存放地址和文件名，这里选择D盘并命名为Winxp，然后单击Save按钮，如图6-57所示。

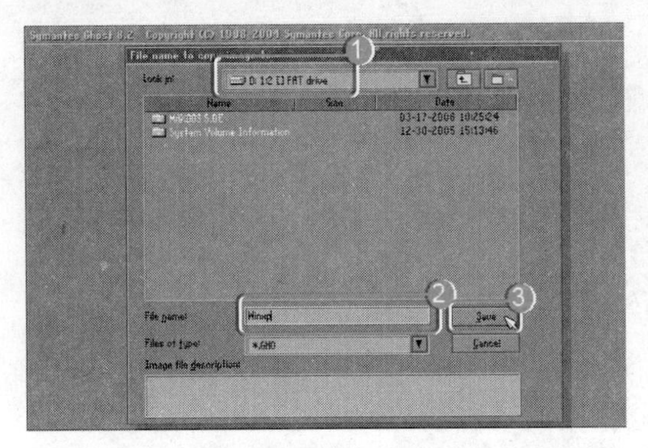

图6-57　设置备份文件的位置和名称

（6）弹出“压缩文件确认”界面，单击High按钮，如图6-58所示。

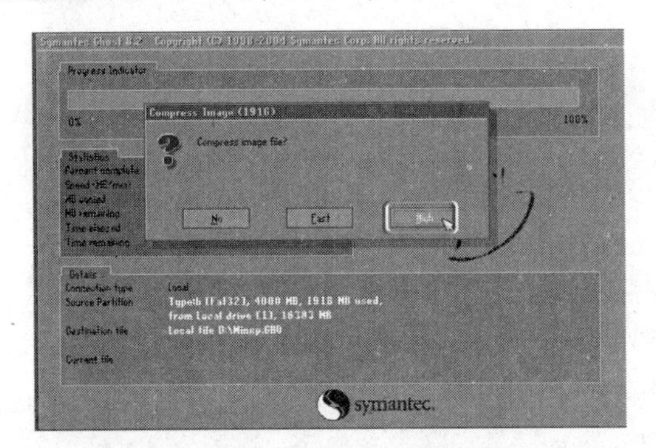

图6-58　选择是否压缩

指点迷津

在图6-58中，No按钮表示不对备份文件进行压缩，优点是制作备份时速度快，缺点是占用磁盘空间大；High按钮表示高压缩，优点是节省磁盘空间，缺点是制作备份时速度慢；Fast按钮则介于二者之间。

（7）弹出“提示是否开始备份映像文件”界面，单击Yes按钮继续，如图6-59所示。

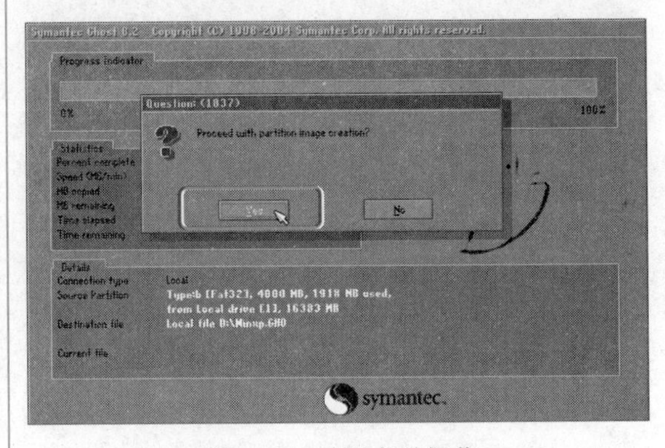

图6-59　确认备份操作

（8）此时程序正式开始备份C分区，并显示备份进度，如图6-60所示。

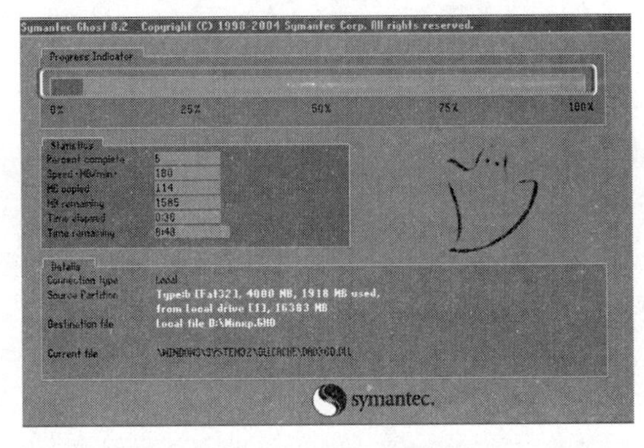

图6-60　正在进行备份

重点提示

如果磁盘分区的格式是NTFS格式，那么必须使用Ghost 8.0以上的版本，否则会出现错误。

（9）备份完成后弹出一个提示对话框，如图6-61所示。直接单击Continue按钮返回Ghost主界面，然后选择Quit命令退出即可。

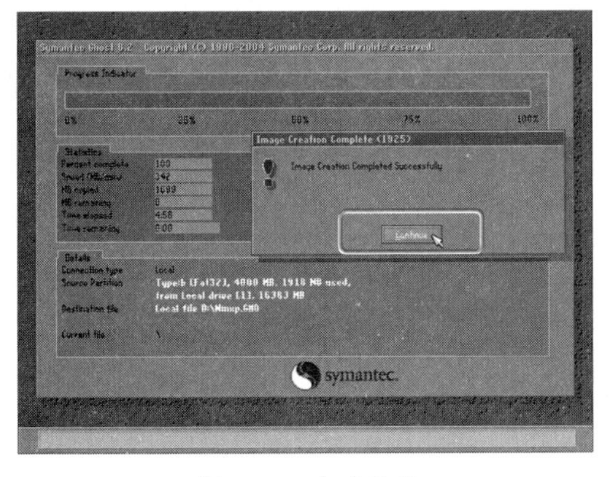

图 6-61　完成备份

重点提示　系统备份成功后，在保存该备份文件的分区下会生成一个后缀名为.GHO 的文件，在进行系统还原时选中此文件即可。

2. 使用 Ghost 还原系统

当系统遭受病毒攻击或者由于系统文件丢失而导致无法正常运行或启动时，即可使用 Ghost 快速恢复分区。具体操作步骤如下：

（1）在 DOS 操作系统下启动 Ghost，并在其主界面中选择 Local→Partition→From Image 命令，如图 6-62 所示。

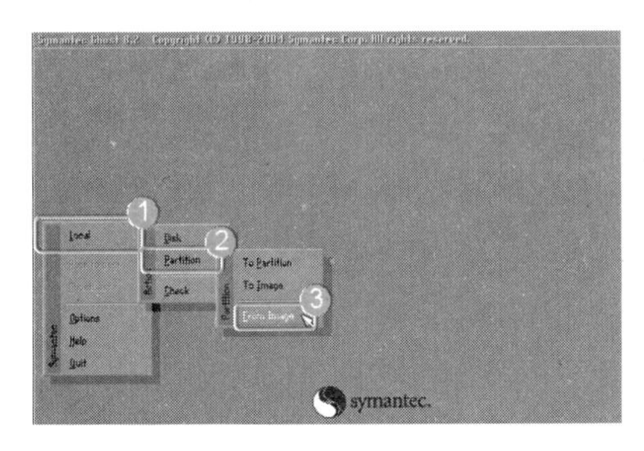

图 6-62　选择恢复选项

（2）弹出“选择备份文件”界面，在 D 盘中选择前面备份的文件 Winxp，然后单击 Open 按钮，如图 6-63 所示。

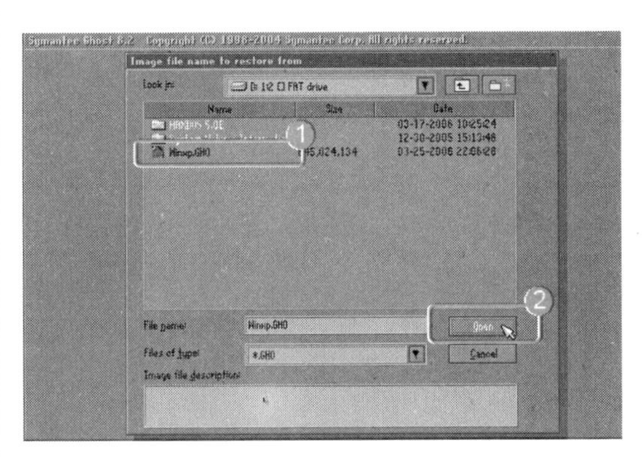

图 6-63　选择备份文件

（3）弹出“选择磁盘”界面，直接单击 OK 按钮即可，如图 6-64 所示。

（4）弹出“选择磁盘分区列表”界面，选择操作系统所在的第一个分区，然后单击 OK 按钮继续，如图 6-65 所示。

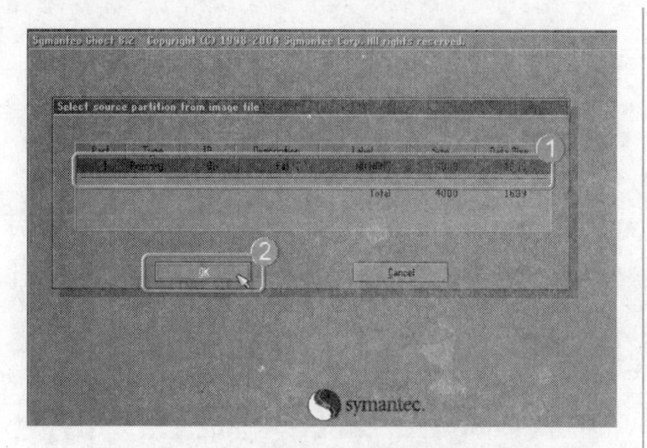

图 6-64　选择需还原的磁盘

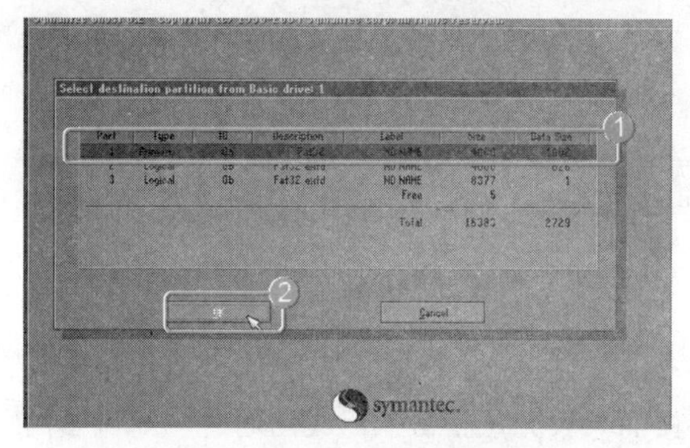

图 6-65　选择需要还原的磁盘分区

（5）弹出确认对话框，提醒用户该分区上的所有信息都会被覆盖，单击 Yes 按钮继续，如图 6-66 所示。

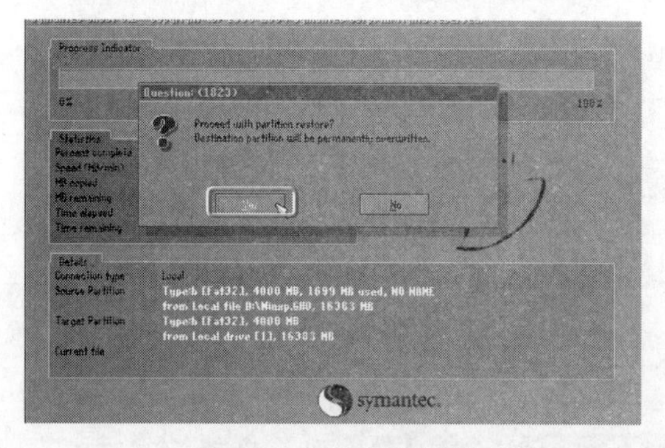

图 6-66　确认还原操作

（6）此时程序正式开始还原 C 分区，并显示还原进度，如图 6-67 所示。

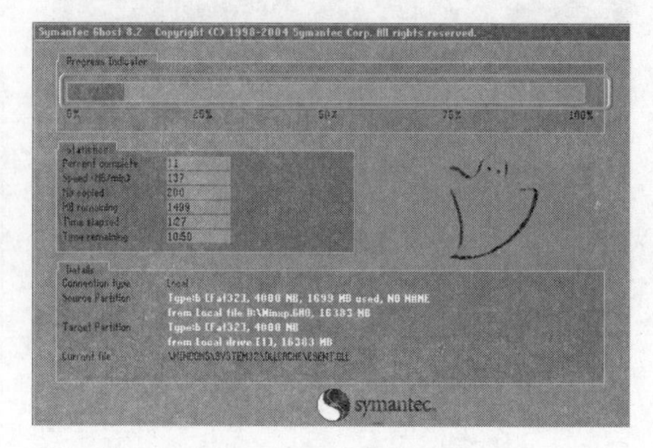

图 6-67　正在进行还原

（7）还原完成后弹出一个提示对话框，单击 Reset Computer 按钮重新启动电脑即可，如图 6-68 所示。

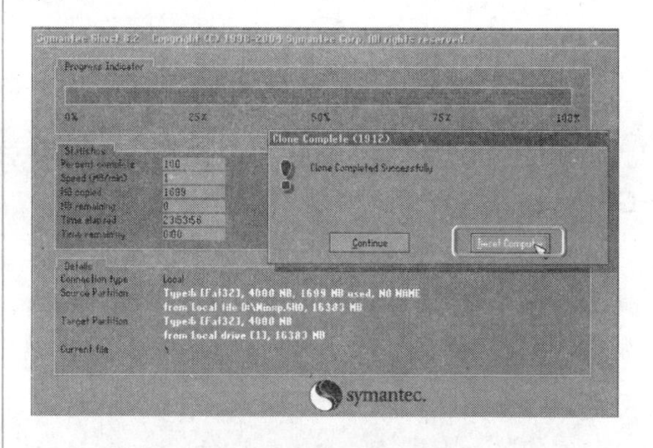

图 6-68　完成还原操作

重点提示

在使用 Ghost 进行系统还原时，系统分区上的所有文件将被覆盖。因此，在进行系统还原之前，应注意将该分区上有用的文件备份到其他分区。

重点提示

除了使用 Ghost 备份和还原系统外，用户还可以使用 Windows XP 操作系统自带的系统还原功能来备份系统，其具体操作可以参考附录部分 A.5.2 节的内容。

6.5 本日小结

本节内容学习时间为 19:00～19:50

今天首先介绍了有关电脑硬件信息检测的软件及软件的使用方法，使用这些软件可以对电脑的 CPU、内存、硬盘、显示器等硬件进行测试，从而了解电脑各部件的性能指标。

接着介绍了如何使用 SiSoftware Sandra、HWiNFO 等软件对电脑进行综合性能的测试和整机测试，从而了解电脑的整体运行情况。

然后介绍了电脑的日常维护与优化，这部分从电脑的使用环境、硬件设备的维护、常见外设的维护、磁盘的维护等方面给出了一些建议。另外，还给出了一些使用电脑时应养成的好习惯。

最后介绍了操作系统的维护，包括使用 Windows 优化大师优化系统、使用 Ghost 备份系统等内容。

通过今天的学习，读者应该对如何检测电脑硬件信息、测试电脑整体性能以及电脑的日常维护与优化、操作系统的维护等方面的知识和操作有一个基本的了解，并养成使用电脑的好习惯。

6.6 新手练兵

本节内容学习时间为 20:00～21:00

6.6.1 用 HWiNFO 检测硬件信息

前面学习了使用 HWiNFO 测试硬件性能的操作方法，其实，使用 HWiNFO 还可以检测系统、CPU、内存、主板、显卡、显示器等信息，并保存检测结果。下面就来学习如何进行这些操作。

1. 检测硬件信息

下面以检测 CPU 信息为例介绍使用 HWiNFO 检测硬件信息的方法，具体操作步骤如下：

（1）启动 HWiNFO 后，在窗口左侧的列表框中选择要检测的硬件，这里单击“中央处理器”节点，即可在右边的窗口中显示 CPU 的简要信息，如封装数量、内核数量等，如图 6-69 所示。

（2）单击“中央处理器”节点前的⊞图标，再选择要查看 CPU 的名称，这里是 Intel Pentium D 820，可以看到该 CPU 的详细信息，如频率、ID、生产厂商、内核等，如图 6-70 所示。

第1日 第2日 第3日 第4日 第5日 第6日 第7日 附录A

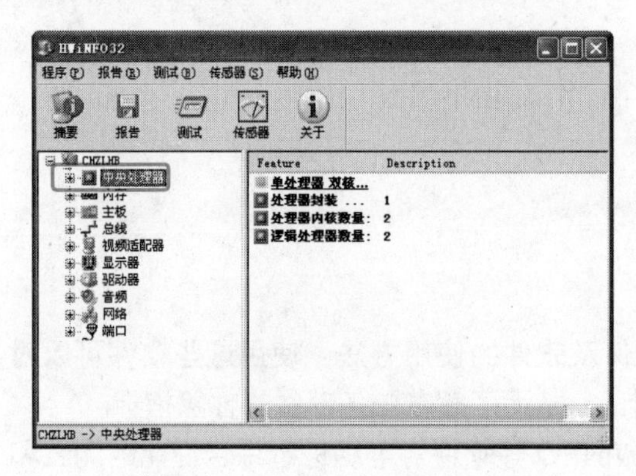

图 6-69 选择要检测的硬件

图 6-70 查看详细信息

2. 查看系统摘要

如果只想对电脑信息进行大概的了解，可以直接查看系统摘要，具体查看方法如下：

（1）启动 HWiNFO，直接单击工具栏中的“摘要”按钮，如图 6-71 所示。

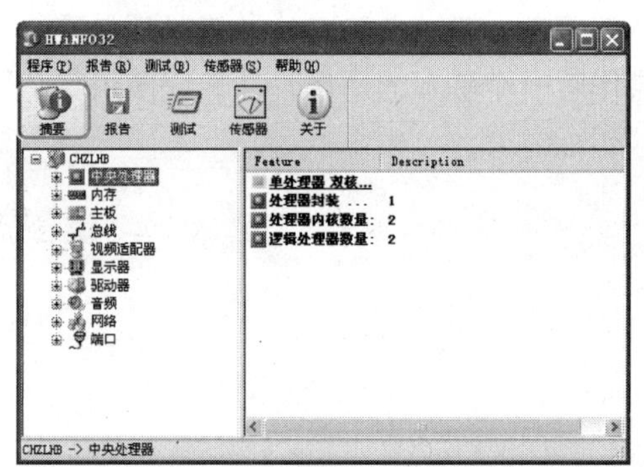

图 6-71 选择查看系统摘要

（2）弹出系统摘要窗口，分别选择“处理器”、“主板”、“驱动器”和“视频/其他”选项卡，可以分别查看 CPU、主板、驱动器、显卡以及网卡的有关信息，如图 6-72 所示。

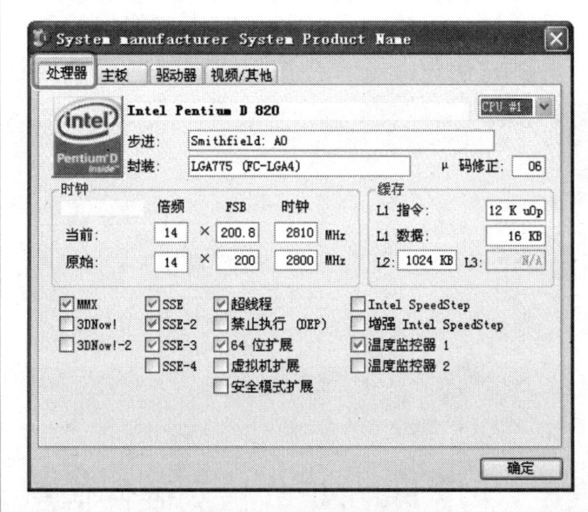

图 6-72 系统摘要窗口

3. 保存检测结果

使用 HWiNFO 不仅可以查看硬件信息，而且还可以将硬件信息保存。具体操作步骤如下：

（1）单击工具栏中的“报告”按钮，如图 6-73 所示。

（2）弹出“创建日志”界面，在“报告过滤”列表框中选择要保存在报告中的组件，这里选择所有组件，单击 下一步(N) > 按钮，如图 6-74 所示。

（3）进入“报告类型”界面，保留默认选项，然后单击 浏览(B)... 按钮，如图 6-75 所示。

（4）弹出“另存为”对话框，在“保存在”下拉列表框中选择保存位置为“桌面”，在“文件名”文本框中输入要保存的文件名，如“系统信息”，单击 保存(S) 按钮，如图 6-76 所示。

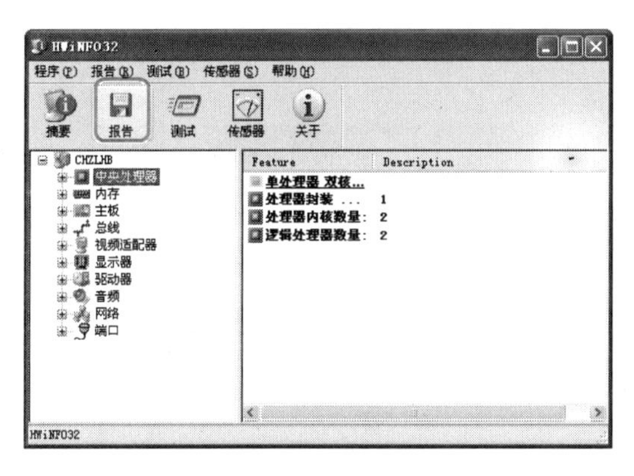

图 6-73　单击“报告”按钮

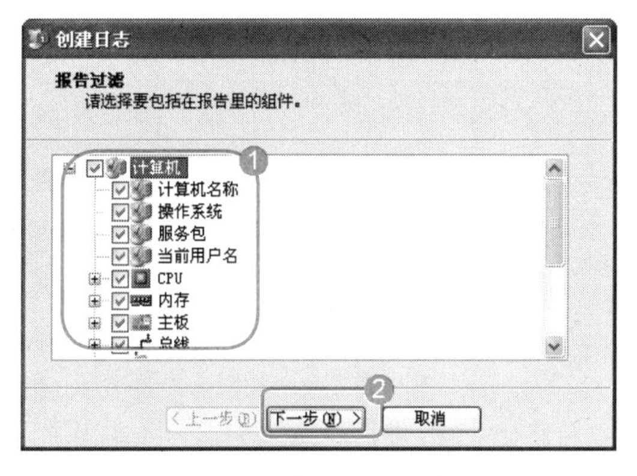

图 6-74　选择要保存在报告中的组件

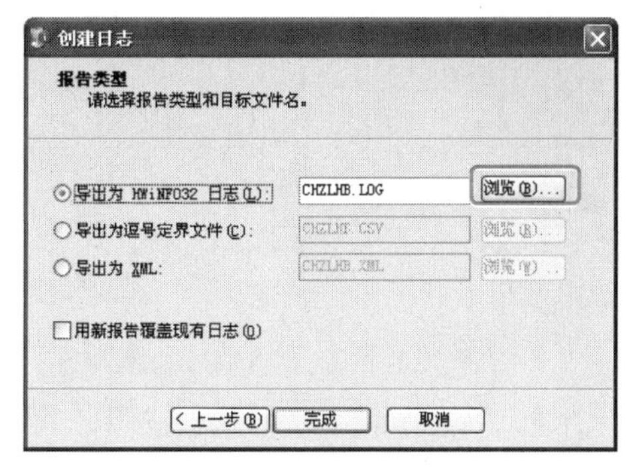

图 6-75　设置报告类型

图 6-76　设置保存信息

（5）回到“报告类型”界面，单击 完成 按钮即可。

6.6.2　用 Windows 优化大师自动优化系统

前面介绍了使用 Windows 优化大师优化磁盘缓存以及清理垃圾文件的方法。而对于对电脑操作不是很熟悉，无法对系统进行明确、合理的优化的用户，Windows 优化大师则提供了傻瓜式的优化方式——自动优化，用户只需选择几个简单选项，Windows 优化大师便会对系统进行自动优化，省去很多复杂而繁琐的设置。具体操作步骤如下：

（1）在 Windows 优化大师的 “系统检测”模块中单击 自动优化 按钮，如图 6-77 所示。

（2）弹出“自动优化向导”对话框，单击 下一步 按钮，提示将自动优化系统，如图 6-78 所示。

（3）弹出选择操作界面，选中“自动优化系统”复选框，在“请选择 Internet 接入方式”选项区域中选择 Internet 接入方式，这里选中“局域网或宽带”单选按钮，取消选中“自动分析注册表中的冗余信息”和“自动分析各分区上的垃圾文件”复选框，单击 下一步 按钮，如图 6-79 所示。

（4）进入优化组合方案界面，提示将按照列表框中给出的优化方案进行系统优化，单击 下一步 按钮继续，如图 6-80 所示。

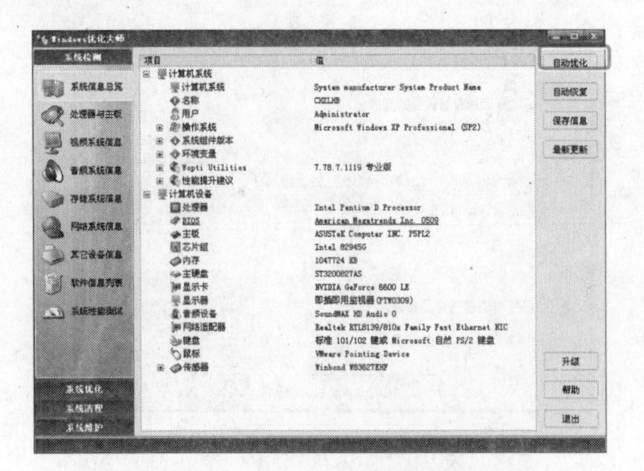

图 6-77 单击 自动优化 按钮

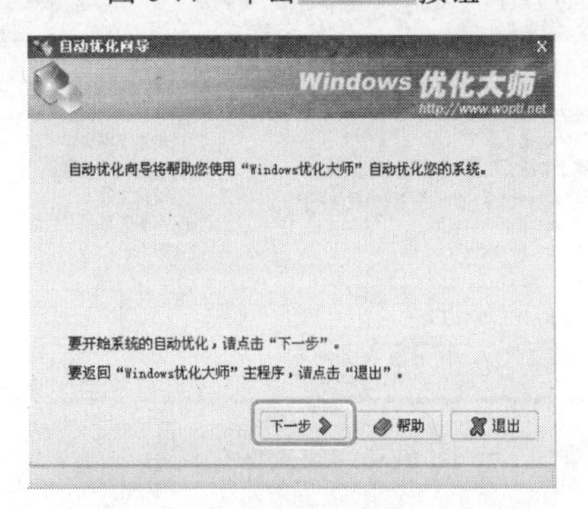

图 6-78 “自动优化向导”界面

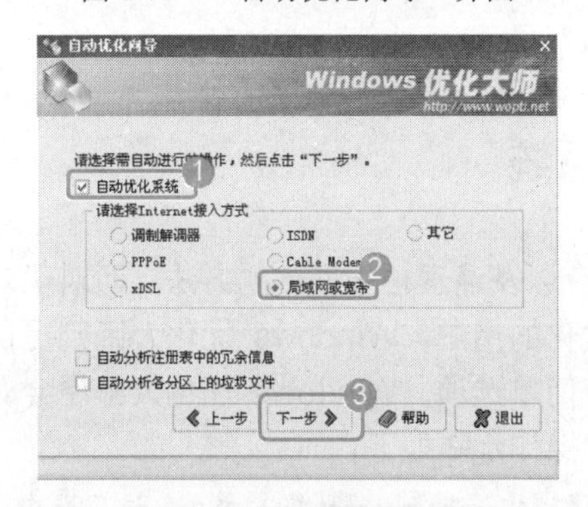

图 6-79 选择操作

（5）弹出提示对话框，提示在优化前备份注册表，单击 确定 按钮进行注册表备份，如图 6-81 所示。

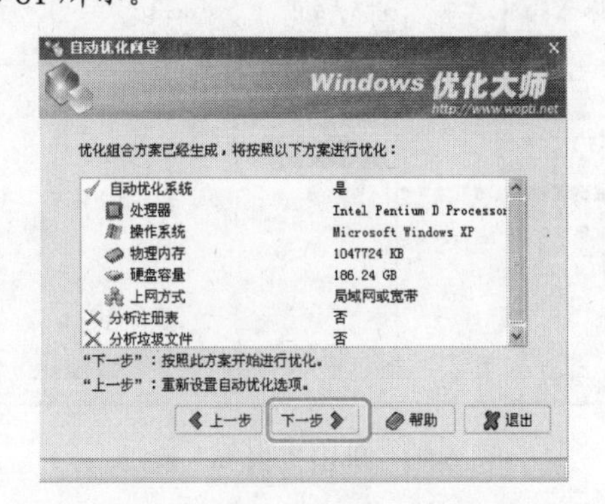

图 6-80 优化组合方案

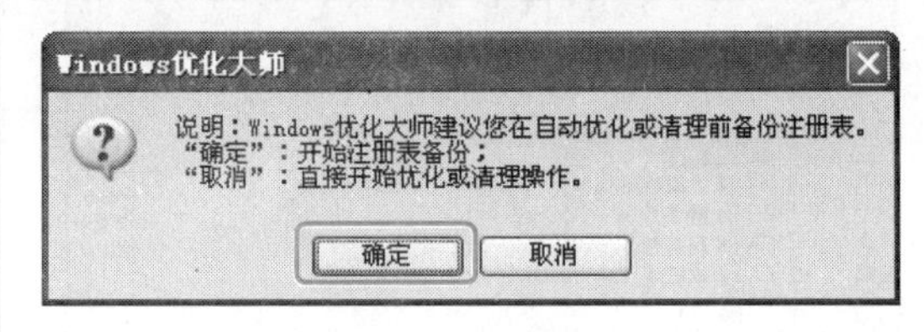

图 6-81 选择操作

（6）系统开始备份注册表，备份完成后自动开始系统优化，优化完成后进入全部项目优化完毕界面，单击 退出 按钮，然后退出 Windows 优化大师，重新启动电脑即可，如图 6-82 所示。

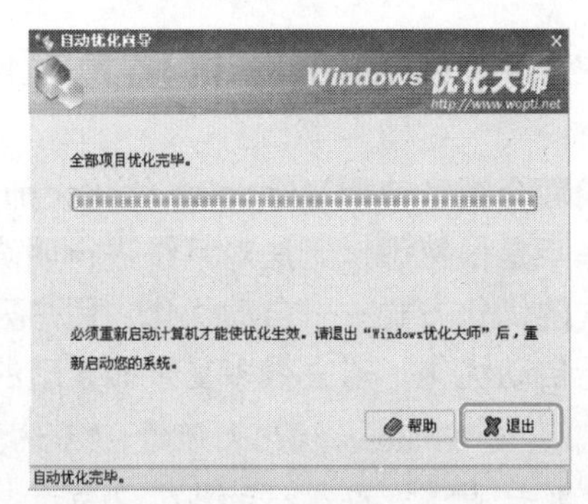

图 6-82 自动优化完成

第7日

电脑安全防护及常见故障排除

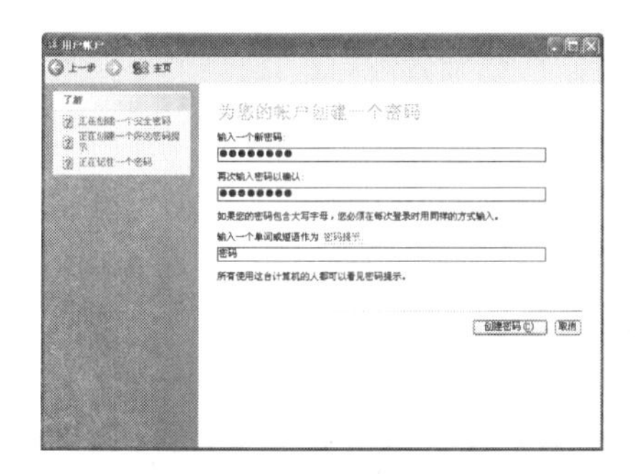

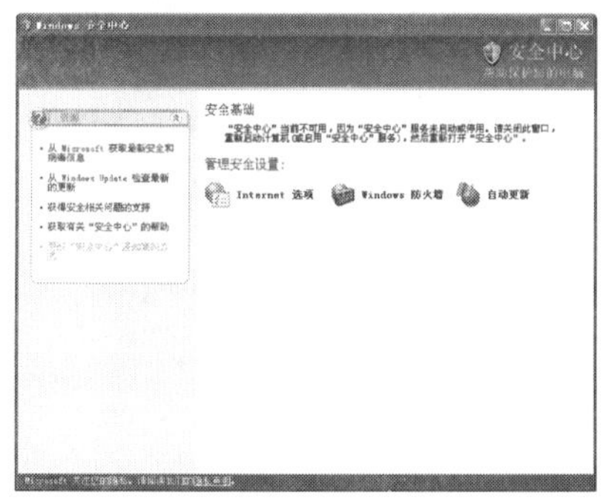

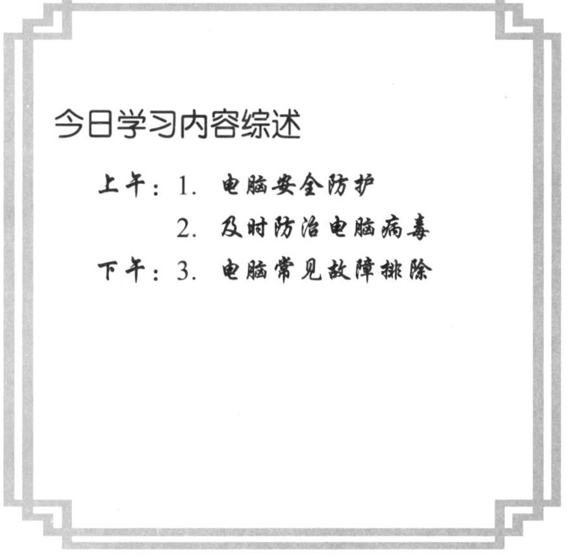

超超：老师，我的电脑这几天运行特别慢，这是怎么回事？

越越老师：可能是你的电脑中病毒了。

超超：啊，中病毒？那是不是还要找医生呀？

越越老师：呵呵，看来你对电脑病毒还不了解。其实你只要做好安全防护，然后了解一些病毒的防治以及电脑常见故障的排除方法，就可以轻松应对了。

超超：真的吗？那您快点教教我吧！

越越老师：好的，我们这就开始。

7.1 电脑安全防护

本节内容学习时间为 8:00～9:50（视频：第 7 日\电脑安全防护）

一个安全的操作系统不仅有利于数据保存，而且还有利于用户建立一个稳定的工作环境，非常重要。本节将讲解如何打造一个安全的操作系统。

7.1.1 设置用户账户密码

通过为用户账户创建密码可以增强系统的安全性，这样在启动 Windows XP 时必须输入正确的密码才能进入 Windows XP。

下面就来学习在 Windows XP 中设置用户密码的具体操作方法。

（1）选择“开始”→“控制面板”命令，打开“控制面板”窗口，单击“用户账户”图标，如图 7-1 所示。

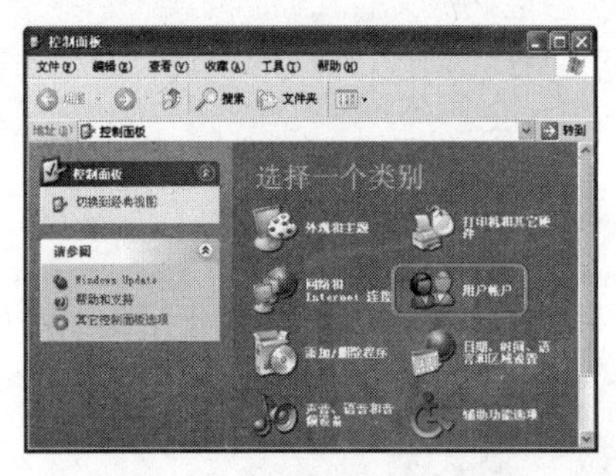

图 7-1 “控制面板”窗口

（2）打开“用户账户”窗口，在“或挑一个账户做更改”栏中单击要设置密码的账户，这里单击 Administrator 账户图标，如图 7-2 所示。

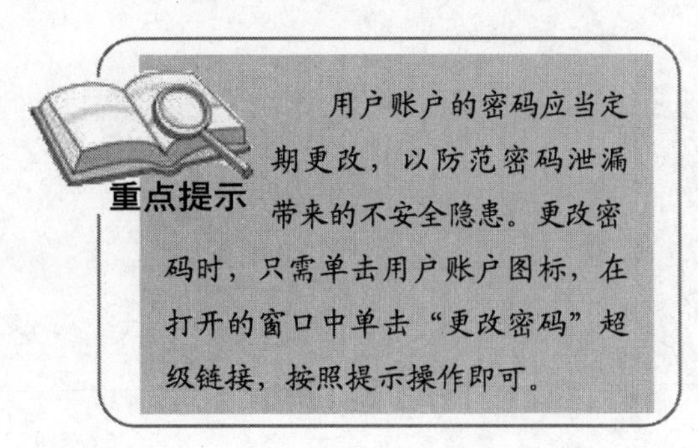

重点提示

用户账户的密码应当定期更改，以防范密码泄漏带来的不安全隐患。更改密码时，只需单击用户账户图标，在打开的窗口中单击“更改密码”超级链接，按照提示操作即可。

图 7-2 “用户账户”窗口

（3）进入“您想更改您的账户的什么？”界面，单击“创建密码”超级链接，如图 7-3 所示。

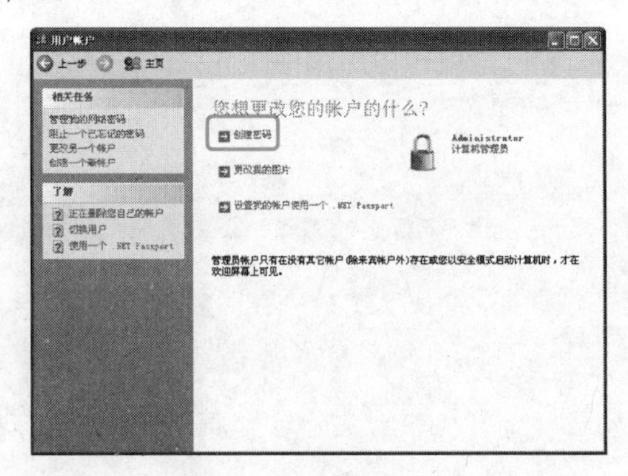

图 7-3 “您想更改您的账户的什么？”界面

（4）进入“为您的账户创建一个密码”界面，根据提示分别输入密码和密码提示，然后单击 创建密码(C) 按钮即可，如图 7-4 所示。

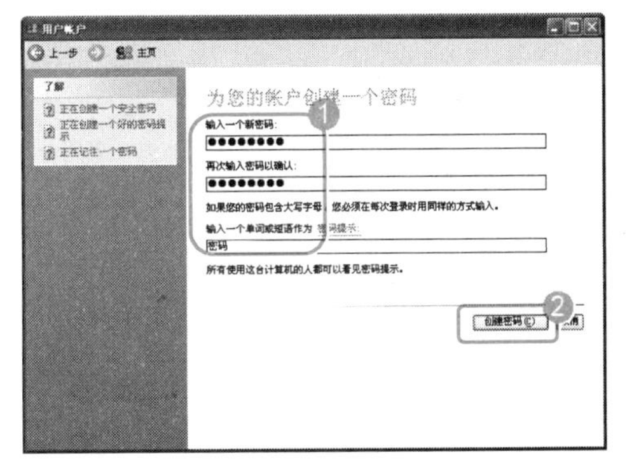

图 7-4 “为您的账户创建一个密码”界面

指点迷津

为用户账户设置密码后，一定要牢记该密码，并且要记住密码提示，以防密码丢失后进入不了操作系统，还可以根据密码提示回忆密码。

7.1.2 将系统管理员账户 Administrator 改名

将系统管理员账户 Administrator 改名也就是将其改为其他人不易知晓的名称，变共知为未知，这样即使登录密码设置得比较简单，其他用户在不知道登录账号名称的情况下，也很难非法进入系统。

为 Administrator 账号改名是通过设置组策略来实现的，具体操作步骤如下：

（1）选择“开始”→“运行”命令，弹出“运行”对话框，在“打开”文本框中输入 gpedit.msc 命令，单击 确定 按钮，如图 7-5 所示。

图 7-5 “运行”对话框

（2）打开“组策略”窗口，依次展开“计算机配置”→“Windows 设置”→“安全设置”→“本地策略”→“安全选项”选项，然后在右侧窗格中双击“账户，重命名系统管理员账户”策略，如图 7-6 所示。

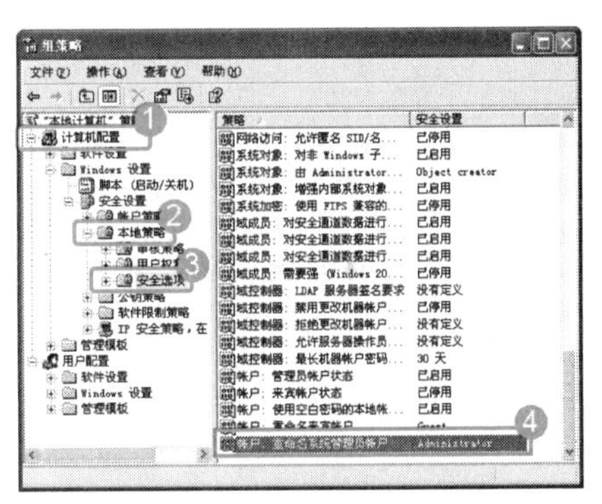

图 7-6 “组策略”窗口

（3）打开策略属性对话框，在文本框中输入新的内置管理员账号名称，如 Jhon，单击 确定 按钮即可，如图 7-7 所示。

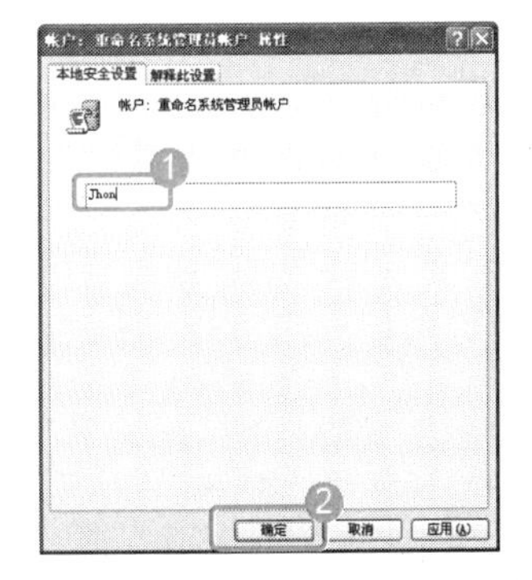

图 7-7 设置新的内置管理员账号名称

7.1.3 禁用 Guest 账号

启用 Guest 账号时，没有账户的用户可以以来宾的身份登录到此电脑，这就给系统的安全带来了一定的威胁。

而在实际的应用中，很少会使用到 Guest 账号，因此将 Guest 账号停用不会影响到正常使用，同时也可以彻底消除由 Guest 账号引起的一些安全隐患。

禁用 Guest 账号的具体操作步骤如下：

（1）右击桌面上的“我的电脑”图标，在弹出的快捷菜单中选择“管理”命令，进入“计算机管理”窗口，依次展开“系统工具”→“本地用户和组”→“用户”选项，然后在右侧窗格中双击 Guest 选项，如图 7-8 所示。

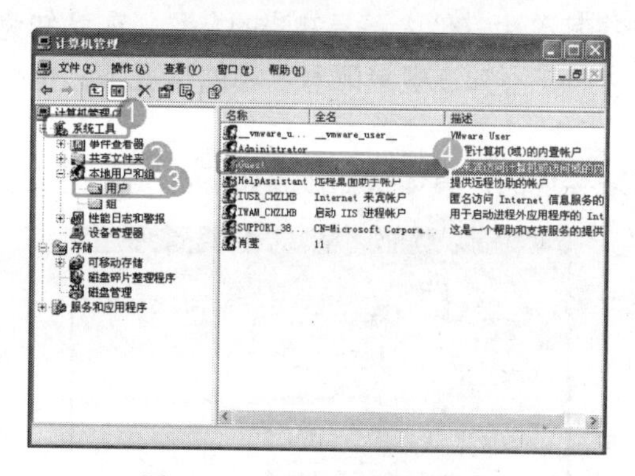

图 7-8 “计算机管理”窗口

（2）弹出“Guest 属性”对话框，选中“账户已停用”复选框，单击 确定 按钮即可，如图 7-9 所示。

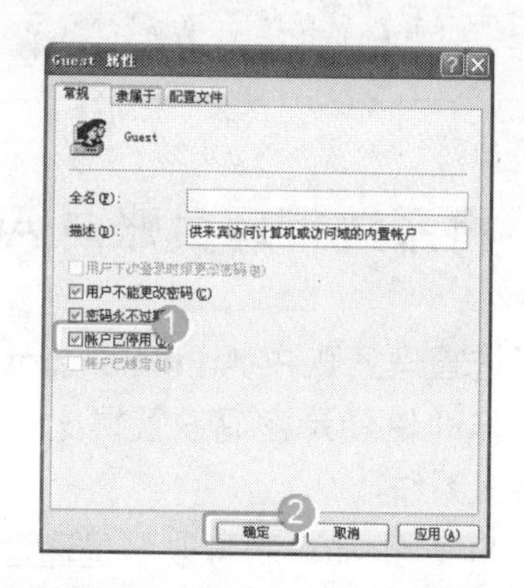

图 7-9 “Guest 属性”对话框

指点迷津

在判断 Guest 账户是否启用时，很多用户是通过查看控制面板的用户账户中 Guest 账户是否为启用状态来判断的，这是不正确的，因为在控制面板的用户账户中禁用 Guest 不会禁用本地用户 Guest 账户。

7.1.4 操作系统的更新升级

有关电脑更新升级的具体操作已经在第 6 章具体介绍过，这里不再赘述。另外，如果用户的电脑不能上网，也可以在其他可以上网的电脑上下载系统补丁，然后复制到自己的电脑进行安装。

另外，用户也可以使用漏洞扫描工具对操作系统进行扫描，然后根据扫描工具对系统进行更新和升级。有关漏洞扫描工具的使用方法，读者可以参考附录 A.7.1 节中的介绍。

7.1.5 Windows XP 的防火墙设置

在 Windows XP 操作系统中自带了防火墙的功能，可以有效地拦截因特网上的黑客及恶意文件的入侵，从而有效地保护我们的文件。

1. 启用 Windows XP 自带的防火墙

启用 Windows XP 防火墙的具体操作步骤如下：

（1）选择“开始”→“控制面板”命令，打开“控制面板”窗口，单击“安全中心”图标，如图 7-10 所示。

图 7-10 “控制面板”窗口

（2）打开“Windows 安全中心”窗口，单击“Windows 防火墙”图标，如图 7-11 所示。

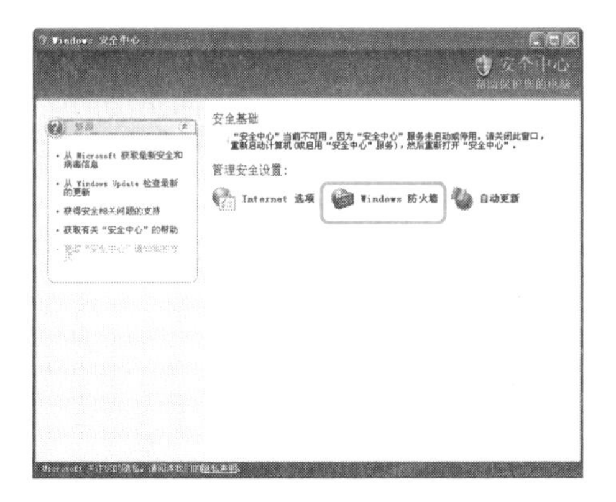

图 7-11 “Windows 安全中心”窗口

（3）打开“Windows 防火墙”对话框，选择“常规”选项卡，选中“启用（推荐）”单选按钮，然后单击 确定 按钮，即可启用 Windows XP 自带的防火墙，如图 7-12 所示。

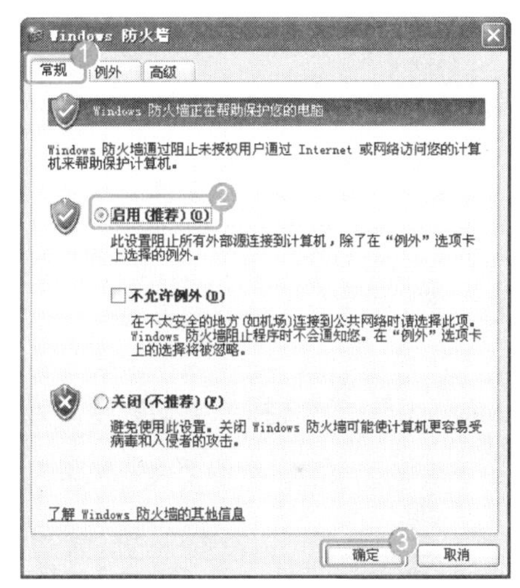

图 7-12 “Windows 防火墙”对话框

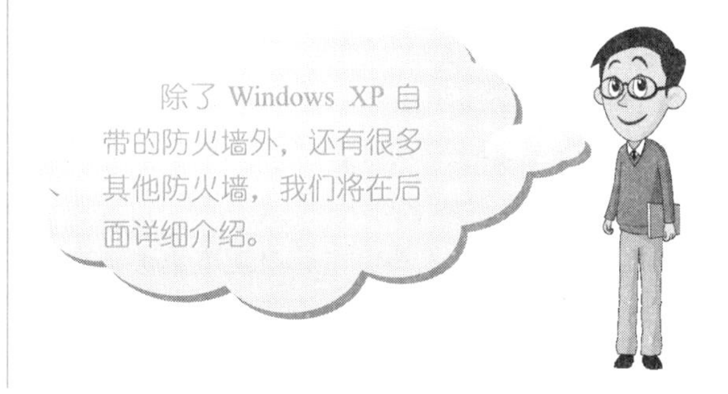

2. 设置防火墙

为了使防火墙更加有效地发挥其功能，保护系统中的重要数据不被破坏，我们还需要对其进行设置。具体操作步骤如下：

（1）在“Windows 防火墙”对话框中选择“高级”选项卡，在“网络连接设置”选项区域中选择“本地连接 2”选项，单击 设置(T)... 按钮，如图 7-13 所示。

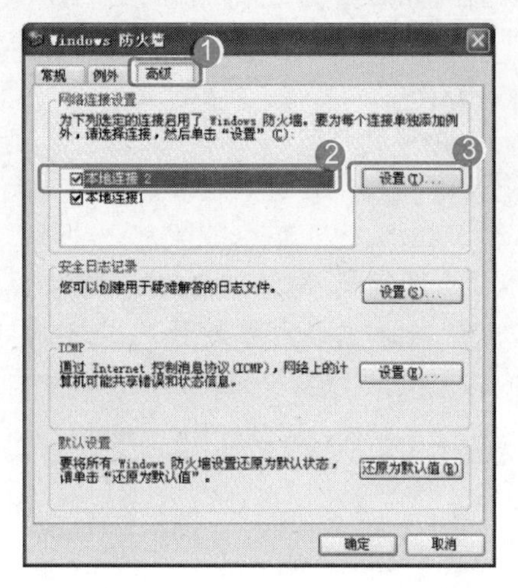

图 7-13　“高级”选项卡

（2）打开“高级设置”对话框，选择“服务”选项卡，在“服务”列表框中根据需要选中适当的服务，然后单击 确定 按钮，系统会在需要时开放，如图 7-14 所示。

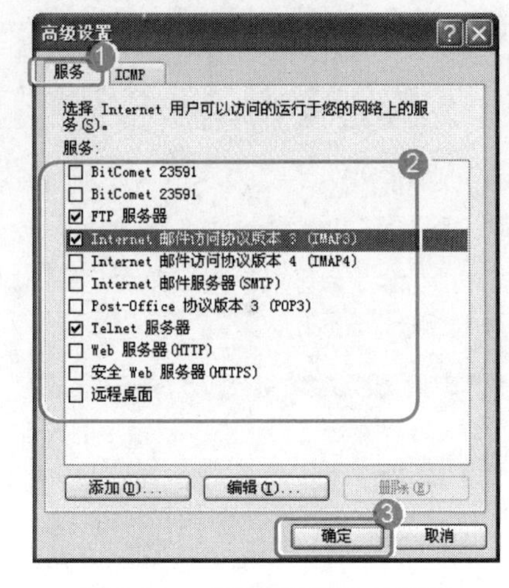

图 7-14　“高级设置”对话框

7.1.6　网络安全保障措施

Internet 是病毒传播的主要途径，为了在上网时免受病毒侵扰，可以设置一些安全措施。

1．为 Internet 区域设置安全等级

通过 IE 浏览器可以设置一些区域的安全保护级别，具体操作步骤如下：

（1）启动 IE 浏览器，选择“工具”→“Internet 选项”命令，打开“Internet 选项”对话框，并切换到“安全”选项卡，选择 Internet 选项，然后单击 自定义级别(C)... 按钮，如图 7-15 所示。

（2）打开“安全设置”对话框，在“设置”列表框中设置是否启用 ActiveX 控件、Java 脚本程序等，在“重置为”下拉列表框中选择安全级别，然后单击 重置(E) 按钮，如图 7-16 所示。

（3）系统弹出“警告”对话框，直接单击 是(Y) 按钮，如图 7-17 所示。

（4）返回“安全设置”对话框，单击 确定 按钮返回“Internet 选项”对话框，再单击 确定 按钮关闭对话框即可完成安全级别的设置。

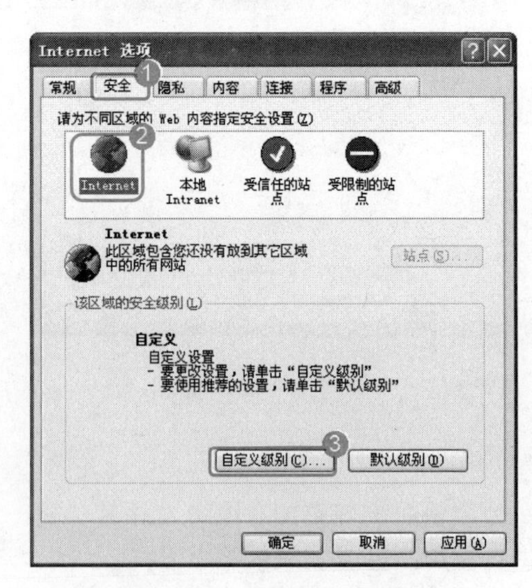

图 7-15　“安全”选项卡

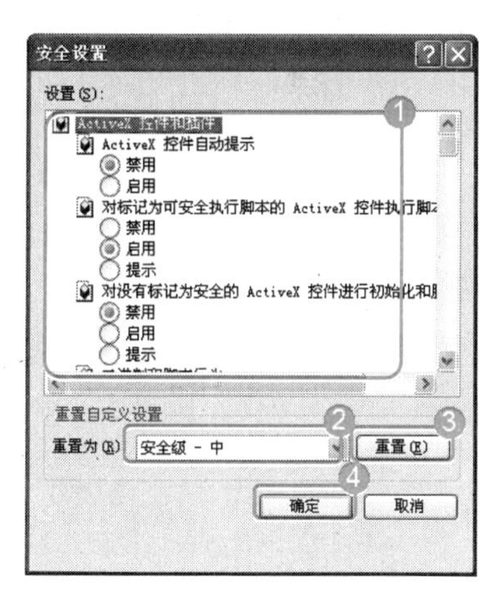

图 7-16 “安全设置”对话框

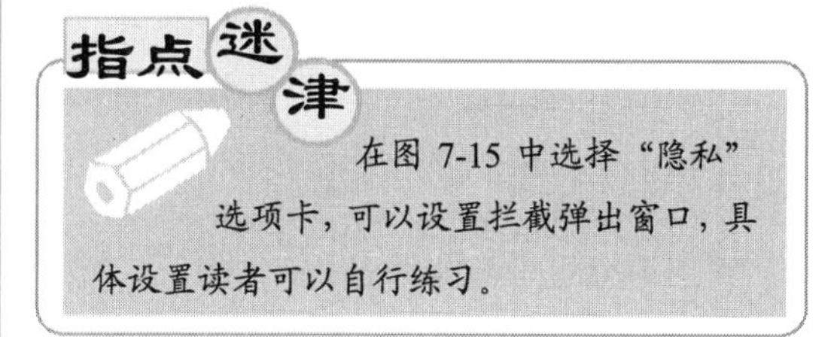

图 7-17 “警告”对话框

指点迷津

在图 7-15 中选择“隐私”选项卡，可以设置拦截弹出窗口，具体设置读者可以自行练习。

2. 启用分级审查功能

现在很多网页中都包含暴力、色情等不健康信息，不仅影响上网者的心情，往往这些网页中还带有很多病毒，极易给我们的电脑造成危害。这时，便可以使用 IE 浏览器自带的分级审查功能来控制浏览器显示的内容。

具体操作步骤如下：

（1）启动 IE 浏览器，选择“工具”→“Internet 选项”命令，打开“Internet 选项”对话框，并切换到“内容”选项卡，单击 启用(E)... 按钮，如图 7-18 所示。

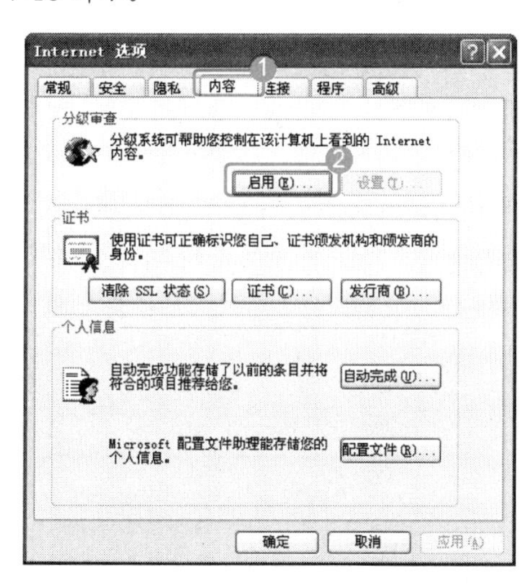

图 7-18 “内容”选项卡

（2）打开“内容审查程序”对话框，在“请选择类别，查看级别”列表框中选择要设置级别的类别，然后拖动列表框下方的滑块，调节指定用户可查看内容的级别，然后单击 确定 按钮，如图 7-19 所示。

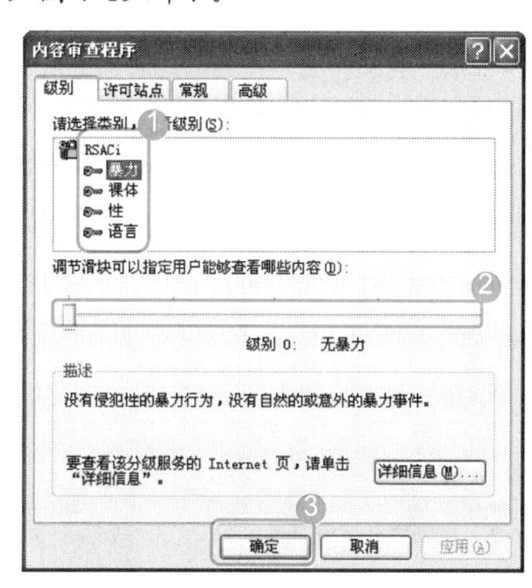

图 7-19 “内容审查程序”对话框

（3）打开“创建监督人密码”对话框，在“密码”和“确认密码”文本框中输入密码，在“提示”文本框中输入密码提示信息，单击 确定 按钮，如图 7-20 所示。

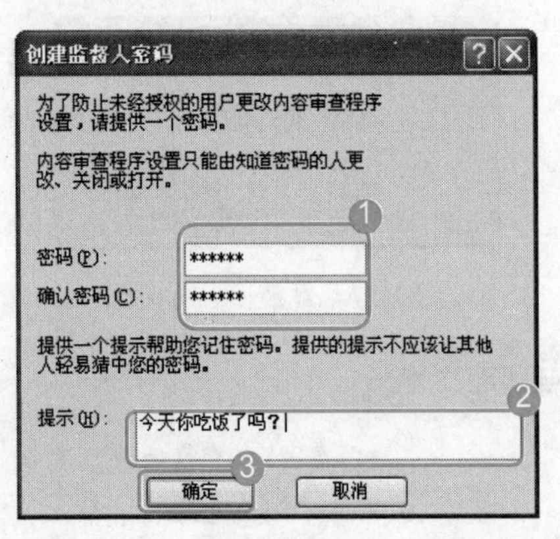

图 7-20 “创建监督人密码”对话框

（4）弹出确认对话框，单击确定按钮即可，如图 7-21 所示。

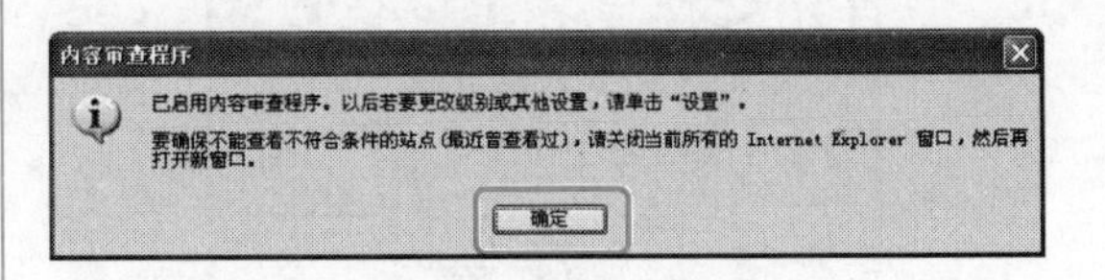

图 7-21 确认对话框

3. 设置许可和未许可的网站

如果有些网站不想让其受到分级审查的限制，此时便可以将其设为许可网站。具体操作步骤如下：

（1）打开“Internet 选项”对话框并切换到“内容”选项卡，单击设置(I)...按钮，如图 7-22 所示。

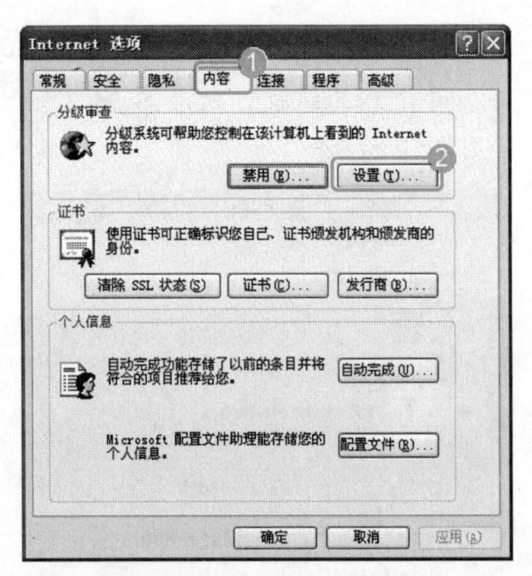

图 7-22 “内容”选项卡

（2）打开“需要输入监护人密码”对话框，在“密码”文本框中输入前面设置的密码，单击确定按钮，如图 7-23 所示。

（3）打开“内容审查程序”对话框，选择“许可站点”选项卡，在“允许该网站”文本框中输入搜狐网的网址，单击始终(W)按钮，最后单击确定按钮即可，如图 7-24 所示。

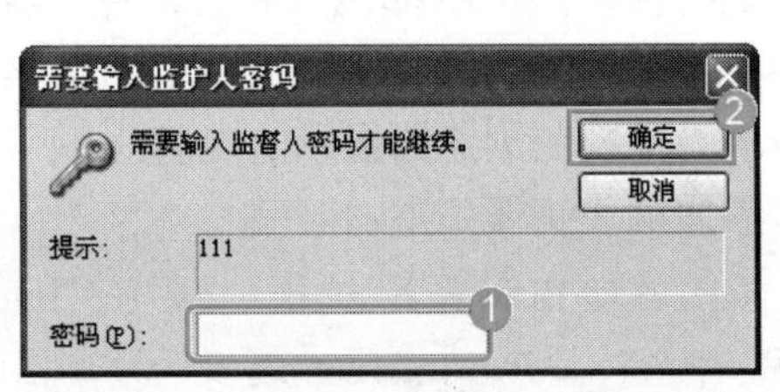

图 7-23 “需要输入监护人密码”对话框

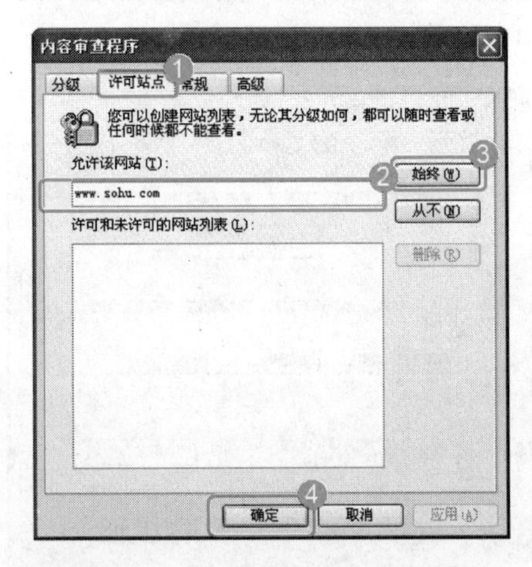

图 7-24 “内容审查程序”对话框

如果单击从不(N)按钮，则该网站将被禁止打开。

用户如果想取消对某网站的许可或未许可设置，只需在图 7-24 所示对话框中的“许可和未许可的网站列表”列表框中选择网站后，单击删除(R)按钮即可。

7.2 及时防治电脑病毒

本节内容学习时间为 10:00～12:00（视频：第 7 日\使用杀毒软件查杀病毒）

电脑病毒实际上是由恶意代码编译的软件，它能自我复制、自我传播，对电脑具有破坏性。广义的电脑病毒还包括逻辑炸弹、特洛伊木马和系统陷阱入口等。

7.2.1 认识电脑病毒的危害

电脑病毒虽是一个小程序，但它和普通的电脑程序不同，具有很大的危害性，主要表现在以下几个方面。

❖ 自我复制的能力。它可以隐藏在合法程序内部，随着人们的操作不断地进行自我复制。

❖ 它具有潜在的破坏力。系统被病毒感染后，病毒一般不即时发作，而是潜藏在系统中，等条件成熟后再发作，给系统带来严重的破坏。病毒的潜伏时间有的是固定的，有的是随机的。

❖ 它只能由人为编制而成。电脑病毒不可能随机自然产生，也不可能由编程失误造成。

❖ 它只能破坏系统程序，不可能损坏硬件设备。

❖ 它具有可传染性，并借助非法复制进行传染。电脑病毒通常都附着在其他程序上，在病毒发作时，有一部分是自己复制自己，并在一定条件下传染给其他程序；另一部分则是在特定条件下执行某种行为。

❖ 隐蔽性。病毒往往寄生在软盘、光盘或硬盘的程序文件中，有的病毒则有固定发作时间。

7.2.2 电脑病毒的分类

按照不同的分类方法，可以将电脑病毒分为不同的种类。一般按照电脑病毒对电脑的破坏程度，可以将其分为以下几种。

❖ 良性病毒：对磁盘信息、用户数据不产生破坏作用，它们只是对屏幕产生干扰，或使电脑的运行速度降低。

❖ 恶性病毒：与良性病毒相反，它会对磁盘信息、用户数据产生不同程度的破坏，这类病毒大多在人们发现磁盘数据丢失或文件破坏时，才感觉到它的存在，因此这类病毒危害性极大。

❖ 极恶性病毒：死机、系统崩溃、删除普通程序或系统文件，破坏系统配置导致系统死机、崩溃、无法重启。

❖ 灾难性病毒：破坏分区表信息、主引导信息、FAT，删除数据文件，甚至格式化硬盘等。

7.2.3 感染病毒后的处理

如果做好了防范工作，电脑还是感染了病毒，则应及时采取措施防止病毒的蔓延。此时首先应判断病毒的类型，再根据病毒类型采取不同的处理方式。

❖ 发现病毒的电脑不要接入局域网，避免把病毒带到网络中。

❖ 一般的文件型病毒或良性病毒可以使用杀毒软件清除。如果是恶性病毒，可用病毒软件诊断病毒的种类和性质。

❖ 如果发现恶性病毒，操作系统已被破坏，则需备份重要的数据文件，使用杀毒软件设法修复系统硬盘。许多防病毒软件开发商的网站上会提供清除病毒后恢复系统的程序。如果以前备份过硬盘的主引导记录和分区表信息，则可在杀毒后导入。

❖ 避免用带病毒的硬盘启动，有些恶性引导型病毒，其引导次数越多，破坏的范围也越大，因此应使用无病毒的软盘启动，最好用防病毒软件直接从软盘启动。

❖ 对于受过恶性病毒侵害的电脑，即使能恢复正常运行，也应在所有数据备份完后，从硬盘分区开始重新生成和安装系统，因为被病毒严重破坏过的系统很难保证其健全性。

❖ 对不熟悉的病毒要准确记录病毒发作前后的操作和状态，以便向技术人员请教。

7.2.4 使用杀毒软件查杀病毒

目前市面上的杀毒软件众多，如瑞星、卡巴斯基、KV2008 等。本节就以 KV2008 为例介绍如何使用杀毒软件查杀病毒。江民杀毒软件 KV2008 是江民反病毒专家团队针对网络安全面临的新课题，全新研发推出的计算机反病毒与网络安全防护软件，是全球首家具有灾难恢复功能的智能主动防御杀毒软件。

1. 设置 KV2008

防止电脑感染病毒的最好方法是先做好预防措施，而不是等电脑感染后再来消灭它。使用 KV2008 可以做到时时监控电脑，使病毒在入侵电脑之初就将它扼杀在摇篮中。具体操作步骤如下：

（1）启动 KV2008 防病毒程序，打开简洁视图界面，单击右上角的按钮，如图 7-25 所示。

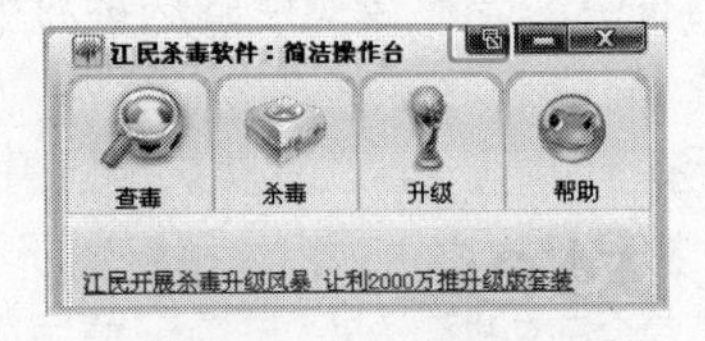

图 7-25 简洁视图

（2）切换到普通视图，选择“工具”→“设置”命令，如图 7-26 所示。

（3）打开“江民设置程序”对话框，并在左侧选择“监视”选项，在右侧的列表框中根据需要选中要监视的类型左侧的复选框，在“发现病毒时”下拉列表框中选择处理方式，这里选择“自动清除病毒”，然后单击确定按钮即可完成设置，如图 7-27 所示。

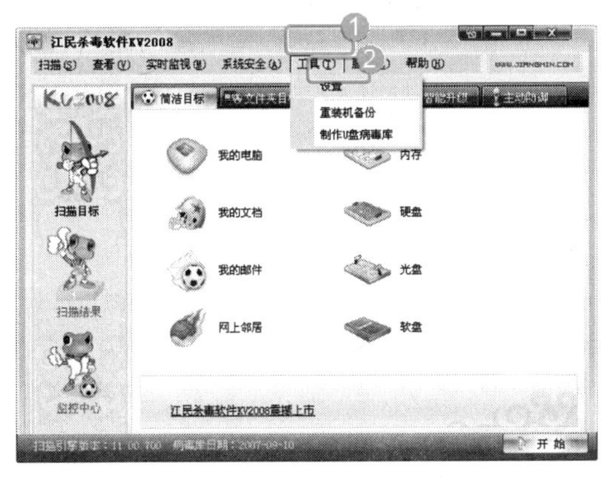

图 7-26 普通视图

图 7-27 设置 KV2008

在“实时监视”菜单下也可选择要监控的类型，但仅针对本次设置，重启电脑后将恢复原来的设置。

2. 使用 KV2008 查杀病毒

做好病毒防范工作并不等于电脑就一定不会感染病毒，如果电脑有感染病毒的迹象，应立即查杀病毒，以防止蔓延。这里以全盘杀毒为例讲解使用 KV2008 进行杀毒的具体操作步骤。

（1）启动 KV2008 并切换到普通视图，在右侧的窗口中单击“我的电脑”图标，如图 7-28 所示。

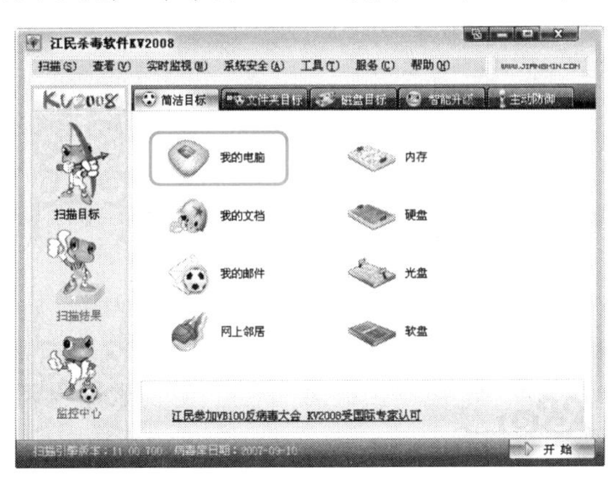

图 7-28 选择扫描对象

（2）系统切换到“扫描结果”模块开始扫描病毒，并显示正在扫描的文件、已扫描的文件数和所用的时间等，如图 7-29 所示。

图 7-29 扫描病毒

（3）如果发现病毒，将以列表的方式显示病毒名称及处理结果（删除或清除），如图 7-30 所示。

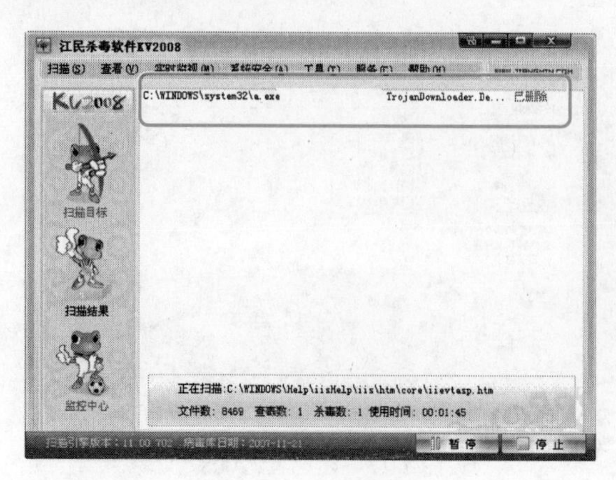

图 7-30　扫描结果

（4）扫描结束后，将打开一个对话框提示扫描完成，如图 7-31 所示，单击确定按钮关闭对话框即可。

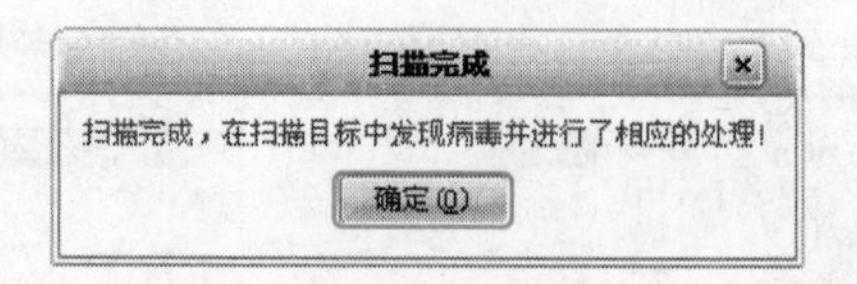

图 7-31　扫描完成

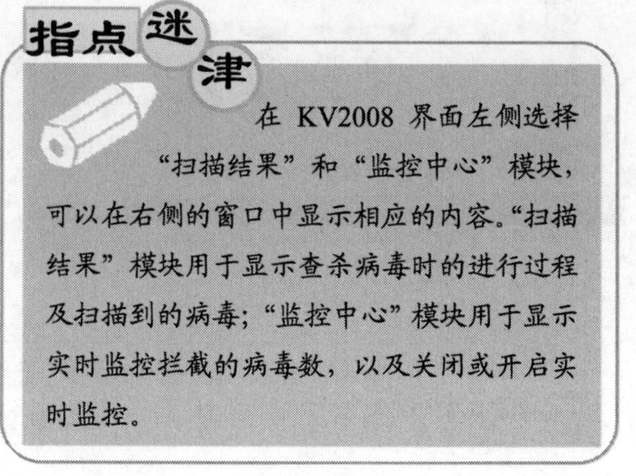

在 KV2008 界面左侧选择“扫描结果”和“监控中心”模块，可以在右侧的窗口中显示相应的内容。“扫描结果”模块用于显示查杀病毒时的进行过程及扫描到的病毒；“监控中心”模块用于显示实时监控拦截的病毒数，以及关闭或开启实时监控。

7.3　电脑常见故障排除

本节内容学习时间为 14:00～17:30

在使用电脑时，可能会因为环境、病毒及误操作等原因，造成各种各样的故障。因此除了对电脑进行日常维护及安全防护外，还应掌握快速排除电脑故障的一些知识。

7.3.1　电脑故障概述

电脑故障主要分为硬件故障和软件故障两大类，比较常见的包括不能正常开机、操作系统崩溃、应用程序出错和网络系统故障等。

1. 硬件故障

硬件故障是指电脑的硬件设备受到损坏或发生故障，也包括因硬件安装、设置或外界因素影响而造成系统无法正常工作的软故障。

2. 软件故障

软件故障是指电脑的系统软件或应有软件在使用过程中出现的故障，主要包括以下几种：

❖ 操作系统和应用软件出错。
❖ 操作系统、驱动程序、应用软件与硬件设备不兼容。
❖ BIOS 错误或设置不当。
❖ 电脑病毒引发的故障。

7.3.2 电脑故障产生的原因

电脑故障产生的原因很多，而了解引发故障的原因则可以在检测和排除电脑故障时做到心中有数，从而能够快速排除电脑故障。

1. 环境因素

恶劣的环境可能引起电脑故障，其中最主要的因素介绍如下。

❖ 灰尘：如果在电脑的工作环境中有大量的灰尘，就会影响电脑的散热，甚至引起短路。

❖ 温度：电脑正常工作的环境温度应在10℃～45℃之间，温度过高或过低都会影响电脑的工作，并缩短电脑的使用寿命。

❖ 湿度：电脑正常工作的环境湿度应在30%～80%之间，湿度过高容易使元件受潮并引起短路；湿度过低容易产生静电，造成软件损坏。

❖ 电源：电脑的正常工作电压范围应在220V±10%之间，频率应在50Hz±5%之间，并且不能有大幅度的波动，同时应具有良好的接地性能。

❖ 电磁波：电脑在工作时会产生大量的电磁波，同时又对电磁波的干扰较为敏感，较强的电磁波干扰可能会造成硬盘数据丢失、显示器画面抖动等故障。

2. 硬件质量因素

由于电脑硬件的生产厂商众多，同一品牌产品也可能由不同厂商生产，并且由于资金等各种原因，组装的电脑各部件的产品质量也可能良莠不齐，而电脑要靠硬件的整体协同工作才能发挥作用，其中的某个部件如果出现了问题都有可能导致电脑不能正常运行。

3. 兼容性因素

由于电脑的内部硬件众多，生产厂商也不尽相同，因而出现不兼容问题比其他的设备也要多。电脑内部硬件与硬件之间、硬件与操作系统之间、硬件与驱动程序之间出现不兼容问题时通常会影响电脑的正常运行，严重的还会造成系统无法启动等故障。

4. 人为因素

用户不好的使用习惯和错误的操作也有可能造成电脑故障的出现，因此在使用电脑时也要养成良好的使用习惯。

5. 电脑病毒

病毒影响也是电脑故障最常见的诱因，电脑如果感染病毒，也会影响系统的正常运行，严重的还可能破坏硬盘的数据、改写电脑的 BIOS，使电脑不能正常运行。

7.3.3 电脑故障处理原则

故障处理的一般原则主要包括以下几个方面。

1. 保证安全

处理故障最基本的原则就是安全第一，在处理故障时应先检查电源是否切断，并做好相应的安全保护措施，以保证电脑部件和用户自身的安全。

2. 多多观察

充分了解电脑安装的各种软件的相关知识，以及产生故障部件的工作环境、工作要求和近期所发生的变化等情况。

3. 仔细分析

处理故障前，应根据故障现象分析该故障的类型及应选用哪种方法进行处理，切忌盲目动手，造成故障的扩大。

4. 先软后硬

处理故障时，首先应先判断是否为软件故障，当确定软件环境正常时，再从硬件方面着手检查。

5. 先假后真

在不确定故障部件时，可先认定该部件确实存在故障，并检查各部件之间的连线是否可靠，安装是否正确，在排除假故障后才将其作为真故障处理。

6. 先外后内

排除故障时，首先检查外部设备是否正常，然后才能拆卸机箱，检查内部的主机部件是否正常，尽可能不盲目拆卸部件。

7. 分清主次

在发现故障现象时，有时可能会看到一台故障机不止有一个故障现象，而是有两个或两个以上的故障现象（如启动过程中无显示，但机器也在启动，同时启动完后，有死机的现象等），此时应该先判断、维修主要的故障现象，当修复后，再维修次要故障现象，有时可能次要故障现象已不需要维修了。

8. 归类演绎

在处理故障时，应善于运用已掌握的知识或经验，将故障进行分类，然后寻找相应的方法进行处理。在故障处理之后还应认真记录故障现象和处理方法，以便日后查询并借此不断提高自己的故障处理水平。

7.3.4 电脑故障检测与排除方法

1. 观察法

观察，是维修判断过程中的第一要法，它贯穿于整个维修过程中。观察不仅要认真，而且要全面。要观察的内容主要包括以下几方面。

- ❖ 周围的环境：观察电脑的运行环境是否正常，温度是否过高或过低，湿度是否正常，是否有强电磁波的干扰等。
- ❖ 硬件环境：观察各种插头、插座等连接是否良好，板卡和其他设备是否有烧焦的痕迹，有无短路，电路板上是否有脱焊、断裂等现象。
- ❖ 软件环境：了解电脑中安装有哪些软件，以及最近刚安装了哪些软件，这些软件之间是否会产生冲突。
- ❖ 用户操作的习惯、过程：了解用户平时的一些操作习惯，以及故障产生之前的主要操作。

2. 替换法

替换法是用好的部件去代替可能有故障的部件，以判断故障现象是否消失的一种维修方法。好的部件可以是同型号的，也可能是不同型号的。替换的顺序和原则如下。

- ❖ 根据故障的现象或第二部分中的故障类别，来考虑需要进行替换的部件或设备。
- ❖ 按先简单后复杂的顺序进行替换。如先内存、CPU，后主板，又如要判断打印故障时，可先考虑打印驱动是否有问题，再考虑打印电缆是否有故障，最后考虑打印机是否有故障等。
- ❖ 最先查看与怀疑有故障的部件相连接的连接线、信号线等，之后是替换怀疑有故障的部件，再后是替换供电部件，最后是与之相关的其他部件。
- ❖ 从部件的故障率高低来考虑最先替换的部件，故障率高的部件先进行替换。

3. 拔插法

拔插法是判断故障的一种较好的方法，通过拔插板卡后观察电脑的运行状态来判断故障的所在。若拔出除 CPU、内存、显卡外的所有板卡后系统工作仍不能正常，那么故障很有可能就在主板、CPU、内存或显卡上。另外，拔插法还能解决一些如芯片、板卡与插槽接触不良所造成的故障。

4. 清除灰尘法

有些电脑故障往往是由于机器内灰尘较多引起的，这就要求我们在维修过程中，注意观察故障机内、外部是否有较多的灰尘，如果是，应该先进行除尘，再进行后续的判断维修。

5. 升/降温法

这种方法主要用于电脑在运行时时而正常、时而不正常的故障的处理。在检测时可使用电吹风对可疑部件进行升温，促使故障提前出现，从而找出故障的原因；或利用酒精对可疑部件进行降温，如故障消失，则证明此部件热稳定性差。

6. 振动敲击法

敲打法一般用在怀疑电脑中的某部件有接触不良的故障时，通过振动、适当的扭曲，或用橡胶锤敲打部件或设备的特定部件来使故障复现，从而判断故障部件的一种维修方法。

7. 程序检测法

通过测试卡、测试程序的诊断及其他一些方法的诊断来处理电脑故障，这种方法具有判断故障快速、准确等优点；缺点是不易掌握，测试卡和测试程序不容易获得，且对于无法启动电脑等严重故障无法处理。

8. 最小系统法

最小系统是指从维修判断的角度能使电脑开机或运行的最基本的硬件和软件环境。如果在最小系统（主板上插入CPU、内存和显卡，连接有显示器和键盘）时电脑能正常稳定运行，则故障应该发生在没有加载的部件上或有兼容性问题。这种方法常用在组装电脑发生故障时。

7.3.5 常见主板故障排除

1. 通过自检报警声判断故障

故障现象：电脑在开机自检时发出“嘀嘀”不停的鸣叫声，系统无法启动，请问应该如何根据开机自检时的鸣叫声来判断电脑故障。

分析解决：如果电脑的硬件发生故障，在自检时往往会有报警声或在屏幕上显示错误信息，用户可以根据报警声来判断出电脑故障所在。下面以AWARD公司和AMI公司的BIOS为例，介绍如何根据报警声来判断电脑故障。

（1）AWARD BIOS报警声的一般含义介绍如下。

❖ 1短：系统正常启动，表明电脑硬件无故障。

❖ 2短：常规错误，请进入BIOS，重新设置不正确的CMOS参数。

❖ 1长1短：内存或主板出错。更换一条内存试试，若还是不行，只好更换主板。

❖ 1长2短：显示器或显卡错误。

❖ 1长3短：键盘控制器错误。检查键盘和主板接口。

❖ 1长9短：主板Flash RAM或EPROM错误，BIOS损坏。换块Flash RAM试试。

❖ 不断地响（长声）：内存条未插紧或损坏。重插内存条，若还是不行，只有更换一条内存。

❖ 不停地响：显示器未和显卡连接好。检查一下所有的插头。

❖ 重复短响：电源故障，更换电源试试。

❖ 无声音无显示：电源故障。

（2）AMI BIOS报警声的一般含义介绍如下。

❖ 1短：内存刷新失败，建议更换内存条。

❖ 2短：内存ECC校验错误。建议进入CMOS设置，将ECC校验关闭。

❖ 3短：系统基本内存（第1个64KB）检查失败。

❖ 4短：系统时钟出错。

❖ 5短：CPU错误。

❖ 6短：键盘控制器错误。

❖ 7短：系统实模式错误，不能切换到保护模式。

❖ 8短：显卡内存错误。

❖ 9短：ROM BIOS检验和错误。

❖ 1长3短：内存错误。

❖ 1长8短：显卡接触不良。

2. 不能保存系统时间的修改

故障现象：电脑每次启动后，系统时间都显示为0：00，不能正确保存系统时间的修改。

分析解决：这类故障一般都是由于主板电池损坏造成的，一般只需更换新的电池即可解决。如果更换电池后还没有解决问题，可以参照以下方法进行。

❖ 主板CMOS跳线是否正确。如果将主板上的CMOS跳线设为清除或者外接电池，会使CMOS数据无法保存，这时就需要重新设置CMOS跳线。

❖ 如果主板电路有问题，需要找专业人员维修。

3. 电脑意外断电后，来电自动开机

故障现象：电脑在意外断电后，来电后自动开机，这是什么原因？

分析解决：这类故障一般都是由于BIOS设置造成的。用户可以在BIOS主界面中选择Power management Setup（电源管理设置）选项，然后设置Pwron After PW-Fail（有的为State After Power Failure）选项的值为OFF即可。Pwron After PW-Fail选项就是用来控制电源故障断电之后，来电是否自动开机的，设为ON则表示来电后自动开机。

重点提示

如果主板的BIOS设置中没有Pwron After PW-Fail选项，也可以在Power management Setup中将ACPI选项设置为Enabled来解决此类问题。

4. BIOS中设置的密码在开机时无效

故障现象：在BIOS中分别设置了Set Supervisor Password和Set User Password密码，但在开机时不提示输入密码就启动了。

分析解决：这类故障是由于BIOS设置不合理造成的。在BIOS设置中，有一个Security Option选项，如果将其设置为Setup，则表示只有在进入CMOS设置时才需要密码；如果将其设置为System，则在进入系统时也要求输入密码。因此，要解决该问题，只需进入BIOS，选择Advanced BIOS Features选项并按Enter键进入，找到Security Option选项并将其值设为System，然后保存退出BIOS即可。

5. 电脑频繁死机

故障现象：电脑频繁死机，在进行CMOS设置时也会出现死机现象。

分析解决：出现这种故障一般都是因为主板散热不良或者主板Cache有问题引起的。

❖ 如果因主板散热不良导致该故障，可在死机后触摸 CPU 周围主板元件，会发现其非常烫手，在更换大功率风扇之后，死机故障即可解决。

❖ 如果是 Cache 有问题造成的，可以进入 CMOS 设置，将 Cache 禁止即可。当然，Cache 禁止后，机器速度肯定会受到影响。

如果按照以上方法仍不能解决故障，那应该是主板或 CPU 有问题，建议更换主板或 CPU。

6. 安装主板驱动程序导致系统死机

故障现象：在安装完主板的驱动程序后，系统经常死机。

分析解决：因为是在安装主板驱动后，系统经常死机，因此基本断定是主板的驱动程序有问题，可以按照以下方法进行故障排除。

❖ 如果电脑还能够正常进入操作系统，则可以在进入操作系统中将主板的驱动程序删除，然后重新安装新的主板驱动程序。

❖ 如果电脑不能正常启动操作系统，可以在开机时选择进入安全模式后将主板驱动删除，然后重新启动电脑并安装新的主板驱动程序。

7. PCI-E 插槽积尘引起"黑屏"

故障现象：电脑在开机后屏幕没有任何反应，系统也无任何报警声。

分析解决：遇到此类故障，首先想到的便是显卡的问题，但当用替换法将显卡换到另一台电脑上测试时，电脑运行正常，排除显卡故障。然后检查主板上的 PCI-E 插槽，发现插槽中积聚了不少灰尘，用小毛刷将灰尘扫干净后，接上电源并开机，故障排除。

7.3.6 常见 CPU 故障排除

1. 无法用硬跳线恢复 CPU 频率

故障现象：在给 CPU 进行超频后，重新启动时出现了黑屏问题。由于电脑的主板是软跳线主板，只能在开机后进入 CMOS 才能更改 CPU 频率设置，但黑屏又无法完成这个操作。

分析解决：遇到此类问题，可以利用以下两种方法来解决。

❖ 按下机箱上的 Power 键开启电脑的同时，按住键盘中右侧控制键盘区上的 Insert 键，大多数主板都将这个键设置为让 CPU 以最低频率启动并进入 CMOS 设置。如果不奏效，可以按 Home 键代替 Insert 键试试。成功进入 CMOS 后可以重新设置 CPU 的频率。

❖ 按照主板说明书的提示，打开机箱，找到主板上控制 CMOS 芯片供电的 3 个跳线，将其改插为清除状态。清除 CMOS 参数同样可以达到让 CPU 以最低频率启动的目的。启动电脑后可以进入 CMOS，重新设置 CPU、硬盘驱动器、软盘驱动器参数即可。

2. 由待机进入正常模式时死机

故障现象：当电脑从待机状态启动到正常状态时就会死机。

分析解决：出现此类故障一般都是由于从待机进入正常状态时，散热风扇的停转所致。当系统进入待机状态以后，会自动降低 CPU 的频率及风扇转速以节省能耗，而现在的 CPU 频率普遍较高，当待机以后，如果风扇不转动，CPU 就会热得发烫，尤其是对 CPU 进行了超频后，发热量就会更大，所以再启动到正常模式时就容易造成死机。

要解决这种情况，可以在 BIOS 中设置风扇在待机状态下也不停转动，在开机时进入 BIOS，选择 Power Management Setup 选项并按 Enter 键进入，找到 Fan Off When Suspend 选项并将其设置为 Disable，然后保存退出，这样以后再待机时风扇就会继续转动，从而避免死机情况的发生。

3. CPU 风扇导致经常死机

故障现象：每次冷启动时，机箱内总有连续的“嗡嗡”声传出来，进入系统后，噪声才慢慢消失，但热启动则没有噪声。

分析解决：这应该是 CPU 风扇发出的“嗡嗡”声，在冬季，室内环境温度相对较低，电脑刚启动时，风扇开始转动，由于润滑油相对处于凝固状态，所以风扇会发出“嗡嗡”声。当然，如果风扇质量不太好，或者风扇上积存了大量的灰尘，也会出现这种现象。这时只要将风扇拆下，仔细清除一下上面的尘土，便可以解决问题。如果经过上述处理后还无法解决问题，建议更换一个质量更好一点的风扇。

至于电源风扇在开机时声音很大，但进入系统后就安静，是风扇质量问题，开机时转动不正常，待进入系统后转动才正常，可能是风扇转轴润滑不够或是风扇线圈阻抗太大，可拆下来在转轴上滴点油，或者换一个新的。如果风扇转动不正常而导致 CPU 散热不正常，也会导致系统重启或死机。

4. 启动时 CPU 风扇会“暂停”

故障现象：最近电脑每次启动时 CPU 风扇都要停转一下，然后才能启动，请问这是怎么回事？是不是我的系统有问题？

分析解决：从故障现象来看，这很可能是 BIOS 中的设置不正确造成的。因为电脑在启动过程中，BIOS 会对所有的设备进行初始化，当检测到 BIOS 内有错误设置时，便会自动重新载入正确的参数，这样就会造成风扇启动后关闭，然后再启动的情况。解决方法是逐项检查 CPU 频率设置（在超频使用时尤其要注意）、内存和显卡的设置选项，以及关于 IDE/SATA 设备的一些选项，只要正确设置 BIOS 参数即可；如果对电脑性能没有特别要求，直接载入默认设置即可。

7.3.7 常见内存故障排除

1. 内存接触不良导致无法开机

故障现象：在一次对主机内部进行清扫后重新开机时，电脑发出“嘀……”的连续报警声，系统不能正常启动，这是什么原因？

分析解决：根据报警声可以初步断定引起故障原因是内存条与插槽接触不良或内存条损坏。由于是在对主机进行清理后出现此故障，所以可能是在打扫时由于插拔内存导致内存条与主板插槽接触不良造成的，因此只要打开机箱，将内存条重新插好，再启动时故障一般即可解决。如果还是不行，建议更换内存插槽或内存条测试。

2. 混插不同的内存

故障现象：打算为电脑升级内存，但不同型号的内存混插往往会出现各种问题，这里咨询一下混插时应该注意什么问题？

分析解决：通过加大内存可以更好地利用已有的内存资源，提高电脑性能。但在混插时也要注意以下几点。

❖ 就低原则：一般情况下，应该将低规范、低标准的内存插入第一个内存插槽 DIMM1 中，将高标准的内存依次插入后面的内存插槽中。

❖ 不要混插不同类型的内存：一般来说，不同类型的内存之间其工作电压、电气接口等都不相同，所以不能将不同类型的内存进行混插，否则可能会缩短内存的使用寿命，甚至烧毁内存。

❖ 注意内存负载：任何主板芯片组都对 DIMM 内存插槽进行了最大输出功率的限制，这也就是同时使用多根双面内存将所有内存插槽插满，而内存总容量并没有达到主板芯片组所支持的内存上限时，电脑无法识别内存总容量，甚至无法启动的一个重要原因。一般来说，在进行内存混插时，如果将两个以上的内存插槽插满，其中一根至少应该使用单面内存条。

重点提示

如果不同内存混插造成不能正常开机，可以这样解决：第一，更换内存条的位置；第二，在能开机的前提下，在 BIOS 中将内存的相应项（包括 CAS 等）设置为低规范的相应值；第三，使用其中的一根内存（如果是 DDR400 和 DDR333 的内存混合使用，最好使用 DDR333 的内存）将电脑启动，在 BIOS 中强行将内存的相应项设置为低规范的相应值，经确定无误后，再关机插入第二根内存。

3. 随机性死机

故障现象：在给电脑添加了一根内存条之后，经常出现死机现象。

分析解决：出现此类故障一般有以下几种原因。

❖ 主板上安装了几种不同芯片的内存条，由于各内存速度不同产生一个时间差，从而导致死机。

❖ 内存条与主板接触不良。

❖ 内存条与主板不兼容。

❖ 内存条的金手指出现故障。

如果是因为第一种情况，可以在 BIOS 中将内存运行速度降低看能否解决，如果还不行则需要将内存更换为相同型号的；第二种情况则需要认真检查内存条与主板之间的连接；第三种情况则需要更换内存条。

4. Windows 经常自动进入安全模式

故障现象：在给电脑更换一根内存条后，经常出现 Windows 启动自动进入安全模式的现象。

分析解决：此类故障一般是由于主板与内存条不兼容或内存条质量不佳引起的，常见于高频率的内存条用于某些不支持此频率内存条的主板上。可以尝试在 BIOS 中降低内存读取速度来解决该问题，如果不行，只有更换内存条了。

5. 金手指氧化造成内存故障

故障现象：正常使用的电脑，在正常关机后，下次开机时内存报警。

分析解决：此类故障一般是由于内存和主板接触不良造成的。而造成接触不良的主要原因，往往是电脑日常工作的环境湿度过大，内存在工作时需要发出一些热量，潮湿的环境和较高的温度，往往极容易造成内存金手指的氧化，但这种氧化通常不会对内存的品质和使用寿命造成致命性的影响。解决此类故障的方法也很简单，用橡皮将金手指擦拭一遍，故障就迎刃而解了。有时甚至只要重新插拔内存，故障便可以排除。

6. 内存损坏导致系统经常报注册表错误

故障现象：能够正常启动系统，但是在进入桌面时，系统会提示注册表读取错误，需要重新启动电脑修复该错误，但是再次启动电脑后，仍旧是同样的故障。

分析解决：此类故障一般是由于内存条质量不佳引起的，没有很好的解决办法，一般只有通过更换内存条来解决。

7. 内存损坏导致操作系统无法安装

故障现象：在安装操作系统时，当安装程序释放 CAB 压缩包时，安装过程意外中止。

分析解决：此类故障一般是由于内存条工作不稳定引起的，特别是在安装 Windows 2000 以上操作系统时，表现尤为突出。此类故障的解决方法一般只有更换内存条。

8. 主板不能使用双面内存

故障现象：主板可以支持 512MB 的内存，但在插上一条 512MB 的 SDRAM 内存条后，系统检测只有 256MB。

分析解决：此类故障一般都是由于主板的该内存插槽不支持双面颗粒的内存条而引起的。可以试着将内存条插到第一根内存插槽上（即 DIMM1 插槽）来解决，如果还不行，只有更换成单面的 256MB 内存了。

9. 内存型号不对

故障现象：电脑配置为 Sempron 2400+CPU，升技 NF7 主板，金士顿 256MB DDR400 内存，但是开机显示内存却是 256MB DDR333。

分析解决：首先需要确认主板是否支持 DDR400，升技 NF7 主板支持 DDR400，所以该问题应该是由于内存同步设置所致。Sempron 2400＋的前端总线频率是 333MHz，主板默认的方式是内存与 CPU 的前端总线同步，所以内存就会在 DDR333 模式下运行。如果要让内存运行在 DDR400 模式下，在开机时进入 BIOS 设置界面，设置一下内存和 CPU 异步运行即可，将内存的运行频率设为 CPU 前端总线频率的 120%即可。

重点提示

在设置内存异步时需要注意，某些 nForce2 芯片组主板在内存异步上做得并不好，内存异步到 DDR400 后性能可能反而会降低，所以建议保持内存同步的模式，然后在 BIOS 中微调内存的 tCL 和 tRCD 参数，这样也能提升性能。

7.3.8 常见硬盘故障排除

1. 开机后找不到硬盘

故障现象：使用 PATA 接口的硬盘，在把硬盘拆下来拿到别人的电脑上去复制文件后，再次开机后找不到硬盘。

分析解决：如果经常把硬盘拆下来拿到其他的电脑上去复制文件，首先需要考虑问题是否出在 IDE 连接线上。很多质量不佳的连接线在经过多次拔插后外表和正常的 IDE 线没有什么区别，但很可能内部已经被损坏，出现接触不良的故障。

建议找一根新的 IDE 连接线插上，问题一般就可以解决。另外，不要经常去拔插硬盘的 IDE 线，以免造成硬盘接口的损坏。

2. 硬盘自检提示的含义

故障现象：电脑每次重启都会在自检后出现提示“warning：Immediately back-up your data and replace your hard disc driver，A failure may be imminent”，要按 F1 键后才能继续进入系统。

分析解决：这是目前广泛采用的 S.M.A.R.T 技术侦测到硬盘可能出现了故障或不稳定情况，警告用户需要立即备份数据并更换硬盘。这是用户在 BIOS 中设置了系统启动时，让硬盘进行自检。出现这种提示后，除了更换新盘外，没有其他解决方法。

重点提示

自检程序是硬盘对数据的一种自我保护措施，它会对硬盘将要出现的错误进行预判，提前通知用户备份好数据，以免数据丢失。虽然按 F1 键仍然可以进入系统，但是建议马上把硬盘中的重要数据备份出来，然后更换一块新硬盘。

用户也可以关闭硬盘自检程序，只需在 BIOS 中将 HDD S.M.A.R.T Capability 选项设置为 Disabled 即可。

3. 机器为何要重启多次

故障现象：我的电脑开机自检后，出现了以下提示信息“Secondary IDE Charnel no 80 Connector Cable Installed”，并且画面停止不动，需要重启多次才能进入系统。

分析解决：出现此类故障是因为系统检测到主板和硬盘可以支持 DMA66 以上的传输模式，但没有使用匹配的 80 芯数据线。当多次启动后系统检测硬盘错误达到了一定次数，系统便会自动将硬盘传输模式降低等级，从而可以进入系统，但硬盘传输性能也同时被降低了。解决的办法也很简单，只需更换一条 80 芯的标准数据线即可。

4. 硬盘容量与标称值不符

故障现象：我买了一块容量为 200GB 的硬盘，但在 Windows 中显示实际容量仅为 190782MB。

分析解决：出现此类现象是因为换算方法不同造成的。硬盘生产厂家一般按 1MB=1000KB 来计算，而在多数 BIOS 及测试软件都是以 1MB=1024KB 来计算的，这样两者间的容量就出现了差异，如 40GB 的硬盘显示为 38GB，80GB 的硬盘却显示为 76GB 等。

不过，实际容量与标称值的差距不会超过 20%，如果两者差距很大，则应该在开机时进入 BIOS 设置，并根据硬盘作合理设置。如果还不行，则说明可能是因主板太老而不支持大容量硬盘，此时可以尝试下载最新的主板 BIOS 并进行刷新来解决。

5. 整理磁盘碎片时经常重复

故障现象：在给硬盘整理碎片时，经常会在整理到 1%或 10%后又从头开始整理。

分析解决：出现此类故障可能是因为在运行磁盘碎片整理程序时，有其他后台运行程序或驻留内存程序的影响，导致磁盘碎片整理程序中断造成的。

为了提高碎片整理的效率，需要注意以下几点。

- ❖ 关闭不用的内存驻留程序：在整理碎片时，要关闭不用的内存驻留程序或后台运行程序，如病毒防火墙、屏幕保护程序等，因为这些程序会不断地读写硬盘，从而影响碎片整理程序。
- ❖ 在电脑空闲时整理：因为整理磁盘碎片需要有一个相对稳定的环境，也就是说在整理碎片时最好不要读写磁盘，否则就可能会因为磁盘存储情况发生变化而重新整理，影响磁盘碎片整理的速度。而且整理磁盘需要的时间很长，可能要几个小时，所以最好是在电脑空闲时，如晚上或不使用时再整理。
- ❖ 保证分区至少有 15%的剩余空间：如果要整理的磁盘分区可用空间少于 15%，就可能无法完成操作，需要删除或移动一些文件以释放空间。
- ❖ 在安全模式进行整理：为了最大限度地提高磁盘碎片整理的效率，建议在安全模式下进行整理。因为在安全模式下只会加载最少的运行程序，这时整理才是最安全、最稳定的。

6. 分区后不重启直接格式化

故障现象：因工作关系，经常需要重新分区格式化并重装系统，但在使用 Fdisk 分区完以后，必须重新启动计算机才能继续格式化，有没有什么办法可以在分区后不必重启电脑就可以直接格式化呢?

分析解决：一般情况下，使用 Fdisk 进行分区后必须重新启动电脑才能格式化分区。但是，也可以使用参数/q，即在使用 Fdisk 时输入“fdisk/q”，按 Enter 键进入 Fdisk 后再进行分区，这样待分区结束后，就不必重新启动系统即可直接格式化硬盘并安装操作系统了。

7. 开机时提示找不到系统

故障现象：电脑在开机时屏幕上出现提示信息“Operating System not found”，提示找不到系统。

分析解决：出现此类故障可能有以下几种原因。

- ❖ 系统检测不到硬盘：由于硬盘的数据线或电源线连接有误，导致电脑找不到硬盘。此时可在开机自检画面中查看电脑是否能够检测到硬盘，如果不能检测到，可在机箱中查看硬盘的数据线、电源等是否连接好，硬盘的主从盘设置是否有误等，并正确连接好硬盘。
- ❖ 硬盘还未分区，或虽已分区但分区还未被激活：如果能检测到硬盘，则说明硬盘可能是一块新硬盘，还未被分区，或虽然已经分区但分区未被激活，这时可用 Fdisk 等工具查看硬盘信息，给硬盘正确分区并激活主分区。

❖ 主从盘设置有误：如果电脑中安装有两块硬盘，则可能是系统硬盘被设成从盘，而非系统盘却被设成了主盘。若是这种情况，需要重新设置双硬盘的主从位置。

❖ 硬盘分区表被破坏：如果硬盘因病毒或意外情况导致硬盘分区表损坏，就会导致电脑无法从硬盘中启动而出现这种提示信息。此时可以使用备份的分区进行恢复，也可以使用 Fdisk/mbr 或分区魔术师等软件修复分区表。

8. 更换电脑后硬盘无法启动

故障现象：硬盘出现故障后挂在其他电脑上修理，然后又重新安装了 Windows XP 系统，但是重新将硬盘装在自己的电脑上后却无法进入系统。

分析解决：这是因为 Windows XP 中安装的是其他电脑上硬件的驱动程序，而并没有安装自己电脑中各硬件的驱动程序。其解决方法也很简单，只需使用安全模式启动 Windows XP，在设备管理器中将原来的各硬件设置驱动程序卸载，重新安装电脑各硬件的驱动程序。

7.3.9 常见显卡、显示器故障排除

显卡和显示器是电脑的重要显示设备，如果它们出现故障，将导致电脑无法正常显示。下面将介绍一些其常见故障的排除方法。

1. 显示器出现重影

故障现象：电脑采用的 NVIDIA 7300GT 显卡，通过 DVI 接口与 17 英寸 LCD 显示器连接使用，但发现在显示字体时出现重影，这是什么原因?

分析解决：出现这种故障一般都是因为设置的刷新率与显示器不匹配造成的，用户可以选择新的屏幕刷新频率进行测试，找到 LCD 显示器效果最好的垂直刷新率即可。如果这种方法不能解决问题，可以在显卡驱动中尝试选择“降低高分辨率显示器的 DVI 频率”选项来解决问题。

2. LCD 为何黑屏

故障现象：使用一台 15 英寸 LCD 将原来的 17 英寸 CRT 显示器替换后，开机自检正常，但进入 Windows 桌面时出现黑屏，重新启动后问题依旧。

分析解决：这是因为显示器的刷新率或分辨率设置超出了 LCD 的支持范围，解决方法有以下两种。

❖ 启动电脑至安全模式（在开始启动 Windows 时按 F8 键），将屏幕刷新频率更改为 60Hz 或 75Hz，保存后退出，然后重新启动电脑，在正常进入 Windows 系统后，将桌面分辨率更改为 1024×768 即可。

❖ 仍然借助 CRT 启动系统，然后在系统中将刷新频率设置为 60Hz 或 75Hz，最后关机接上 LCD 即可。

3. 启动时根据报警声判断显卡故障

故障现象：电脑启动时发出 1 长 2 短的 3 声鸣叫，并且显示器无显示。

分析解决：开机时显示器无显示，并且 BIOS 发出 1 长 2 短的报警声，这就表明故障出在显卡上。其解决方法也很简单，只需打开机箱，将显卡拔出，清除插槽内的异物，检查显

卡的“金手指”是否被氧化或有污染物，并用一块干净的高级橡皮将“金手指”擦干净，然后重新紧密插入插槽。如果上述方法仍不能解决问题，建议更换其他显卡进行测试。

4. 显示器被磁化

故障现象：显示器一直使用正常，但最近经常发现在开机一段时间后屏幕左上角是粉红色的，但刚开机时却没有。

分析解决：此类故障是明显的显示器被磁化现象，造成的原因一般都是由于电脑旁边有磁性物质，尤其是音箱。由于音箱一般都是放在显示器两侧，因此如果音箱的电磁屏蔽质量不过关，就会直接对显示器进行磁化。我们可以将音箱靠近显示器，如果屏幕颜色有变化就是音箱所造成的。

此类故障的解决方法也很简单，只需根据显示器说明书进行消磁操作，然后更换电磁屏蔽好一些的音箱或让音箱远离显示器至少 20cm。如果磁化情况不严重，一次消磁，异常颜色就应该消失；如果磁化严重，就要进行多次消磁。

7.3.10 常见声卡、音箱故障排除

1. 声卡无声

故障现象：在使用电脑看电影或听音乐时，没有声音。

分析解决：引起此类故障的原因很多，我们一般可以按照以下步骤进行检查。

（1）检查音箱或耳机的接线是否插好，电源有没有打开，调节音箱或耳机的音量控制按钮，看能否出现声音。

（2）如果仍没有出现声音，单击屏幕右下角任务托盘中的声音小图标，弹出“音量”调节滑块，确认滑块没有处于最下端，并且“静音”复选框未被选中。

（3）若仍没有声音，就要检查声卡的驱动程序有没有安装好。打开“设备管理器”，查看“声音、视频和游戏控制器”列表中是否有黄色的惊叹号，如果有，说明声卡驱动程序没有安装好，此时正确安装声卡驱动即可。

如果电脑中安装的是独立声卡，还要打开机箱，查看声卡是否插好。

2. 声卡不发声

故障现象：电脑安装双操作系统，即 Windows XP 和 Windows Server 2003，并且两个操作系统下各硬件驱动程序也安装好了，但在 Windows Server 2003 系统中却发现声卡不发声，而在 Windows XP 系统中却是可以正常使用的。

分析解决：这种现象并不是由于声卡出现故障或声卡的驱动程序错误造成的，而是由于 Windows Server 2003 操作系统默认的设置造成的。因为 Windows Server 2003 默认禁用 Windows Audio 服务，而该服务专门管理基于 Windows 程序的音频设备，因此禁用了该服务后音频设备及其音效将不能正常工作。

其解决方法也很简单，只需选择“开始”→“管理工具”→“服务”命令，打开“服务”窗口，找到 Windows Audio 选项后单击鼠标右键，在弹出的快捷菜单中选择“属性”命令，打开“Windows Audio 的属性”对话框，在“启动类型”下拉列表框中选择“自动”选项，然

后单击“启动”按钮启动该服务，最后单击“确定”按钮关闭该对话框，声卡即可正常使用。

3. 播放 MIDI 无声

故障现象：电脑在玩游戏、看电影时都可以正常发声，但是无法播放 MIDI 文件。

分析解决：造成此类故障主要有以下 3 种原因。

- 早期的 ISA 声卡可能是由于 16 位模式与 32 位模式不兼容造成 MIDI 播放的不正常。
- Windows 音量控制中的 MIDI 通道被设置成了静音模式。
- 如今流行的 PCI 声卡大多采用波表合成技术，如果 MIDI 部分不能放音则很可能是因为没有加载适当的波表音色库。

7.3.11 常见键盘、鼠标故障排除

键盘和鼠标是电脑重要的输入设备，如果出现故障，将直接影响用户对电脑的指挥。下面将介绍几种其常见故障的排除方法。

1. 通过自检报警声判断故障

故障现象：电脑在开机自检时发出“嘀嘀”不停的鸣叫声，系统无法启动，请问应该如何根据开机自检时的鸣叫声来判断电脑故障。

分析解决：如果电脑的硬件发生故障，在自检时往往会有报警声或在屏幕上显示错误信息，用户便可以根据报警声来判断出电脑故障所在。

2. USB 鼠标工作不正常

故障现象：更换了一个 USB 光电鼠标，开机后发现鼠标指针静止不动，必须热拔插一下鼠标，指针才能移动。

分析解决：开机鼠标无法正常移动，说明系统没有正确配置鼠标。既然热拔插一下可以解决问题，那应该是鼠标的 USB 接口兼容性不太好，可以试着更换鼠标连接主板的 USB 接口，同时最好安装该光电鼠标相应的驱动程序。

3. 鼠标定位不准

故障现象：更换了一个光电鼠标，但在使用时发现定位不准，尤其是在玩游戏时，鼠标指针有一种“飘”的感觉。

分析解决：此类故障一般都是由于 Windows XP 的鼠标指针加速功能造成的，该功能是微软在 Windows XP 中为了模拟真实感觉而设计的。解决方法也很简单，进入“控制面板”，单击“打印机及其他硬件”图标，然后选择“鼠标”选项，在弹出的“鼠标 属性”对话框中选择“指针选项”选项卡，取消选中“提高指针精确度”复选框，然后将指针移动速度适当调快一些，单击“确定”按钮即可解决问题，如图 7-32 所示。

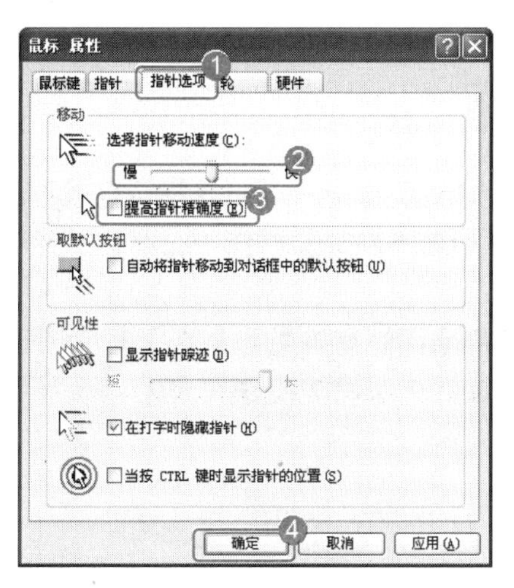

图 7-32　设置鼠标属性

4. 鼠标移动速度太快

故障现象：更换了一款罗技 M518 光学鼠标，但在使用时发现鼠标指针的移动速度太快，不太容易控制，请问这是什么原因?

分析解决：罗技 M518 的精度（灵敏度）高达 1600DPI，在普通应用中，这样高的灵敏度不太容易操控，针对不同的应用环境，用户可以通过鼠标滚轮旁边的两个快捷按钮来调节其灵敏度。例如浏览网页时，可以将鼠标移动的速度调快一些，以提高工作效率；而在用 Photoshop 处理图片或 AutoCAD 绘图时，可以用快捷按钮来降低鼠标的灵敏度，减少鼠标移动速度过快所带来的误差，获得更准确的鼠标指针定位。

7.3.12　常见光驱故障排除

1. DVD 光驱只能读 VCD

故障现象：一台三星的 DVD 光驱，现在只能读取 VCD，无法读取 DVD。

分析解决：出现此类故障一般都是因为光头出现问题（如老化）所致。由于读取 DVD 光盘和普通 CD-ROM 光盘所使用的激光波长不同，若负责 DVD 读取部分出现故障，就会出现上述故障，一般也只有通过维修更换光头解决。

2. 刻录机速度不正常

故障现象：SONY DRX-720UL 16 倍速 DVD 刻录机，但是实际刻录中，最高也只能达到 8 倍速。

分析解决：SONY DRX-720UL DVD 刻录机的确是 16 倍速双层双兼容 DVD 刻录机。但刻录机标称的 16 倍速，并不是对所有盘片在刻录时都是采用 16 倍速的模式，还需要支持 16 倍速刻录的盘片与之配合。而现在市面上支持 16 倍速刻录的 DVD 刻录盘并不多，如果只用 8 倍速的盘且没有作超刻设置，那么实际刻录速度自然只有 8 倍速。另外，在刻录和读取时，标称速度是在外圈的最大值，如果刻录/读取的不是一张比较满的盘，也是不能达到峰值速度的。

3. 光驱指示灯为何不停闪烁

故障现象：三星 DVD-ROM 光驱，最近一开机其指示灯就不停地闪烁，并且进入 Windows XP 后，在“我的电脑”窗口中却看不到光驱的盘符，而这时光驱指示灯依然在闪烁，同时光驱托盘不时自动弹出。

分析解决：光驱指示灯不停地闪烁意味着激光头无法完成自检操作，光驱出现了故障，这个问题与光驱的驱动程序无关。建议将光驱送去维修，而且要着重检查光头组件和伺服电路部分。

4. 怎样清洁激光头

故障现象：三星康宝光驱，因使用时间较长，最近无论是读盘还是刻盘，都不是很顺畅，想清洁一下激光头，请问需要注意哪些问题?

分析解决：灰尘对激光头的工作效率影响非常大，它会遮挡激光头发出的激光，使激光头读写质量下降。在清洁激光头表面时，千万不要直接用毛刷或棉签去擦拭，因为激光头表面有一层叫做增透膜的有机物涂层，直接擦拭有可能损坏增透膜导致激光头性能下降。建议先用皮老虎将激光头表面的灰尘吹掉，然后使用镜头纸或棉签蘸纯净水来清洁激光头的表面。

7.3.13 其他故障排除

1. 忘记在 CMOS 中设置的开机密码

故障现象：忘记了在 CMOS 中设置的开机密码，无法进入系统。

分析解决：如果忘记了在 CMOS 中所设置的开机密码，可以采用以下几种方法来解决。

- ❖ 跳线法：现在的主板上大都带有 CMOS 的短路跳线，只要参照主板说明书，关闭电脑，短接此跳线后重启电脑并重新设置 CMOS 即可。
- ❖ 放电法：用一根导线将主板电池短接几分钟，这样 CMOS 中的信息就会自动清除，然后启动电脑并重新设置 CMOS 即可。

2. 如何进入“安全模式”

故障现象：电脑出现故障后要求进入安全模式，可是该怎样进入安全模式呢?

分析解决：安全模式是 Windows 的一个用于修复操作系统错误的窗口模式，进入安全模式，系统是不会加载很多硬件的，如显卡和网卡等，这样可方便用户排除问题，修复错误。例如，显示分辨率设置超出显示器显示范围，导致黑屏，则可以进入安全模式将其改变回来。进入安全模式的方法是：在启动时按 F8 键，出现启动菜单，移动键盘上的上下箭头键选择“安全模式”，然后按 Enter 键即可。

3. 跳过用户名和密码实现 Windows XP 自动登录

故障现象：在 Windows XP 中设置了用户名和密码，但是又想实现自动登录系统，该如何设置呢?

分析解决：具体操作步骤如下。

（1）选择“开始”→“运行”命令，打开“运行”对话框，在“打开”文本框中输入“rundll32 netplwiz.dll, UsersRunDll（注意大小写及空格，标点用半角）”命令，然后单击“确定”按钮，如图 7-33 所示。

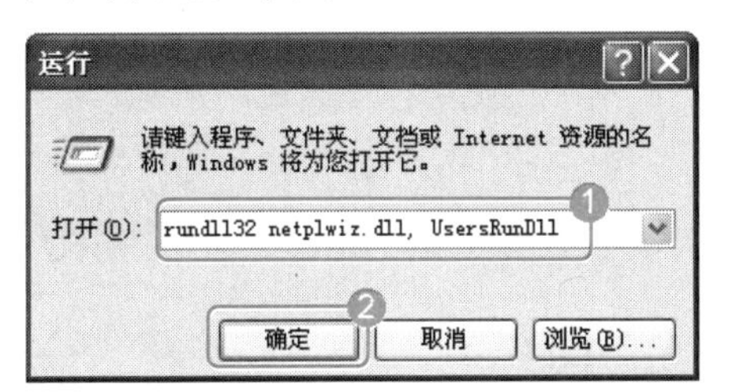

图 7-33　“运行”对话框

（2）弹出“用户账户”对话框，取消选中“要使用本机，用户必须输入用户名和密码”复选框，然后单击 确定 按钮，如图 7-34 所示。

（3）弹出“自动登录”对话框，输入电脑每次自动登录的用户名及密码，然后单击 确定 按钮即可，如图 7-35 所示。

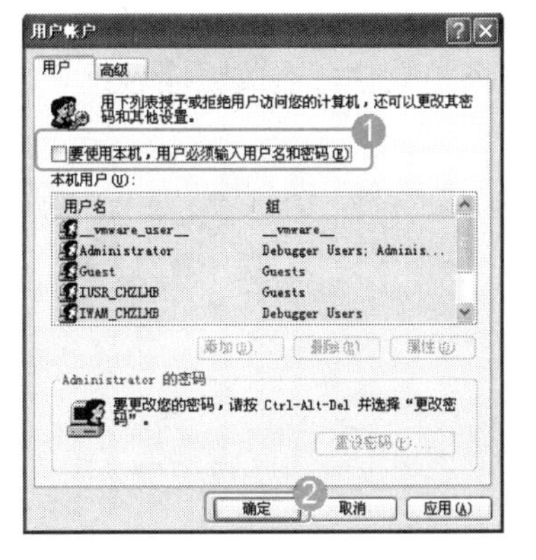

图 7-34　“用户账户”对话框

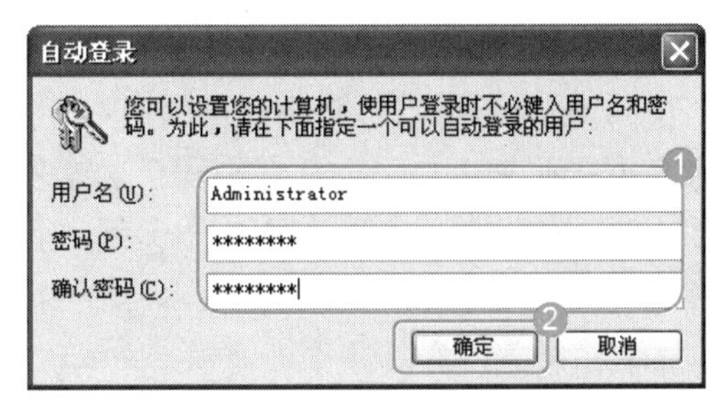

图 7-35　“自动登录”对话框

4. 将磁盘分区 FAT32 格式转换为 NTFS 格式

故障现象：能不能在不使用分区工具的情况下，将 FAT32 格式转换为 NTFS 格式?

分析解决：具体操作步骤如下。

（1）安装好 Windows XP 以后，选择“开始”→“运行”命令，输入“cmd”命令，然后单击“确定”按钮，进入命令行模式。

（2）在提示符下输入“convert c: /fs:ntfs”命令，其中 c 代表要转换格式的盘符，然后重新启动电脑即可把 FAT32 格式转换为 NTFS 格式。

7.4 本日小结

本节内容学习时间为 19:00～19:50

今天首先介绍了电脑安全防护的一些设置，通过这些设置可以使电脑运行在一个相对比较安全的状态下。

接下来介绍了电脑病毒的防护，包括认识电脑病毒的危害、使用 KV2008 预防和查杀病毒。

最后介绍了电脑常见故障的排除方法，并举例进行说明，使读者可以根据自己的电脑故障对症下药。

通过今天的学习，读者应该对电脑的安全防护、病毒防护以及常见故障排除做到心中有数，将自己的电脑打造成铜墙铁壁。

7.5 新手练兵

本节内容学习时间为 20:00～21:00

7.5.1 启用 Windows XP 账户的数据安全功能

使用 Windows XP 系统自带的账户数据安全功能，可以有效地增强系统的安全性。下面就来介绍启动 Windows XP 数据安全功能来设置双重密码保护的具体操作。

（1）选择“开始”→“运行”命令，打开“运行”对话框，在“打开”文本框中输入“syskey”命令，然后单击 确定 按钮，如图 7-36 所示。

图 7-36 “运行”对话框

（2）打开“保证 Windows XP 账户数据库的安全”对话框，系统默认选中“启用加密”单选按钮，直接单击 更新(U) 按钮，如图 7-37 所示。

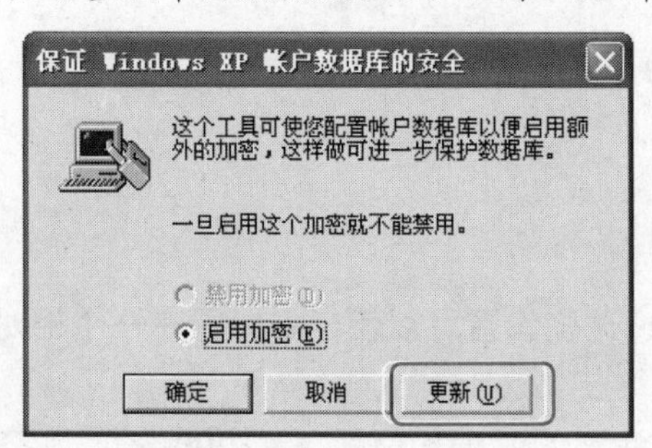

图 7-37 单击“更新”按钮

（3）打开“启动密码”对话框，选中“密码启动”单选按钮，在“密码”和“确认”文本框中输入系统启动时需要的密码，然后单击 确定 按钮即可，如图 7-38 所示。

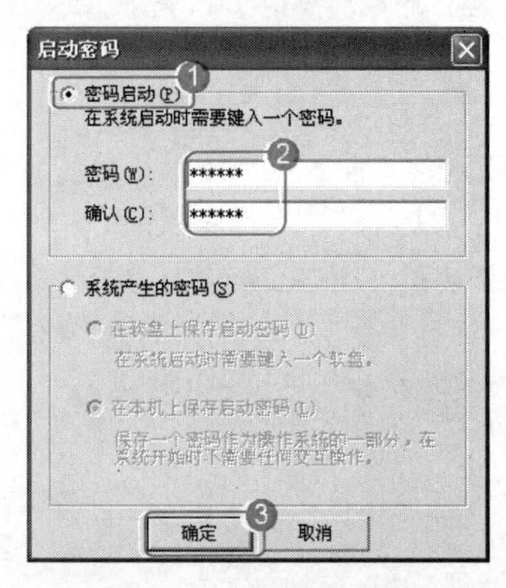

图 7-38 设置启动密码

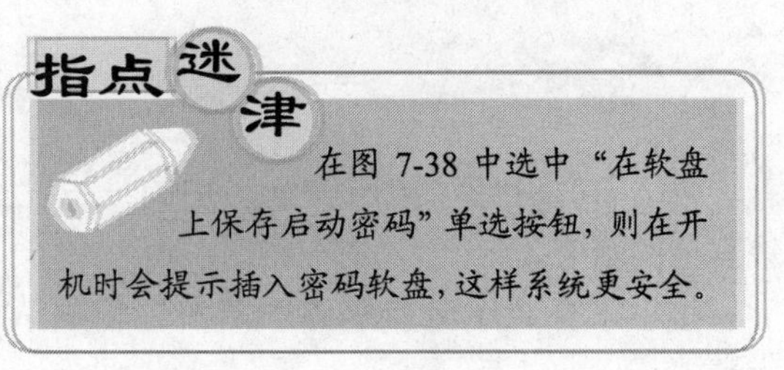

指点迷津

在图 7-38 中选中“在软盘上保存启动密码”单选按钮，则在开机时会提示插入密码软盘，这样系统更安全。

经过这样设置后，在系统启动时，会在输入用户名和密码之前出现“本地计算机需要密码才能启动，请输入启动密码”的提示信息，这便对电脑增加了一层保护。

7.5.2 电脑故障排除的一般方法

前面介绍了电脑故障的处理原则，下面分别介绍电脑硬件故障、软件故障的一般排除方法。

1. 电脑硬件故障排除

硬件故障的排除相对简单，当通过检测手段大致确定了故障发生在哪个硬件上，明白了故障的原因后，基本上都可以制定出故障解决方案。

- ❖ 如果故障硬件的外观、电路板等没有破损、烧焦、脱落、散开等物理损坏，在关机时重新安装到正确的位置或者恢复为默认设置，然后开机检查即可。此方法多用于解决硬件连接不当、接触不良之类的简单故障。
- ❖ 如果故障是由于过多的灰尘所导致的，则需要打开机箱或者设置外壳，使用毛刷、皮老虎、棉签、橡皮、抹布等工具将灰尘清理干净，然后重新开机即可。
- ❖ 对于任何硬件的排除，建议事先查看有关的产品说明书。很多硬件设备的说明书不但详细地介绍了产品特点、参数、性能和注意事项，还列举了一些常见故障的解决方法。
- ❖ 正规渠道购买的硬件都有一定的保修期，对于没有把握处理的故障，如果产品还没有过保修期，可以联系有关保修单位进行维修。
- ❖ 对于过保的故障产品，考虑其修复的可能性和维修价值，进行修理或者购买新硬件。

2. 电脑应用软件故障排除

软件故障的解决比较复杂，因为导致软件故障的可能性非常多，不同软件的功能和应用环境也不尽相同。常用的排除方法如下。

- ❖ 对于偶然出现的、影响不大的故障，最好的解决方法就是重新启动软件或者重新启动电脑。
- ❖ 对于由于软件自身缺陷导致的故障，最好的方法是更新和安装补丁程序。
- ❖ 对于由于注册表有关键值的破坏和设置错误引起的软件故障，可以通过采用系统优化和维护软件修复注册表错误来解决软件故障。
- ❖ 对于一些比较极端的故障，例如系统文件无法修复、病毒不能根除等，唯一的解决方法就是格式化硬盘。
- ❖ 对于由于参数设置不当引起的软件故障，应查阅说明文档或者其他用户的经验文章，了解软件各参数的作用，并根据具体应用环境和需要重新进行设置。
- ❖ 对于由于软件本身遭到破坏引起的故障，比较有效的方法是覆盖安装原软件，这样通常能够保存原先的设备和用户数据。当覆盖安装并不能完全解决问题时，可以先导出或者备份用户数据，然后卸载程序，删除所有遗留文件，最后再重新安装。
- ❖ 电脑中产生的文件会随着软件的使用而

逐渐增多，对于各种类型程序产生的文件应归类放置，并定期清空回收站以释放磁盘空间；或将电脑中很少使用且占磁盘空间较多的文件用压缩软件进行压缩，以减少磁盘空间的占用量。

❖ 应定期清理电脑的磁盘空间，包括磁盘扫描、磁盘清理以及整理磁盘碎片。

重点提示

格式化硬盘是最有效的一种解决软件故障的方法，几乎所有的软件故障都可以通过这种方法解决，但它同时也是损失最大的方法，所有未保存的数据和已安装的软件都会丢失。

附录 A

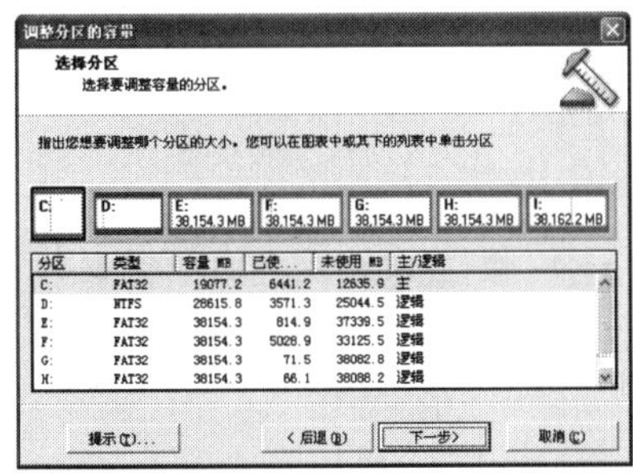

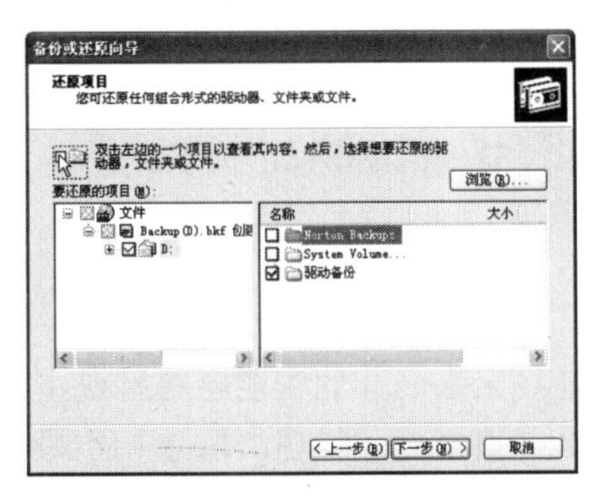

附录内容综述

1. 第 1 日练习与提高
2. 第 2 日练习与提高
3. 第 3 日练习与提高
4. 第 4 日练习与提高
5. 第 5 日练习与提高
6. 第 6 日练习与提高
7. 第 7 日练习与提高

超超：老师，我已经学会组装电脑的全过程了。

越越老师：那太好了，但是你可不要骄傲呀，前面我们学习的都是一些最基础的知识。

超超：老师，那您再教我一些其他的知识吧！

越越老师：好的，下面我们就来学习一些高级知识。

A.1　第 1 日练习与提高

在第 1 日的学习中，我们主要介绍了电脑的组成以及电脑常用部件的选购。下面再简单介绍一下电脑的发展历史和电脑的分类。

A.1.1　电脑的发展历史

人们根据电脑所采用的物理器件，将其发展阶段划分为四代，目前正在向第五代过渡。每一个发展阶段在技术上都是一次新的突破，在性能上都是一次质的飞跃。

1. 第一代（1946－1957 年）——电子管电脑

第一代电脑采用的主要元件是电子管，称为电子管电脑。

2. 第二代（1958－1964 年）——晶体管电脑

第二代电脑采用的主要元件是晶体管，称为晶体管电脑。

3. 第三代（1965－1969 年）——中小规模集成电路电脑

20 世纪 60 年代中期，电脑开始采用中小规模的集成电路元件，集成电路可在几平方毫米的单晶硅片上集成十几个甚至上百个电子元件。这一代电脑比晶体管电脑体积更小，耗电更少，功能更强，寿命更长，综合性能也得到了进一步提高。

4. 第四代（1971 年至今）——大规模集成电路电脑

随着 20 世纪 70 年代初集成电路制造技术的飞速发展，产生了大规模集成电路元件，使电脑进入了一个新的时代，即大规模和超大规模集成电路电脑时代。这一时期电脑的体积、重量、功耗进一步减少，运算速度、存储容量、可靠性有了大幅度的提高。

5. 第五代——目前仍处在探索、研制阶段

第五代电脑是把信息采集、存储、处理、通信同人工智能结合在一起的智能电脑系统。它能进行数值计算或处理一般的信息，主要能面向知识处理，具有形式化推理、联想、学习和解释的能力，能够帮助人们进行判断、决策、开拓未知领域和获得新的知识。人-机之间可以直接通过自然语言（声音、文字）或图形图像交换信息。第五代电脑又称新一代电脑，目前仍处在探索、研制阶段。

重点提示

世界上第一台电脑是 ENIAC（Electronic Numerical Internal And Calculator，读作“埃尼克”），于 1946 年 2 月在美国宾夕法尼亚大学研制成功。

A.1.2 电脑的分类

电脑有多种分类方法，通常情况下人们喜欢按性能规模将其分为超级电脑、大型电脑、小型电脑、工作站和微型电脑。

1. 超级电脑

超级电脑又称巨型电脑。目前世界上只有少数几个国家能生产巨型机，我国自主研发的银河 I 型亿次机和银河 II 型十亿次机都是巨型电脑，其特点是运算速度快、存储容量大，主要应用于核武器、航空航天、气象预测、石油勘探等领域。

2. 大型电脑

大型电脑具有通用性强、综合处理能力强、性能覆盖面广等功能，主要应用在大型企业、商业管理或大型数据库管理系统等。大型电脑在未来将被赋予更多的使命，如大型事务处理、企业内部的信息管理与安全保护、科学计算等。

3. 小型电脑

小型电脑规模小，结构简单，设计周期短，便于及时采用先进工艺。这类机器由于可靠性高，对运行环境要求低，易于操作且便于维护，符合部门性的要求，因此为中、小型企事业单位所常用。

4. 工作站

工作站是一种高档的微机系统，它具有较高的运算速度，具有大、小型机的多任务、多用户功能，且兼具微型机的操作便利和良好的人机界面。它可以连接到多种输入/输出设备，具有易于联网、处理功能强等特点。其应用领域也已从最初的电脑辅助设计扩展到商业、金融、办公领域，并充当网络服务器的角色。

5. 微型电脑

微型机又称个人电脑，它是日常生活中使用最多、最普遍的电脑，平常所说的 486、586、奔腾 Ⅲ、奔腾 4 等机型都属于微型机，其具有价格低廉、性能强、体积小、功耗低等特点。现在微型电脑已进入到了千家万户，成为人们工作、生活的重要工具。

A.2 第 2 日练习与提高

A.2.1 选购声卡

声卡是电脑中重要的部件，负责所有音频信号的转换工作。目前电脑主板一般都集成有声卡，但随着数字化家庭的普及，主板集成的声卡已经不能满足对影音娱乐要求比较高的用户的需求了，此时便需要选购独立声卡。本节将介绍独立声卡的有关知识。

1. 声卡的分类

独立声卡有独立的音频处理芯片，负责所有音频信号的转换工作，从而减少了对 CPU 资源的占有率，并且功能更强大。目前音质效果好的声卡都采用独立声卡的方式，适合对音质要求较高的用户。

按照声卡的安装方式，一般可以将其分为内置式和外置式。

❖ 内置式声卡：独立安装在主板 PCI 插槽上，如图 A-1 所示。其特点是不需占用 CPU，就能处理一切音频信号的转换工作，而且其音频处理芯片在结合功能强大的音频编辑软件后，可以得到比集成声卡更好的音频效果。

图 A-1　内置式独立声卡

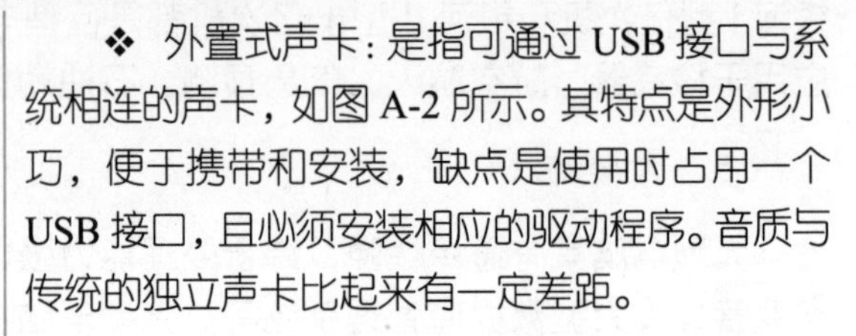

❖ 外置式声卡：是指可通过 USB 接口与系统相连的声卡，如图 A-2 所示。其特点是外形小巧，便于携带和安装，缺点是使用时占用一个 USB 接口，且必须安装相应的驱动程序。音质与传统的独立声卡比起来有一定差距。

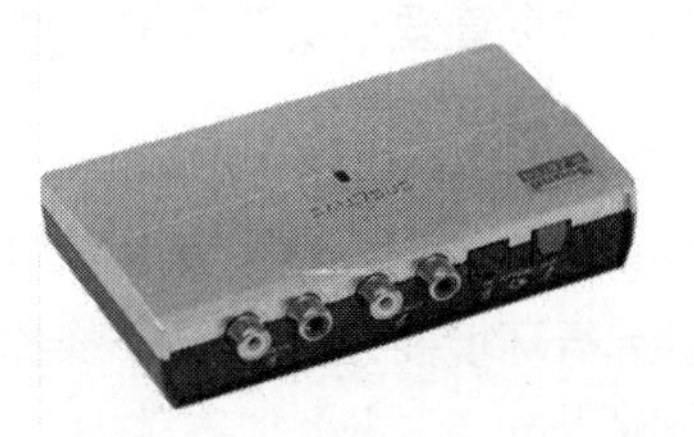

图 A-2　外置式独立声卡

2. 声卡的选购技巧

声卡的选购应该根据不同用户的需求来进行，一般声卡的购买人群可分为普通需求用户、游戏爱好者和多媒体 Hi-Fi 发烧友。这里将针对不同用户推荐适用的声卡。

❖ 普通需求用户

普通需求用户可以用主板上的集成声卡，也可以选购一款低端声卡，在这类声卡之中，Yamaha 的 YMF-724/744 性价比较高，配合 Yamaha 的软波表相当出色，深受大众欢迎。其他的如创新在低端领域也有自己的产品，现在比较常见的有 VIBRA 128，它的价格仅一百多元，而且音质也相当不错。另外，台湾骅讯电子的 CMI-8738 在低端市场的销量也不错，并且选购此类声卡只需二声道的即可。

❖ 游戏爱好者

对于电脑游戏的爱好者，可以选择一款多声道的声卡。只要电脑游戏能够支持由多声道音箱输出定位的音效，配合多声道声卡，游戏音效会非常好。如创新的经典声卡 SB Live！5.1 就是一款比较好的多声道声卡，这款声卡采用功能强劲的 EMU10K1 数字信号处理器，支持 Creative 的 EAX 环境音效技术和多音箱环绕技术（CMSS）。它的 MIDI 合成单元采用了独特的 SoundFont 2.0 技术，EMU10K1 支持最大 32MB SoundFont，可以自由编辑、改变和更换音色库，还可以使用特殊的音色。

❖ 多媒体 Hi-Fi 发烧友

多媒体 Hi-Fi 发烧友选购声卡应该从市场上的高端声卡中进行。创新的 Audigy LS 采用创新 EMU10K2 芯片，拥有 Sound Blaster 24bit ADVANCED HD，100dB 超高信噪比，能实现 24bit/96kHz 的高音频品质，提供录音量的多种

EAX ADVANCED HD 音乐控制功能和逼真的 EAX 3.0 ADVANCED HD 环境音效。另外，该声卡还附增了 Media Source 播室质放器、MD 专用录音程序，是多媒体 Hi-Fi 发烧友的最佳选择，再配合一个多声道顶级音箱，可以尽情享受完美音乐带来的快乐。

A.2.2　选购音箱

音箱是将音频信号进行还原并输出的一种输出设备，通过音箱就可以听到声卡处理的结果。如图 A-3 所示便是一款电脑音箱。

图 A-3　音箱

1. 音箱的分类

音箱的种类可以按多种方式进行分类。

❖ 按照箱体材质的不同可分为塑料音箱和木质音箱。

❖ 按照声道数量可分为 2.1 式（双声道+超重低音声道）、4.1 式（四声道+超重低音声道）、5.1 式（五声道+超重低音声道）音箱等。

❖ 根据电脑输出方式可分为普通接口（声卡输出）音箱和 USB 接口音箱。

❖ 根据功率放大器的内外置可分为有源音箱和无源音箱，其中有源音箱内置放大器，而无源音箱的放大器外置。

❖ 按用途可分为普通用途音箱、娱乐用途为主的音箱（用于游戏、VCD、DVD 和欣赏音乐）和专业用途音箱（用于 Hi-Fi 制作、发烧音乐欣赏）。

2. 音箱的选购技巧

音箱是多媒体电脑重要的组成部分之一，电脑中各种各样的音效和悦耳动听的音乐都从音箱中发出。下面将简要介绍音箱的选购技巧，希望能对读者在选购音箱时有所帮助。

❖ 试音

试音是选购音箱最重要的技巧，对于普通用户来说，试音时首先应打开音箱，将音量调至最大，这时电流声越小说明音箱音质越好，普通音箱在 20cm 外就听不到电流声了，而高档音箱可在人耳离喇叭 10cm 处都听不到任何电流声。另外，可以挑一两首熟悉的音乐试听。低音深沉，中音（人声）柔和，高音不刺耳就是音箱的基本标准，并可通过试听不同品质的音箱比较出效果的差异。

❖ 音箱的磁性屏蔽效果

音箱的磁性屏蔽效果是指箱体阻挡磁性的能力。目前大多数音箱的扬声器中包含着磁性很强的磁铁，如音箱的磁性屏蔽效果不佳且又长时间接近显示器等设备，就会对这些设备的正常工作带来不良影响。在选购音箱时，可将音箱靠近正常使用中的显示器，通过显示器上的图像变化查看到音箱磁性屏蔽的效果，目前一般 300 元以下的普通音箱磁性屏蔽的效果都不太理想，而 300 元以上音箱的效果则比较令人满意。

A.3 第3日练习与提高

A.3.1 搭配电脑部件的几个误区

在选购电脑部件时，还要考虑各部件的搭配，如果配置不合理，很容易造成大材小用等问题，从而引起电脑瓶颈效应，使电脑的性能不能完全发挥。下面列举一些典型的例子，希望用户能避免这些情况，并能举一反三，有所体会。

1. 双核CPU搭配低速硬盘

低速硬盘是指 5400 转的硬盘，这种硬盘目前台式电脑上用的比较少，主要用于笔记本电脑。

如果在选购电脑部件时选择双核 CPU 搭配低速硬盘，则硬盘就会成为系统性能的瓶颈。因为双核 CPU 的处理速度很快，当处理的数据要写入硬盘时，就会由于硬盘转速低，不能跟上系统的速度，从而导致整机速度变慢。最明显的现象就是在读取比较大的数据时，整个系统都要等硬盘将数据读取完毕后才能继续运行，所以在配置电脑时应尽量配置 7200 转大缓存的硬盘。

2. CPU和内存外频搭配不符

在配置 CPU 和内存时，需要注意 CPU 和内存外频的配置关系，目前 CPU 和内存支持同频（同步工作）、100:133（默认异步比例）和 3:4、4:5 等比例的异步工作模式（需主板支持相关的异步调频技术，具体比例视主板性能而定），但不能采用 1:2 或以上的过分异步搭配，例如不能用外频为 100MHz 的 CPU，配置外频为 200MHz 的 DDR400 内存（除非超频，例如将 CPU 的 100MHz 外频超到 150MHz），否则会造成内存自动降频，或不能开机等的情况出现。此外，如果准备搭配 3:4、4:5 这些异步组合，也需要注意选用的主板是否提供这些内存异步工作模式。

3. 主板的搭配不均衡

主板负责连接、支持各电脑部件的作用，因此主板与 CPU、内存，甚至显卡的搭配，也有其需要注意的地方，而且其搭配是否合理也会直接影响到电脑的性能。所以，通常选择了怎样的 CPU 和内存，就要用适当的主板来配套，否则只支持某端，电脑就配置不成了，或为某端提供的性能不足，也限制了其性能的发挥。例如，原本想用 800MHz FSB 的 P4 处理器搭配 DDR400 内存，但选用的主板却只支持双通道 DDR333 的内存，这样将不能按要求搭配。

因此在选购电脑时，应将 CPU、内存和主板一起考虑，即便不清楚具体购买哪些厂商的部件，也应该大致规划好购买的 CPU、内存和主板的技术规格，清楚它们之间的配置关系，知道选用了某些 CPU，就只能选一定范围内的内存和主板；反之选用了某内存或主板后，也只能选用一定范围内的 CPU，从而避免搭配错误的情况。例如，先了解主板采用什么北桥芯片，然后再搭配适当的 CPU 和内存。

A.3.2 电脑组装中出现的不能正常启动的问题

一般情况下，电脑在组装调试过程中常见的故障有以下几种。

❖ 黑屏。即开机后显示器上没有任何显示信息。

❖ 死机。就是指开机后可以正常工作，但工作一段时间后，电脑失去反应，只有通过重新启动才能使电脑正常运行。

❖ 其他类型的故障。例如不能正常读写软盘，不能正常从软盘引导，不认识硬盘或者光驱等硬件设置。

出现这些问题时，可以采取以下几种行之有效的处理办法。

❖ 替换法：用一些好的部件来替换那些怀疑有故障的部件，进而判断问题所在。

❖ 测量法：通过电子仪器对怀疑有故障的部件进行测量，与正常运行时测量的数据相比较，从而找出故障所在并排除。

❖ 最小系统法：就是先把主机上的系统部件都缩小到系统工作的最小配置，然后再逐步增加部件，直到发现增加了一个部件时，故障开始显示出来，再使用替换法，进一步判断故障所在。

在急救中，以上 3 种方法可以交替使用。需要注意的是，在进行一些操作或者拔插替换时，必须拔下主机电源，并释放身上静电，以防毁坏元器件。

根据故障出现的不同情况，可以按下面提示的步骤进行具体的处理：

❖ 如果开机时死机、黑屏，但无报警信息，可能的原因有：内存条没有插好或者有问题，主板短路或者主板与机箱之间短路，CPU 没有插好或者有问题；CMOS 设置有误。

❖ 开机时死机、黑屏，但内存自检正常存在的原因有：显示卡的扩展槽发生短路，显示卡有问题，其他的一些扩展卡有问题。

❖ 开机时死机、黑屏，内存自检通过，但发出连续的“嘟”声，原因主要有：显卡所在的扩展槽有问题，显卡没有插好，显卡本身有问题。

掌握了上述内容，就可以对电脑组装过程中出现的一般故障进行检测和排除。

A.4 第 4 日练习与提高

A.4.1 BIOS 的分类

目前市面上流行的主板 BIOS 主要有 Award BIOS、AMI BIOS、Phoenix BIOS 3 种类型。

1. Award BIOS

Award BIOS 是由 Award Software 公司开发的 BIOS 产品，在目前的主板中使用最为广泛。Award BIOS 功能较为齐全，支持许多新硬件，目前市面上多数主机板都采用了这种 BIOS。

2. AMI BIOS

AMI BIOS 是 AMI 公司出品的 BIOS 系统软件，开发于 20 世纪 80 年代中期，早期的 286、386 大多采用 AMI BIOS，它对各种软、硬件的适应性好，能保证系统性能的稳定。到 20 世纪 90 年代后，绿色节能电脑开始普及，AMI 却没能及时推出新版本来适应市场，使得 Award BIOS 占领了一半市场。当然现在的 AMI 也有非常不错的表现，新推出的版本依然功能强劲。

3. Phoenix BIOS

Phoenix BIOS 是 Phoenix 公司产品，Phoenix 意为凤凰或埃及神话中的长生鸟，有完美之物的含义。Phoenix BIOS 多用于高档的 586 原装品牌机和笔记本电脑上，其画面简洁，便于操作。

A.4.2 使用 PartitionMagic 管理分区

PartitionMagic 是一款优秀的分区调整软件，可以在不损失硬盘中已有数据的前提下对硬盘进行重新分区、格式化分区、调整分区、转换分区格式等。

下面通过使用 PartitionMagic 调整磁盘分区容量为例，介绍 PartitionMagic 的使用方法。具体操作步骤如下：

重点提示

不管是哪种 BIOS，其设置方法都是类似的，用户只需要参照第 4 日介绍的方法，寻找到对应的选项，然后设置具体值即可。

（1）启动 PartitionMagic 8.0，在其主界面左侧的动作面板中单击 调整一个分区的容量 按钮，如图 A-4 所示。

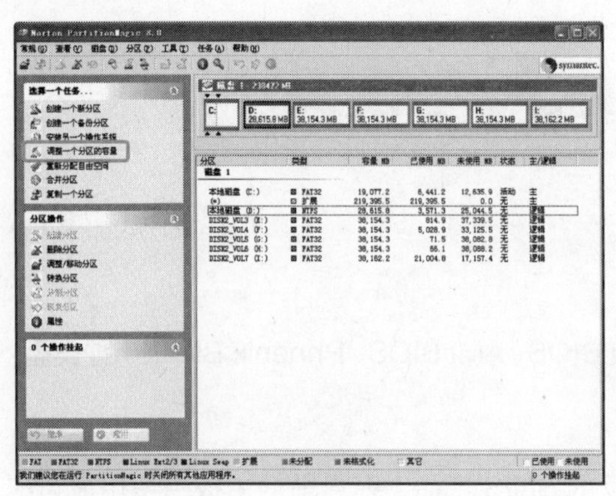

图 A-4　PartitionMagic 主界面

（2）弹出“调整分区的容量”界面，直接单击 下一步> 按钮，如图 A-5 所示。

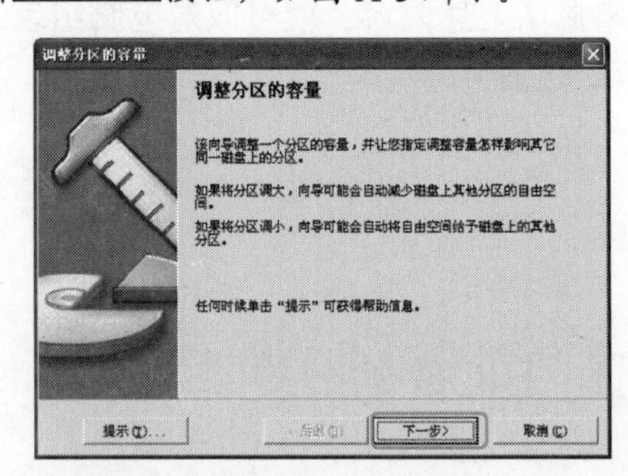

图 A-5　“调整分区的容量”界面

（3）弹出“选择分区”界面，选择需要调整容量的分区，这里选择 H 盘，单击 下一步> 按钮，如图 A-6 所示。

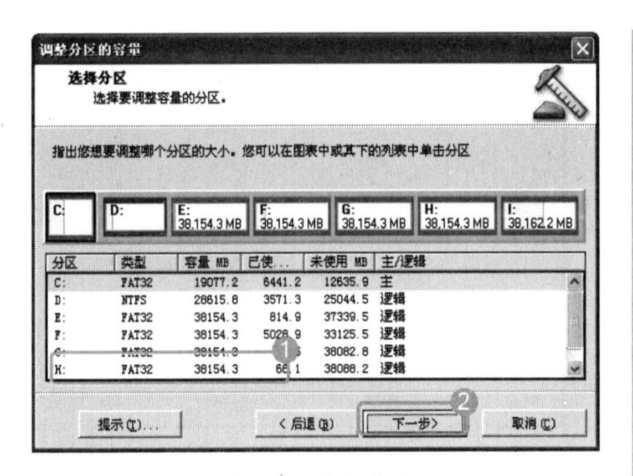

图 A-6　选择分区

（4）弹出“指定新建分区的容量”界面，在“分区的新容量”数值框中调整H盘的容量，这里设置为35000MB，然后单击 下一步> 按钮，如图A-7所示。

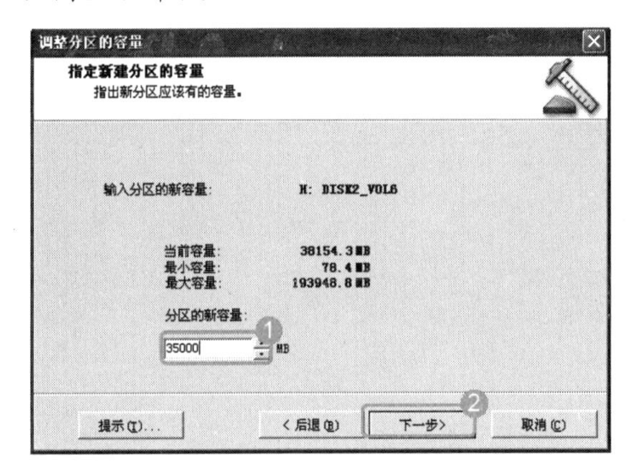

图 A-7　调整分区容量

指点迷津

如果在图A-7所示界面中的“分区的新容量”数值框中输入的容量大于该分区的当前容量，则会弹出“减少哪一个分区的空间”界面，要求选择要减少容量的分区。

（5）弹出“提供给哪一个分区空间？”界面，选择将H盘减少的空间提供给哪一个分区，这里选择G盘，然后单击 下一步> 按钮，如图A-8所示。

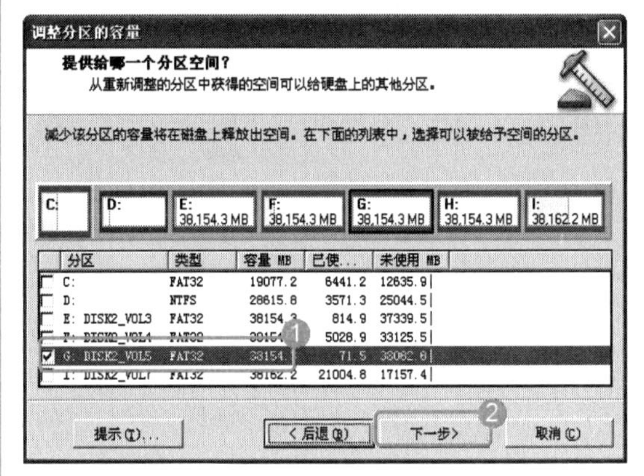

图 A-8　选择接受容量的分区

（6）弹出“确认分区调整容量”界面，以图示的方式显示了调整前后磁盘分区的容量变化，确认无误后单击 完成 按钮，如图A-9所示。

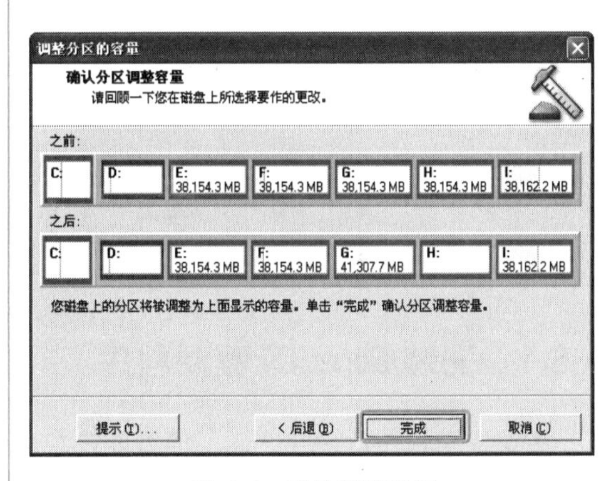

图 A-9　确认调整分区

（7）回到PartitionMagic主界面，可以看到H盘的容量已经减少，G盘的容量已经增大，单击 应用 按钮，如图A-10所示。

（8）弹出“应用更改”界面，单击 是(Y) 按钮，如图A-11所示。

（9）弹出“过程”界面，显示正在进行调整，如图A-12所示。

（10）稍等片刻即可完成，完成后单击 确定(O) 按钮，重新启动电脑即完成相应操作。

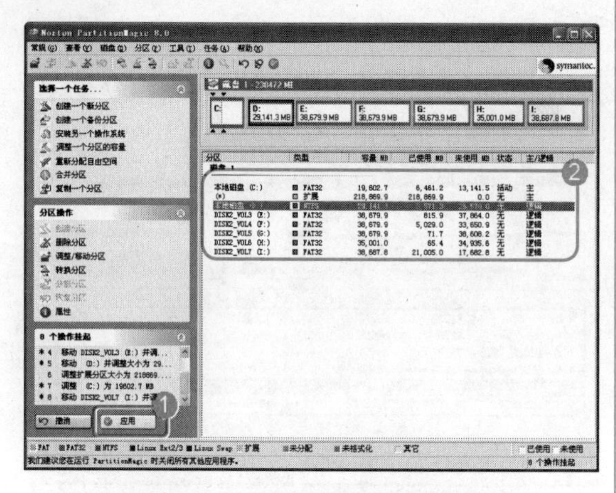

图 A-10　分区容量调整前后对比

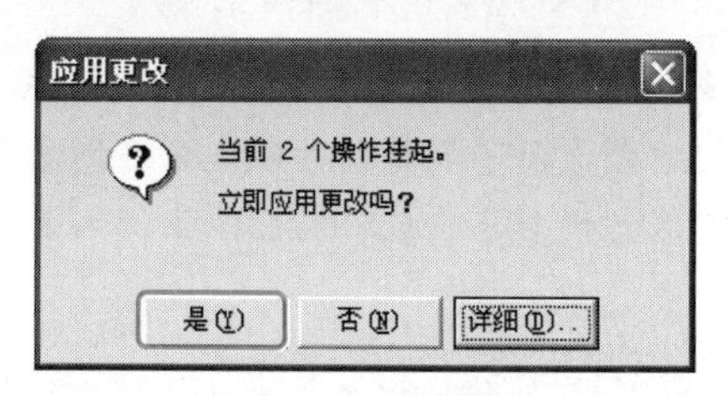

图 A-11　应用更改

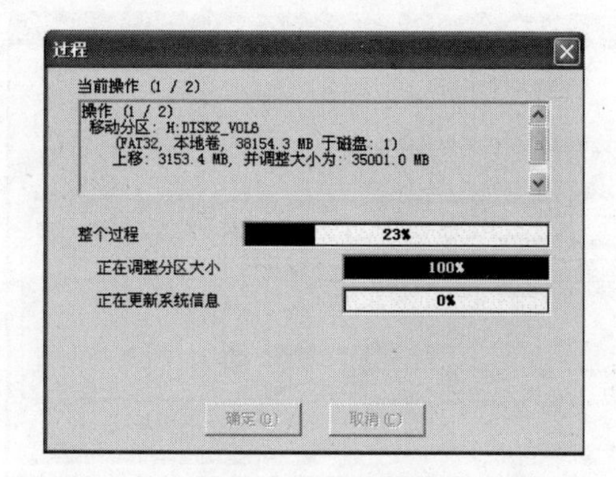

图 A-12　正在调整

A.5　第 5 日练习与提高

A.5.1　安装 DirectX 驱动程序

安装完主板驱动程序之后，便需要安装显卡驱动程序。但在安装显卡等驱动程序之前，建议安装最新版本的 DirectX 驱动程序。

一般在主板的驱动程序光盘和显卡的驱动程序光盘中都包括 DirectX 驱动程序。下面就以从主板驱动程序光盘中安装 DirectX 的最新版本 DirectX 9.0c 为例，介绍安装 DirectX 驱动程序的方法。具体操作步骤如下：

（1）将主板驱动程序光盘放入光驱中，电脑会自动运行安装程序并打开安装主板驱动程序的主界面，选择 Utilities 选项卡，然后选择 Microsoft DirectX 9.0c 选项，如图 A-13 所示。

（2）弹出“欢迎使用 DirectX 安装程序”界面，选中 ⊙ 我接受此协议(A) 单选按钮，然后单击 下一步(N) > 按钮，如图 A-14 所示。

（3）进入“DirectX 安装程序”界面，提示安装 DirectX 运行时组件，直接单击 下一步(N) > 按钮，如图 A-15 所示。

（4）弹出“安装完成”界面，直接单击 完成(F) 按钮即可，如图 A-16 所示。

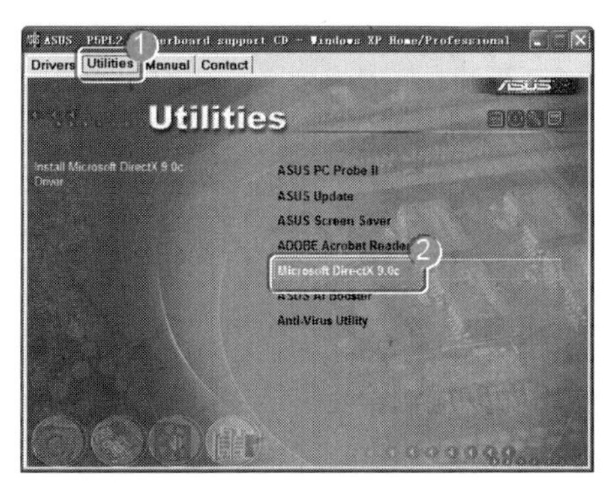

图 A-13　选择 Utilities 选项卡

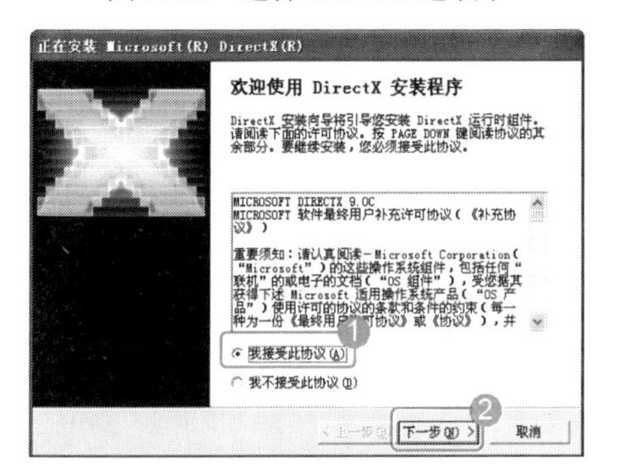

图 A-14　接受许可协议

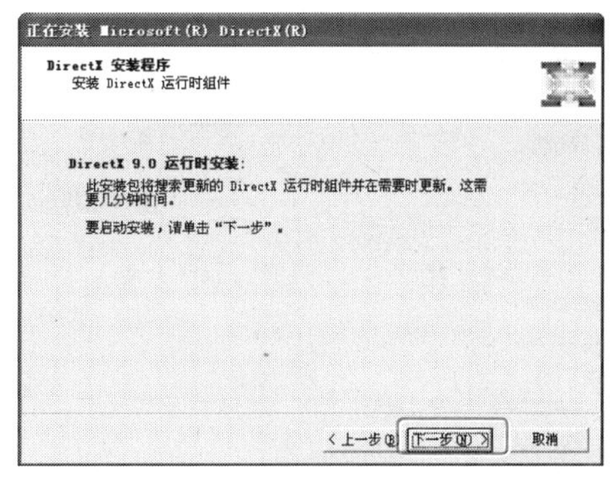

图 A-15　“DirectX 安装程序”界面

图 A-16　安装完成

A.5.2　使用 Windows XP 系统还原功能还原系统

系统还原功能是 Windows XP 操作系统自带的一种恢复工具，使用它可以在系统出现问题时将其快速恢复到以前正常工作的状态，这样可以避免重装系统的麻烦。

另外，Windows XP 系统还原功能需要至少 200MB 的硬盘空间来存储还原点所需的数据，当可用空间少于 200MB 时，系统还原将自动关闭，直到可用空间大于 200MB 时才恢复。

1. 创建还原点

在使用系统还原功能之前，首先要创建还原点。创建还原点有两种方法，一种是系统在安装某个程序或自动安装更新后会自动创建一个还原点，另一种是用户手动创建还原点。

下面就来介绍手动创建还原点的方法，具体操作步骤如下：

（1）选择“开始”→“所有程序”→“附件”→“系统工具”→“系统还原”命令，启动系统还原，如图 A-17 所示。

（2）打开“欢迎使用系统还原”界面，选中“创建一个还原点”单选按钮，单击 下一步(N) > 按钮，如图 A-18 所示。

（3）打开“创建一个还原点”界面，在“还原点描述”文本框中输入描述信息，单击 创建(R) 按钮，如图 A-19 所示。

（4）打开“还原点已创建”界面，单击 关闭(C) 按钮，结束创建还原点操作，如图 A-20 所示。

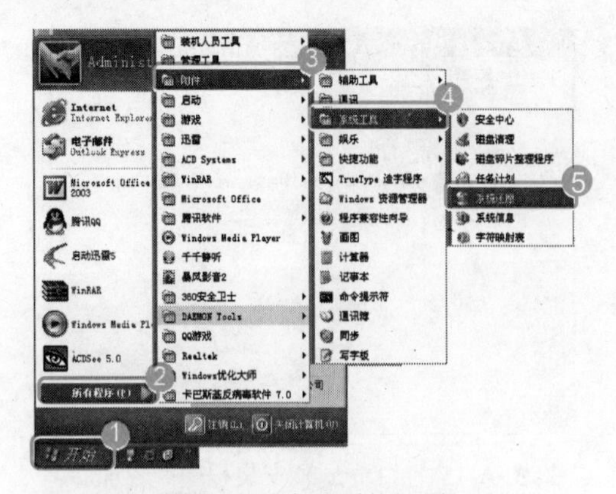

图 A-17　启动系统还原

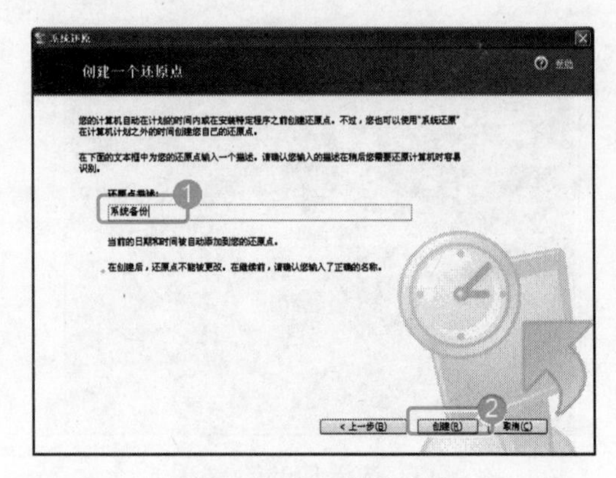

图 A-19　设置描述信息

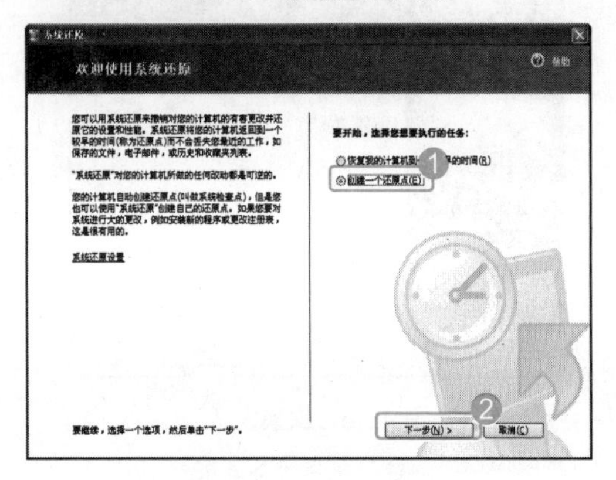

图 A-18　创建还原点

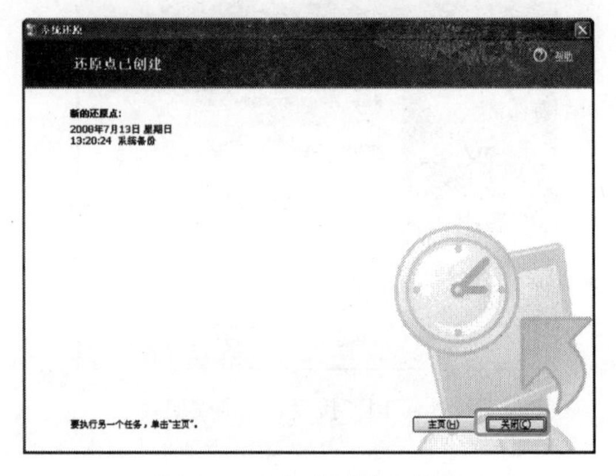

图 A-20　完成还原点创建

在手动创建还原点时应清理一下磁盘，将无用的垃圾文件以及应用软件删除或卸载，以使创建的还原点节省所占用的硬盘空间。

2. 还原系统

在计算机出现故障时，即可使用系统还原功能将其还原到之前设置还原点时操作系统的状态。具体操作步骤如下：

（1）打开“欢迎使用系统还原”界面，选中“恢复我的计算机到一个较早的时间”单选按钮，单击 下一步(N) > 按钮，如图 A-21 所示。

（2）打开“选择一个还原点”界面，在日期框中选择创建还原点的时间，在右侧的列表框中选择需要的还原点，单击 下一步(N) > 按钮，如图 A-22 所示。

（3）打开“确认还原点选择”界面，单击 下一步(N) > 按钮，将自动重新启动计算机并开始还原系统，如图 A-23 所示。

（4）待还原完成并登录 Windows XP 后，将打开“恢复完成”界面，单击 确定(O) 按钮完成系统还原操作，如图 A-24 所示。

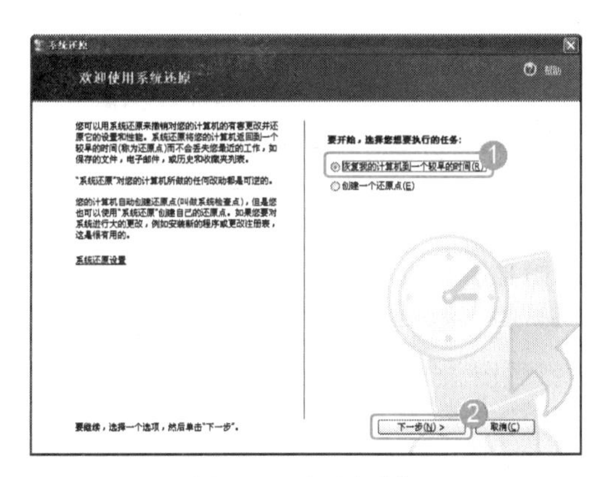

图 A-21　还原系统

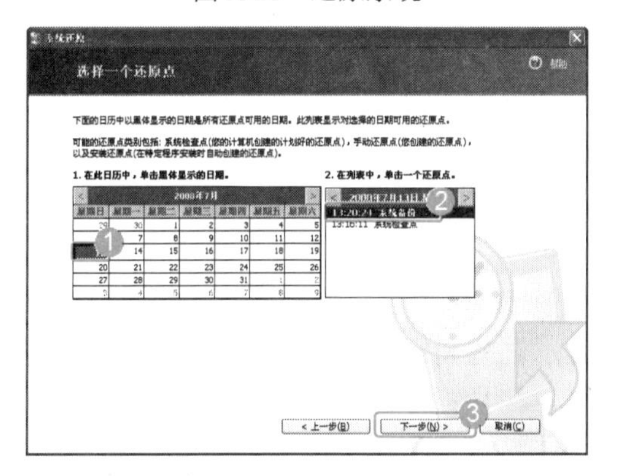

图 A-22　选择还原点

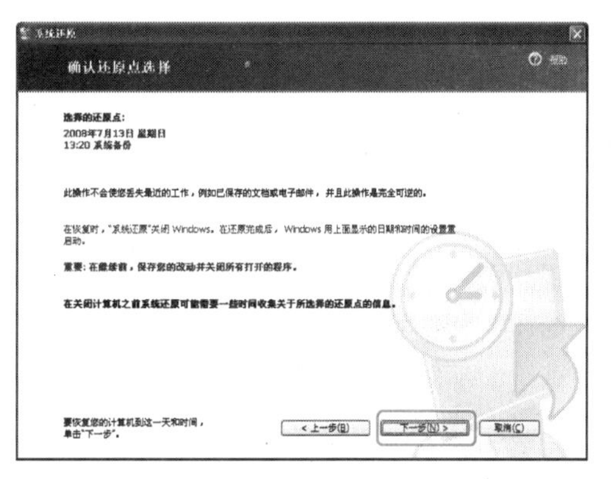

图 A-23　确认还原点

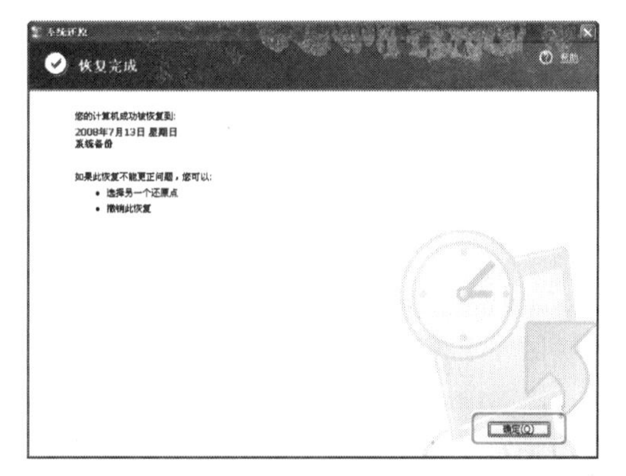

图 A-24　系统还原完成

A.6　第6日练习与提高

A.6.1　电脑硬件设备维护

电脑的硬件维护设备主要包括主机、键盘、鼠标以及显示器等设备的维护。

1. 主机的日常维护

主机是电脑的核心部件，通常将主机箱及其内含的 CPU、内存、主板和电源等统称为主机。对于主机的维护，应做到以下几点。

- ❖ 不要在开机状态下接触电路板，那样做很可能烧毁电路板。
- ❖ 开机状态下不要搬动主机。
- ❖ 按照正确的方法启动和关闭电脑。
- ❖ 定期为主机除尘。
- ❖ 电脑出故障时，不可拍打机箱或显示器，因为这样做可能会扩大故障的范围和程度。
- ❖ 开机后，应听到风扇发出的轻微而均匀的转动声。如果异常，应立即关机，找出故障并排除后再开机。

❖ 主机不宜频繁地启动、关闭。开关机应有 10 秒以上的间隔，关机应注意从应用软件环境下退出操作系统再关机，以免丢失数据或引起软故障。

❖ 不要将装有液体的容器靠近或置于主机箱之上，以免引起机箱内部短路。

2. 键盘的日常维护

键盘是电脑操作中使用频率较高的输入设备，在对其进行维护时应注意以下几个方面。

❖ 更换键盘时，应断开电脑电源。

❖ 当有液体进入键盘时，应当尽快关机，然后将键盘取下，打开并用干净吸水的软布或纸巾擦干积水，并且要在通风处自然晾干。

❖ 操作键盘时不可用力过大，这样很容易造成键盘按键失灵。

❖ 定期清洁键盘表面的污垢，对于顽固的污渍可以使用中性的清洁剂擦除。

3. 鼠标的日常维护

鼠标也是日常使用频率较高的输入设备，在对其进行维护时应注意以下几个方面。

❖ 按键力度：点击鼠标时不要用力过度，以免损坏弹性开关。另外还要避免摔碰鼠标和强力拉拽导线而导致数据线断裂。

❖ 保护鼠标内部：对于机械鼠标，最好配一个专用的鼠标垫，这样既可大大减少污垢通过橡皮球进入鼠标中的机会，又增加了橡皮球与鼠标垫之间的磨擦力；如果是光电鼠标，还可起到减振作用，保护光电检测元件。

❖ 保持清洁：使用光电鼠标时，要注意保持感光板的清洁使其处于最好的感光状态，避免污垢附着在发光二极管上，遮挡光线的接收。

4. 显示器的日常维护

显示器的寿命与日常维护有着十分密切的关系，主要包括以下几个方面。

❖ 显示器在加电的情况下及刚刚关机时，不要移动显示器，以免造成显像管灯丝的断裂。

❖ 多台显示器的摆放，应相隔 1m 的距离，以免由于相互干扰造成显示抖动的现象。

❖ 显示器应远离磁场，以免显像管磁化，出现抖动、闪烁等情况。

❖ 显示器应摆放在日光照射较弱或者没有光照的地方。

❖ 显示器应摆放在通风的环境下，以确保显示器散热良好。

❖ 合理插拔显示器插头，严禁带电（机内为高压）打开后盖。

❖ 显示器应注意防潮湿，在经常不用时也应定期通电以驱散显示器内的潮气。

❖ 定期清洁显示器，并且清洁时不要使用有机溶剂，而应使用抹布蘸取一些清水来清洁。

❖ 不要随意拆卸显示器：在显示器的内部会产生高电压，关机很长时间后依然可能带有高达 1000V 的电压。

❖ 应设置好刷新率和分辨率，避免超出显示器所能承受的范围，对显示器造成损害。

❖ 合理调节显示器亮度和对比度等参数，使屏幕显示不至于太亮，避免显像管快速老化。

A.6.2 电脑常用外设维护

电脑外部设备主要包括扫描仪、打印机等。下面对其维护作简单介绍。

1. 打印机

目前比较常用的打印机主要有激光打印机和喷墨打印机。下面对其维护分别进行介绍。

喷墨打印机在使用过程中应注意以下事项：

❖ 不要将喷头从主机上拆下并单独放置，尤其是在高温低湿状态下。如果长时间另置，墨水中所含的水分会逐渐蒸发，干涸的墨水将导致喷嘴阻塞。如果喷嘴已出现阻塞，应进行清洗操作。若清洗达不到目的，则更换新的喷头。

❖ 避免用手指和工具碰撞喷嘴面，以防止喷嘴面损伤或杂物、油质等阻塞喷嘴。不要向喷嘴部位吹气，不要将汗、油、药品（酒精）等沾污到喷嘴上，否则墨水的成分、粘度将发生变化，造成墨水凝固阻塞。不要用面纸、镜片纸、布等擦拭喷嘴表面。

❖ 最好不要在打印机处于打印过程中关闭电源。先将打印机转到 OFF LINE 状态，当喷头被覆盖帽后方可关闭电源，最后拔下插头，否则对于某些型号的打印机，无法执行盖帽操作，喷嘴暴露于空气中会导致墨水干涸。

激光打印机则应注意定期清洁，具体清洁步骤如下：

（1）切断电源，用微湿的布清洁打印机外部，只能用清水。

（2）用刷子或者光滑的干布清洁打印机内部，擦去机内所有的灰尘和碎屑。

2. 扫描仪

使用扫描仪的过程中应注意以下问题：

❖ 扫描仪要摆放在平整、震动较少的地方，这样当步进电机工作时不会有额外的负荷，可以保证达到理想的垂直分辨率。

❖ 把要扫描的图像放在起始线的中央，这样可以最大限度地减少失真。

❖ 保持扫描仪玻璃的清洁，它关系到扫描仪的精度和识别率。

❖ 不宜用超过扫描仪光学分辨率的精度进行扫描，因为这样做不但对输出效果的改善并不明显，还会大量消耗电脑的资源。

❖ 保存图像要选用 JPG 格式，压缩比为原图像大小的 75%~85%，过小会严重丢失图像的信息，出现失真。

❖ 防高温、防尘、防湿、防震荡、防倾斜。

A.7 第 7 日练习与提高

A.7.1 使用漏洞扫描工具扫描系统漏洞

在使用计算机的过程中经常会遇到各种奇怪的问题，这些问题有时并不都是因为操作不当造成的，而是因为操作系统或应用软件本身的缺陷或漏洞所致。下面就来介绍如何使用工具软件扫描并修复系统漏洞。

目前漏洞扫描工具比较多，其中常用的有金山毒霸漏洞扫描工具和 360 安全卫士，其使用方法都大同小异。下面就来介绍使用 360 安全卫士扫描并修复系统漏洞的方法。

（1）启动360安全卫士，选择“修复系统漏洞”选项卡，单击“系统存在漏洞”栏中的 查看并修复漏洞 按钮，如图A-25所示。

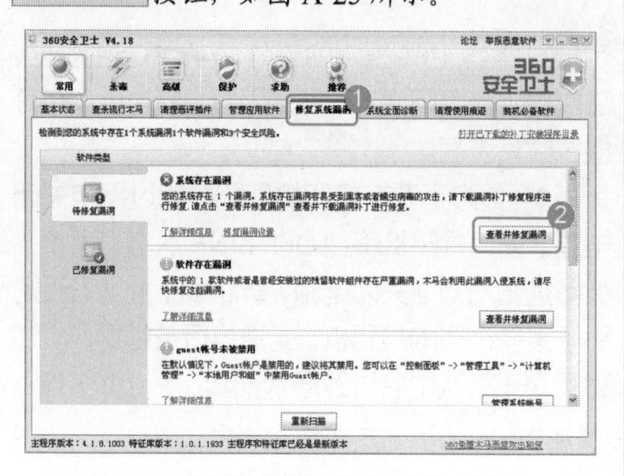

图A-25　选择“修复系统漏洞”选项卡

（2）在弹出的窗口中显示了计算机中存在的漏洞，包括漏洞名称、严重程度以及补丁名称等，选中需要修复的漏洞前面的复选框，单击 修复选中漏洞 按钮，如图A-26所示。

（3）系统开始下载并自动安装漏洞补丁，安装完成后弹出提示对话框，确定下载状态和安装状态都为成功后，单击 确定 按钮，如图A-27所示。

（4）系统提示重新启动计算机，单击 立即重启 按钮，重启计算机后即修复完毕该漏洞，如图A-28所示。

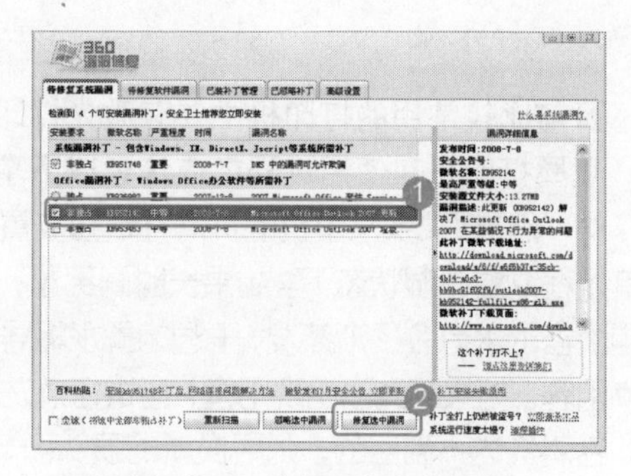

图A-26　选择要修复的漏洞

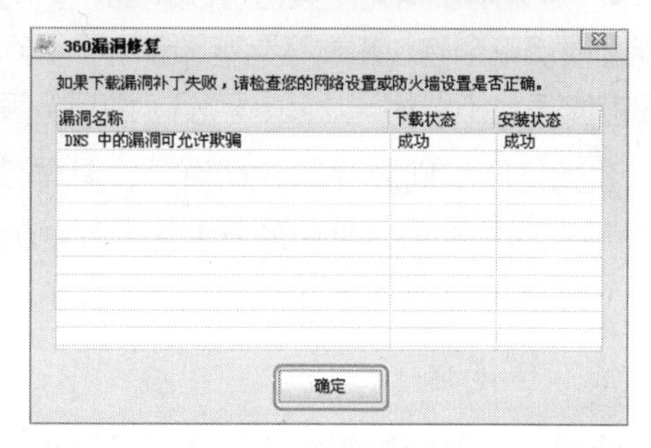

图A-27　修复完成

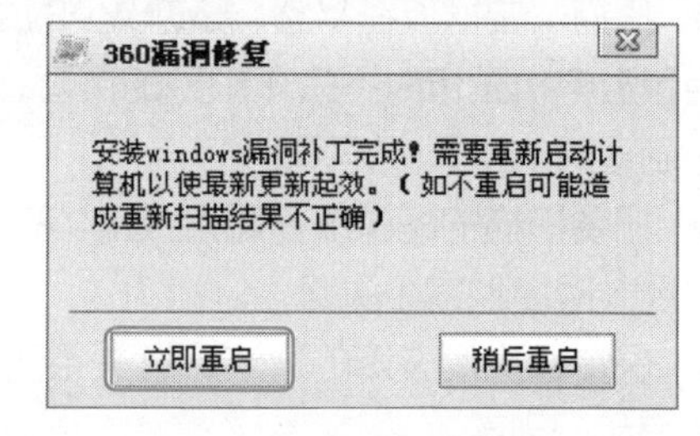

图A-28　重启计算机

A.7.2　数据备份和恢复

使用Windows XP操作系统自带的“备份”程序，可以将计算机中重要的数据文件在不同的硬盘或硬盘分区中进行备份。本节将介绍该程序的使用方法。

1. 创建备份文件

为了防止因系统故障、病毒破坏或误操作使计算机中存储的重要数据文件丢失或损坏，可以使用“备份”程序将其保存为备份文件。具体操作步骤如下：

（1）选择“开始”→“所有程序”→“附件”→“系统工具”→“备份”命令，打开“欢迎使用备份或还原向导”界面，单击 下一步(N) > 按钮，如图A-29所示。

（2）进入“备份或还原”界面，这里要进行文件的备份操作，所以选中“备份文件和设置”单选按钮，然后单击 下一步(N) > 按钮，如图A-30所示。

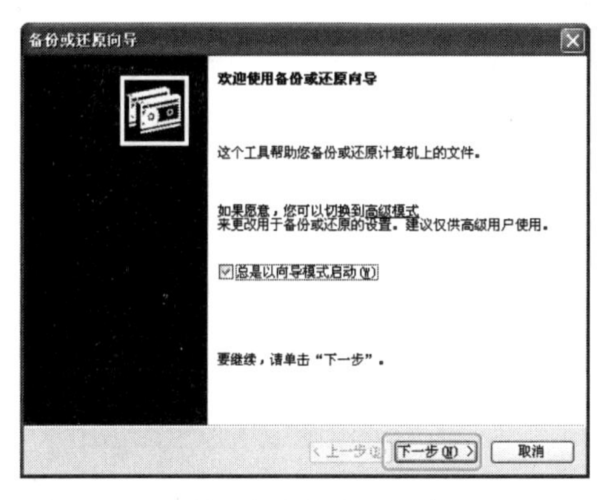

图 A-29　“欢迎使用备份或还原向导”界面

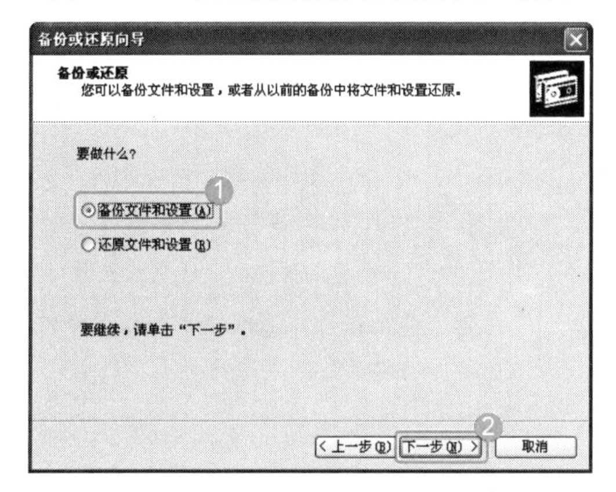

图 A-30　“备份或还原”界面

（3）进入“要备份的内容”界面，选中“让我选择要备份的内容”单选按钮，单击 下一步(N) > 按钮，如图 A-31 所示。

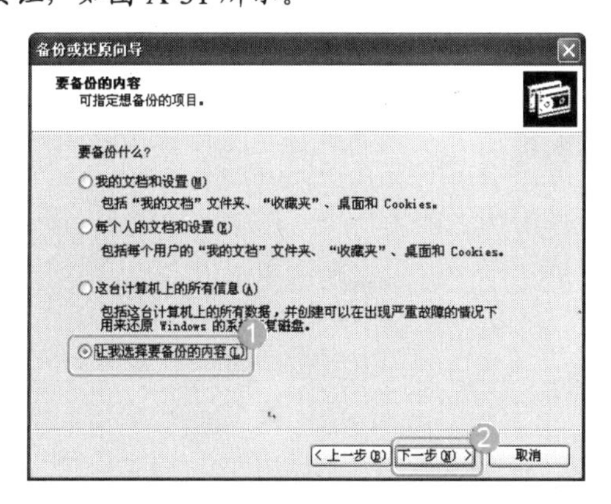

图 A-31　“要备份的内容”界面

（4）进入“要备份的项目”界面，在左侧列表框中单击要备份的驱动器或文件夹，这里单击“本地磁盘（D:）”，在右侧列表框中选中要备份的文件或文件夹左侧的复选框，单击 下一步(N) > 按钮，如图 A-32 所示。

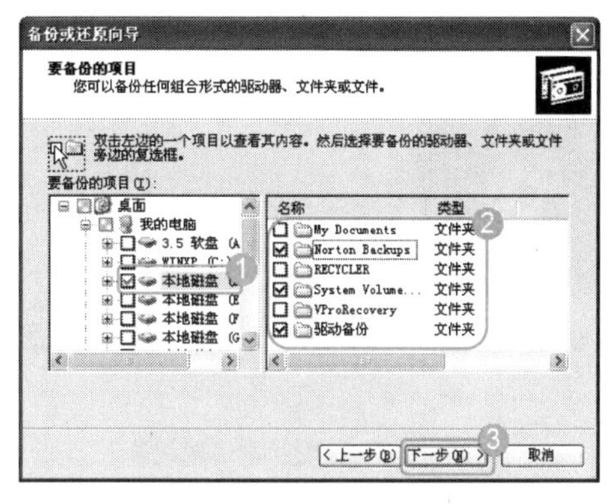

图 A-32　选择要备份的项目

（5）进入“备份类型、目标和名称”界面，单击“选择保存备份的位置”下拉列表框右侧的 浏览(W)... 按钮，设置保存路径为“J:\”，在“键入这个备份的名称”文本框中输入保存的备份文件的文件名，如“Backup（D）”，单击 下一步(N) > 按钮，如图 A-33 所示。

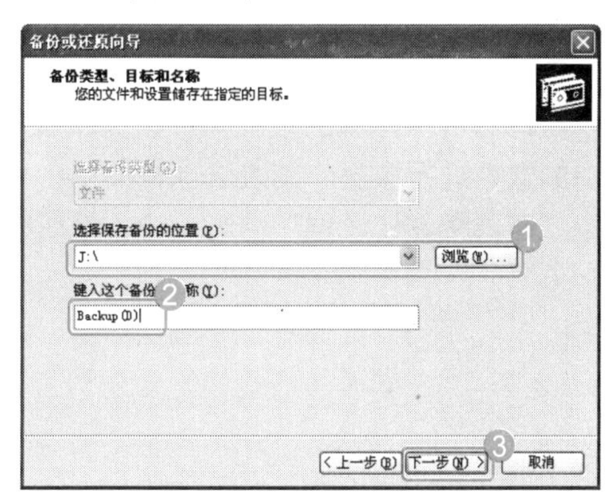

图 A-33　设置保存路径和文件名

（6）进入“正在完成备份或还原向导”界面，直接单击 完成 按钮，如图 A-34 所示。

（7）系统即开始备份所选的文件，并显示备份进度，如图 A-35 所示。

（8）备份完成后，打开“已完成备份”对话框，单击 关闭(C) 按钮，完成文件的备份操作，如图 A-36 所示。

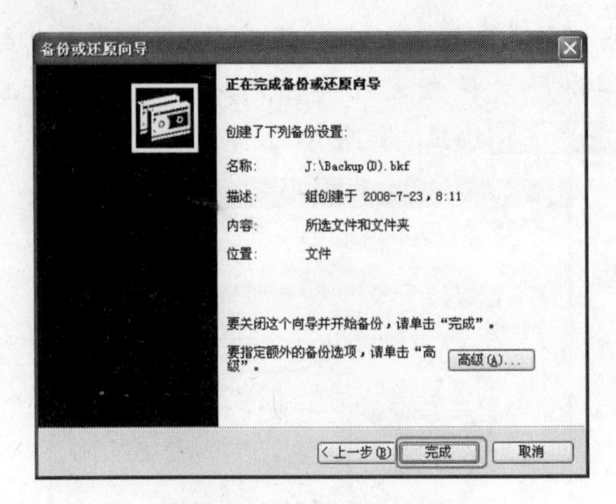

图 A-34　完成备份向导

图 A-35　正在备份

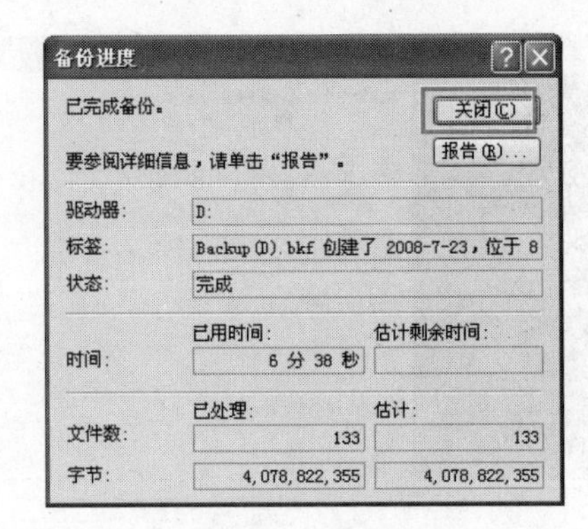

图 A-36　完成备份

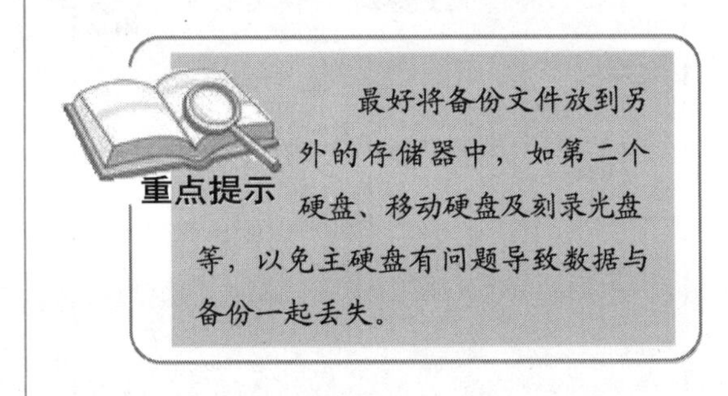

2. 恢复备份文件

当计算机中存储的重要文件丢失或被损坏时，即可使用“备份”程序将已创建的备份文件中的数据进行恢复。其方法也很简单，只需进入“备份或还原”界面（如图 A-30 所示），选中“还原文件和设置”单选按钮，然后按照提示进行操作即可。